U0856873

明清家法族规中的优秀德育思想及其当代价值研究

杨威　刘宇◎著

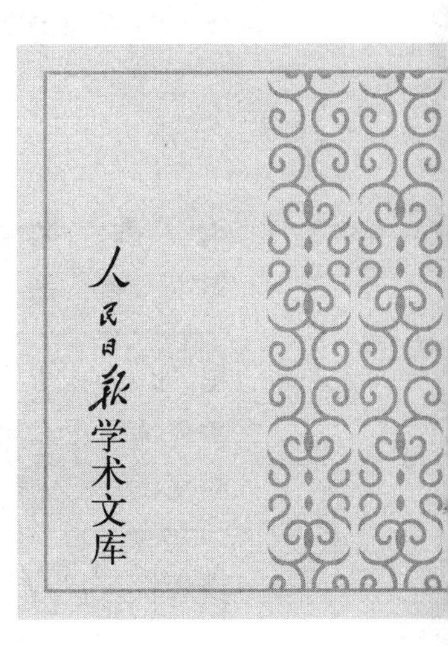

人民日报出版社

图书在版编目（CIP）数据

明清家法族规中的优秀德育思想及其当代价值研究 / 杨威，刘宇著．—北京：人民日报出版社，2016.2
ISBN 978-7-5115-3661-7

Ⅰ．①明… Ⅱ．①杨…②刘… Ⅲ．①宗法制度—研究—中国—明清时代②家庭道德—中国—明清代 Ⅳ．①D691.2②B823.1

中国版本图书馆 CIP 数据核字（2016）第 033804 号

书　　名：明清家法族规中的优秀德育思想及其当代价值研究
著　　者：杨　威　刘　宇

出 版 人：董　伟
责任编辑：袁兆英
封面设计：中联学林

出版发行：人民日报出版社
社　　址：北京金台西路 2 号
邮政编码：100733
发行热线：（010）65369527　65369846　65369509　65369510
邮购热线：（010）65369530　65363527
编辑热线：（010）65363105
网　　址：www.peopledailypress.com
经　　销：新华书店
印　　刷：北京天正元印务有限公司

开　　本：710mm × 1000mm　1/16
字　　数：240 千字
印　　张：14
印　　次：2016 年 2 月第 1 版　　2016 年 2 月第 1 次印刷

书　　号：ISBN 978-7-5115-3661-7
定　　价：68.00 元

作者简介

杨　威 男，辽宁昌图人，1970年12月生。现为黑龙江省高校人文社科重点研究基地——哈尔滨工程大学“大学德育与青年心理研究中心”主任，马克思主义学院教授、博士生导师，哲学博士、北京大学出站博士后，澳大利亚伍伦贡大学访问学者、新南威尔士大学客座研究员；黑龙江大学文化哲学研究中心兼职研究员。

刘　宇 男，哈尔滨人，1984年2月生，现为哈尔滨工程大学马克思主义学院思想政治教育专业博士研究生，传统文化与德育研究方向。

全国教育科学“十二五”规划教育部重点课题“明清家法族规中的优秀德育思想及其现代转化研究”（DEA120202）

中国古代重教化的传统及对当代的借鉴意义(代序)

所谓"教化",就是古人所说的"以教道民"①、"以教化民"②,即通过道德教育来感化人民,转移世间的人心风俗。"教化"一词在先秦即已出现③。高度重视道德教化,是中国传统文化、传统道德的又一优良传统。

一

中国古人所以高度重视道德教化工作,是出于德善并非天生的正确认识。古人一方面认为,人人皆有可能成为圣贤,一方面又指出,世间并没有天生的圣贤,圣贤之所以为圣贤,是后天长期磨练的结果。这后天的磨练与完善,一方面要靠自身自觉的修养,一方面则需外界的教化。从个人来讲,要重修身;而对国家、朝廷、执政者来说,则应重视对民众的教化。二者必须紧密配合,缺一不可。所以,自古以来,历代先哲既重修身又重教化。

从先秦起,人性问题始终是中国思想、学术领域的热门话题,长期来一直受到人们的普遍关注,议论可谓多矣。中国古人所以反复讨论人性问题,是为了正确认识人类自身,而认识自身则是为了更好地完善自身。可以这样说,中国古代的人性论始终是同修养论、教化论紧密联系在一起的;它所以受到人们的普遍关注,正是为了给修养和教化提供理论依据。所以,我们看到,对于人性问题古人虽有不同认识,存在明显分歧,但各家都无不强调教化与修养的必要。各家从不同的

---

① 《礼记·月令》、《吕氏春秋·孟春纪》等。

② 《毛诗·国风·周南序》"教以化之"。另,《孝经·三才章》:"教之可以化民"。

③ 《荀子》的《议兵》、《尧问》诸篇均有教化一词。

视角去理解、说明人性,正是为了从不同的方面来论证教化和修养的必要。

以荀子为代表的性恶论者认为德善乃是后天人为加工的结果,他们自然要强调教化的必要与重要。荀子说:“不教,无以理民性”(《荀子·大略》),即如果没有王者的教化,就无法整治人们恶的本性,而达到善。这就如同曲木、钝金只有经过一番加工陶冶方能成材一样。而以孟子为代表的性善论者,只是认为人们具有后天为善的内在依据、可能性。他们指出,人们欲保存这种为善的内在依据,进而将这种可能性变为现实性,同样需要后天的修养和教化。所以,孟子一方面说“人皆可以为尧舜”(《孟子·告子下》),一方面又说:“人之有道,饱食、煖衣、逸居而无教,则近于禽兽”(《孟子·滕文公上》)。在他看来,一个自然人是与禽兽差不多的,只有通过教与养,才能超越、完善自身,成为真正的人。

以董仲舒为代表的性三品论,着重探讨、说明了大多数人的所谓“中民之性”。他们认为,对大多数人而言,性中只是潜存着为善的可能性,而不可简单地说他们的性就是善。欲将这种潜存的为善的可能性转化为现实性,必须通过王者的教化。所以,他们共同的结论是:“性待教而为善”(董仲舒:《春秋繁露·深察名号》),“无其王教,则质朴不能善”(董仲舒:《春秋繁露·实性》),“立人以善,成善以教”(《李觏集》卷十三,《周礼致太平论·教道第一》)。

“成善以教”这句话系北宋思想家李觏所说,它的出现虽然较晚,但却反映了古代各派人性论的共同认识,是中国古代教化论的基本理论依据。既然德善因教而成,因此中国古人高度重视教化,将它看作是国家、朝廷的“大务”、“先务”,视之为“为政之本”。

二

中国古代对教化的重视,表现在各个方面。为了施行教化,古人曾采取了一系列有效措施。

首先,中国古代的教化从一开始便是有组织、有领导的。据古籍记载,早在舜时,即曾任命契作司徒,专掌教化。《尚书·舜典》说,舜命契向民众“敬敷五教”,这五教,内容便是“父义、母慈、兄友、弟共(恭)、子孝”(《左传》文公十八年)。孟子说:“契为司徒,教以人伦”(《孟子·滕文公上》)。所谓人伦,即是后人常说的“五伦”,其要求与上述五者大体相同。此后,中央政权的司徒,其职责之一便是掌教化①。而在地方政权,专掌教化者则有"三老"。三老制度始于战国,盛行于汉代。在西汉,各县均置三老。到东汉,各郡皆置三老,某些封国尚有国三老。据《汉书》记载,汉高祖时,"举民年五十以上,有修行,能帅众为善"者任三老(《汉书·高帝纪上》),其标准是很高的。再后,历代的学官亦负有教化的责任。

在古代,施行教化的组织则有庠序学校。庠序学校的起源甚早。据《孟子》说:"庠者养也,校者教也,序者射也。夏曰校,殷曰序,周曰庠,学则三代共之,皆所以明人伦也。"(《孟子·滕文公上》)(清代学者王念孙说,养与射"皆是教导之名"。)依据这一记载,早在夏商便有专为"明人伦"而设的教育机构,只是各代的称呼不同而已。后来,《礼记》又说:"古之教者,家有塾,党有庠,术有序,国有学。"(《礼记·学记》)(东汉郑玄注:术即"遂","五百家为党,万二千五百家为遂"。)这一记载说明,在汉代,庠序学校则是各级地方政权所设教育机构的不同名称,它们的任务,均是"明教化"(桓宽:《盐铁论·授时》)。后来,书院兴起,教化也是各地书院的职责之一。

其次,中国古代的教化又是有纲领、有措施的。前引契之五教,即是那时的教化纲领。《孟子》说的"父子有亲,君臣有义,夫妇有别,长幼有序,朋友有信"(《孟子·滕文公上》),也是那时的教化纲领。待三纲五常出现,则是中国古代长期来的教化纲领。不过,这些都是中国古代社会的基本道德准则和规范,未免显得过于原则和笼统。为了有针对性地解决当时社会生活中存在的问题,到明清时代,朝廷又在三纲五常的基础上,提出了更为具体、切实的教化纲领。明初,太祖朱元璋颁布《教民六谕》,即"孝顺父母,尊敬长上,和睦乡里,教训子孙,各安生理,毋作非为"②。从明初到清初,此六谕乃是全国通行的教化纲领。康熙借鉴明代经验,又制定了更为全面的"圣谕"十六条。其内容是:"敦孝弟(悌)以重人伦,笃族宗以昭雍睦,和乡党以息争讼,重农桑以足衣食,尚节俭以惜财用,隆学校以端士习,黜异端以崇正学,讲法律以儆愚顽,明礼让以厚风俗,务本业以定民志,训子弟以禁非为,息诬告以全善良,诫匿逃以免株连,完钱粮以省催科,联保甲以弭盗贼,解仇忿以重身命。"③后来,雍正又对这十六条《圣谕》详加解释发挥,写成《圣谕广

① 见《周礼·地官·司徒》。

② 转引自冯尔康等:《中国宗族社会》,浙江人民出版社1994年版,第238页。

③ 同上,第239页。

训》万余言。清廷规定,每月初一、十五两日,在八旗和民间宣讲《圣谕广训》。这一制度一直延续到清朝灭亡。《教民六谕》和《圣谕广训》,文字浅显,要求具体,使人易知易行,这就进一步增强了教化工作的可操作性,也使全国的教化工作更加规范、统一。它们的出现,标志着古代的教化工作进一步完善。

其三,更值得我们重视的是,中国古代的教化,广泛利用了各种手段,是力图通过各种方法、途径来进行的。

其中,值得提及的首先是乐教。在中国上古,音乐、舞蹈、诗歌三者是密不可分的。因此,上古的乐,不只指音乐,还包括舞蹈和诗歌。将这广义的乐作为教化的重要工具,并高度重视乐教在教化中的作用,这是中国古代教化论和整个伦理思想的又一特色。中国古人认为,乐是人们内心情感的艺术表现,同时它又能影响、刺激人的情感,对人们的思想感情产生潜移默化的感染作用。一旦将伦理道德精神渗透、体现于乐,乐便能成为推行教化的理想工具。古人曾一再说,乐"之入人也深,其化人也速"(《荀子·乐论》),所以,"移风易俗,莫善于乐"(《孝经·广要道章》)。正是基于这一认识,早在上古,执政者即高度重视乐教。相传,早在舜时,即命夔"典乐",负责对民众的乐教。西周初,周公不仅为新朝"制礼"。而且又为新朝"作乐",可见其重视。中国自古以来将乐与礼并举,合称"礼乐",认为乐乃是对礼必不可少的补充。虽然,古代的乐教后曾中断,但由于它在教化方面具有其他方式所不可替代的作用、功能,所以到了近代,乐又被再次提倡。

此外,值得提及的尚有"神道设教"。所谓"神道设教",简言之即是通过神道、鬼神迷信来对民众进行教化。它的特点是让人们因畏惧神秘力量而入于规范(因畏而服),这是一种特殊的教化方式。我们知道,儒家的创始人孔子原"不语怪力乱神",对鬼神始终取存疑的态度。但后来的儒者认为,利用神道来设教,能收到礼乐教化所不能起到的作用,于是,在《易传》和《礼记》中遂有宣扬神道设教的文字。此后,历代统治者无不重视神道设教。其间,一些儒者是在对神道有较清醒认识的情况下维护神道设教的。明代吕坤曾说:"敬事鬼神,圣人维持世教之大端也,其义深,其功大,但自不可凿求、不可道破耳。"(《呻吟语·谈道》)就是说,神道之虚妄本不言自明,但为了"维持世教",则不可道破。这说明,为了教化,他们真是煞费苦心。当然,这也说明,古代的统治者和思想家为了教化是不惜愚民的。我们这里所以提及神道设教,是为了说明,中国古代的教化是动用了一切方法、手段的。

其四,同样值得我们重视的是,中国古代为了教化,又调动了各个方面的积极性,形成了多方参与、齐抓共管的格局。

古人始终认为,教化不仅是国家政府的职责,也是社会各方面的职责。由于形成这一共识,于是,在中国古代,不只官方抓道德教化,而且广大民间也通过一定的组织形式抓道德教化。比如,历史悠久的乡规民约,便是古代民间推行教化、砥砺德行的重要方式方法。所谓乡规民约,乃是一乡一村之人自愿组织制订的道德公约(同时也是互助公约),它通过相互砥砺、劝勉、监督,维护社会秩序和人际关系的协调和谐。著名的北宋蓝田《吕氏乡约》便包括“德业相励”、“过失相规”、“礼俗相交”、“患难相恤”(《宋元学案》卷三十一)四项内容。古代的乡约不只是一纸公约,而且有一定的组织和活动保证其贯彻执行。大致是公举一人为“约证”,另有副手若干,有“值月”轮流负责具体事务。在平日,立约人按公约要求相互劝勉、砥砺。每月定期集会一次,检查公约执行情况,当众批评表扬、彰善纠过,进行说理教育,并将众人的善恶分别作记载,以惩恶扬善。据说,自《吕氏乡约》出,“关中风俗为之一变”(《宋元学案》卷三十一)。这一说法也许有些夸张,但乡约在中国历史上的积极作用是明显的。

在明代,文人结社成为一时风气。于是,在一些城镇又出现了知识分子的各种社约、会约,它的主要内容也是德业相勉、过失相规,彼此砥砺德行。比如,著名的刘宗周的《证人社约》,所列的大都是道德要求(戒不忠、不孝、苟取、干进、贪色、妄言、奢侈等)。

除调动乡里、社团的积极性外,还调动了宗族和个体家庭的积极性。中国古代众多的族规、家规、家训,最重要的内容便是对成员的道德要求。在明清两代,不少地方的宗规、族规,往往首列《教民六谕》或《圣谕广训》,这说明,中国古代的家族是自觉配合朝廷推行教化的。

其五,中国古代的教化尚有一项成功的经验,这就是高度重视并充分利用了道德楷模、典范的表率、示范作用。古人深知,典型、榜样的导向作用是巨大的,他们活生生的事迹对民众所起的感化、激励、鼓舞、推动作用是空洞的说教所无法比拟、难以代替的。因此,历代统治者不仅重视惩恶,更重视彰善,把表彰各种道德典范作为推行德治、教化的重要手段。历朝历代对所谓忠臣、义士、孝子、贞妇、烈女以及各种“懿行”的宣传、表彰、褒奖,真可谓史不绝书。在二十四史和各地地方志的人物传记中,这类人的传记占有可观的比例(特别是在地方志中)。虽经千百年沧桑巨变,直到今天,在中国各地依然留存了不少忠臣义士的祠宇,以及孝子坊、贞节坊等,便有力地证明了中国古代对旌表工作的重视。中国古代的不少伦理道德读物,往往不是靠讲大道理、空道理向民众说教,而是通过各类道德典型的感人事迹来向人们施加影响。虽然,道德榜样对社会的示范、感化、激励作用往往是“润物细无声”,难以用有限的文字作简括说明,但无数历史事实证明,这种潜移默化的作用,对中国古代道德风尚的影响是十分巨大的。

其六,高度重视普及宣传和启蒙教育,也是中国古代教化的一项成功经验。为使当时社会的一套道德规范要求为民众所了解,使一套道德观念为民众所接受,中国古代思想家们曾编写了不少面向一般民众的通俗道德教育读物和童蒙读物。这些读物,文字浅显,语言生动,或说故事,或用韵语,而且篇幅不长,因而收到很好的宣传效果。其中的一些名言警句和道德故事,在古代几乎妇孺尽知、家喻户晓。它对教化普及于民众曾起了不容轻忽的作用。

最后,中国古代的教化工作又是常抓不懈、持之以恒的。在中国历史上,除战乱时期外,这项工作几乎未曾间断。在中国古代,道德所以能充分发挥它的社会功能,这与中国历代统治者长期来重教化的传统,无疑是分不开的。

三

对于教化,中国古代有一套比较系统的理论和丰富的经验,这是中国传统文化的又一宝贵遗产。对此,过去学术界的重视是不够的,今天我们有必要对它作更深入的研究、了解,进一步挖掘、清理这一历史遗产。

虽然,中国古代的教化是为了维护封建统治秩序,强化对民众的思想控制,它的一些方式方法也有不可取处(如“神道设教”),但中国古代教化理论和方法中所包含的合理的、有价值的因素是显而易见的。中国古人始终认为善源于教,进而认为良好的政治以至国家的富强都与教化的成功与否有直接关系,这些思想是有价值的。中国古人在推行教化的过程中所形成的一套成功经验,反映、体现了道德教育的一般规律,在今天仍有借鉴意义。以古鉴今,我们可以从古代的教化工作中得到多方面的启示。

首先,从中央到地方政府,应更自觉地重视道德教育工作,将它切实置于应有的位置。我们应当明确,社会主义精神文明建设的核心是道德建设。而任何时代、任何社会欲将其道德规范为民众所接受、遵循,都必须通过普遍深入、行之有效的道德教育,道德教育乃是社会道德建设的重要内容。因此,各级政府应更自觉地将社会道德教育看作是自己的重要职责,将它作为一项硬任务来抓。

在当今社会,一些人对德善的无知、冷漠(甚至是嘲讽),已达到相当严重的程度,一些表现是惊人的。在感叹之余,我们不能不反省多年来道德教育工作的不足与不力。北宋的李觏曾说:"未知为人子而责之以孝,未知为人弟而责之以友,未知为人臣而责之以忠,……是纳民于阱也。虽曰诛之,死者弗之悔而生者弗之悟也。"(《李觏集》卷十八,《安民策》第一)这番朴实的议论,深刻揭示了通过道德教育树立正确道德认识的重要性,值得我们深思。虽然,教化并非万能,但没有它是万万不行的,轻忽它必将造成严重后果。在我国,几年来对法制建设做了不少切实工作,并取得一定成效。相应地,在道德建设和教育上,也应有通盘的规划和切实的举措。我想,在普法教育的同时也来个普德教育是十分必要的。这样双管齐下,方能取得更佳效果。

其二,道德教育是全社会的任务,应当由全社会来承担。为此,就必须调动社会各方面的积极性。中国古代教化多方参与、齐抓共管的经验是值得我们借鉴的。应该说,今天的教育工具和手段比古代丰富多了,简直不可同日而语。如果社会各条战线都有此自觉,都有志于此,充分利用这些工具和手段(如报刊、电影、电视、广播……),显然会取得应有的成效。

其中,各级各类学校尤其应肩负起自己义不容辞的责任。中国的传统教育,历来重视德育。在近代,西方德、智、体、美四育的教育思想传入后,许多著名的教育家、思想家都认为德育是四育的中坚、主干。但不得不承认,今天的学校教育存在明显的偏差。许多学校实际上所进行的乃是纯粹的知识教育,德育、体育等已沦为附庸。在有限的德育中,又有人简单片面地将它等同于、局限于政治教育。诚然,在学校中也开设了德育课,但仅靠几十学时的课堂教学显然是不够的。德育绝不能仅限于一门课程,应贯穿于整个教育过程。学校的各种教育、教学活动均应贯穿对学生的人生观、世界观教育,注意潜移默化地塑造、陶冶学生的人格情操,提高他们的思想道德素质。同时,学校应对学生的品德有切实的考核。总之,学校应高度自觉地重视发挥自身的教化功能。其实,社会一切与教化有关的部门,都应重视发挥自己的教化功能。

其三,道德教育应常抓不懈、持之以恒,而其中,经常的惩恶彰善乃是中心的一环。明代吕坤曾说:“化民成俗之道,除却身教再无巧术,除却久道再无顿法。”(《呻吟语·治道》)这一认识是深刻的。面向全民的社会道德教育不是突击性任务,而是常年不断的经常性工作。它不能一阵风,不能时紧时松、一暴十寒。它固然急不得,但更停不得、中断不得。不得不承认,这项工作难以收到速效,惟其如此,更应持久不懈。在这一潜移默化的教育过程中,榜样、楷模的表率、导向作用是巨大的,因此经常彰善乃是社会道德教育的重要手段。对于榜样,似不可过分求全、求高,不能指望榜样全都是雷锋、焦裕禄、孔繁森式的。因此,不仅要彰大善,同时也应通过各种方式渠道经常不断地彰小善。其实,社会正气正是这样一点一滴地建立起来的。

至于惩恶,它不完全是道德范围内的事。就道德范围而言,应切实加强社会舆论监督,纠正批评与自我批评日益削弱的倾向。同时要加强正确的是非观、荣辱观的教育。无疑,惩恶贵在防恶,而防恶从某种意义说则始于知耻。羞耻心乃是一道极为重要的道德堤防。“人有耻则能有所不为”(《朱子语类》卷十三),反之,一个人一旦丧失羞耻心则将无视社会道德准则和规范而无所不为。所以,古人有恶生于无耻之说。一旦公众的羞耻心淡化、削弱,对社会来讲是很可怕的。因此,提倡知耻教育应是今天社会道德教育的重要内容,应给予充分的重视。

张锡勤

目　录
CONTENTS

第一章

传统家法族规存在与存续的合理性

马克思曾在《路易·波拿巴的雾月十八日》中指出:“人们自己创造自己的历史,但是他们并不是随心所欲地创造,并不是在他们自己选定的条件下创造,而是在直接碰到的、既定的、从过去承继下来的条件下创造。”①与此相应,家法族规无疑是中国传统文化中固有的成分,因而家法族规的产生与发展也符合人类创造历史的基本规律,亦即并非中国传统社会中的偶然现象。家法族规植根于特定的自然环境下所形成的相对稳定的生产、生活方式,并产生于以家庭为基本单位的血缘社会。伴随着血缘宗法社会的发展,传统家法族规的体系也在不断地丰富和完善。特定的社会历史条件为传统家法族规的产生提供了先决条件,与此同时,传统家法族规的发展也促进了中国传统社会的自我调整与完善。因而,探究传统家法族规在中国封建社会之所以能够长期存在的合理性,首先离不开其所凭依的特定社会历史条件。

第一节　传统家法族规存在的社会历史条件

中国传统社会经历了从原始社会到奴隶制社会再到封建社会的过渡与转型,在此过程中,血缘关系也随之加强。纵观中国社会发展史,我们不难发现,不论是哪种社会类型,都具有某种统一性,具体表现在以下几方面:首先,生产技术与生

① 《马克思恩格斯全集》第 11 卷,人民出版社 1995 年版,第 131 - 132 页。

产工具欠发达的传统社会不论是哪一时期都具有相同的自然地理条件，这就构成了中国传统社会特定的生产、生活方式——农耕经济。因此，自给自足的农耕经济始终是中国传统社会的经济基础，其所具有的稳定性与延续性为传统家法族规的产生与发展提供了物质基础。其次，血缘伦理关系及其观念始终贯穿于中国传统社会的始终，虽然在各朝各代的表现不尽相同，但却影响着中国传统社会的政治、经济、文化等诸多领域。中国传统社会的官方正统思想——儒家文化中的"礼"也是对血缘关系的一种强有力维系。因此，中国传统社会的血缘政治为传统家法族规的产生与传承提供了重要的政治保障。再次，传统家法族规在封建社会时期得以保存并延续的另一个重要的原因，即是其本身与儒家文化这一官方主流意识形态的完美结合与统一。一方面，传统家法族规是儒家文化家庭化的有效载体与抓手，另一方面，儒家文化也为传统家法族规提供了合理内核与理论根基。

一、传统家法族规与农耕经济

马克思在其《资本论》手稿中指出"经济基础决定上层建筑"，这一唯物史观中的重要观点为当代社会发展生产力提供了坚实的理论基础，因此，若深入探讨传统家法族规存续的合理性，必须以中国传统社会的经济基础为出发点。在传统社会，农耕经济的发展与延续为传统家法族规的形成与发展奠定了必要的物质基础与客观条件，这主要表现为以下两方面：

第一，农耕经济的稳定性促进了传统家庭的凝聚与扩张。

"农本商末"是中国传统王朝统治的基本经济指导思想，因而"农业"成为历朝历代的立国之本，这主要源于农耕经济的稳定性。首先，封闭的自然环境具有相对稳定性。适宜的气候、肥沃的土壤为中国传统社会提供了适宜农耕的优越自然条件，形成了不同于游牧、渔猎民族的生产、生活方式。同时，农耕经济需要久居的生活状态，而这种生活状态又促使农耕经济形成了稳定性的特征，加之尚不发达的交通与工具使得汉民族受到外族文化的辐射和影响也相对较小，因而他们的"共存"与"发展"就要依托家族与家族之间、家族成员之间紧密、有序的关系，而维系良好关系的方法则需要家庭、家族的历史文化积淀与传承。其次，"男耕女织"的生产、生活方式具有相对稳定性。农业与手工业相结合是传统农业社会的显著特点之一，这种生产、生活方式使得经济与家庭紧密联系在一起，逐步形成了以性别分工为显著特征的相对稳定的生产、生活乃至经营方式,“家本位”的传统农业社会也便应运而生。

第二,农耕经济的延续性促进了传统家法族规的形成与发展。

农耕经济贯穿于中国传统社会的始终,其产生于封建社会初期,在传统中国延续了数千年。在中国传统社会发展的长河中,王朝战争、外族入侵使得中国的历史与世界各国的历史一样经历兴衰与变换,但传统农耕经济却始终向前发展,这无疑让众多家庭与家族能够安心定志,不断繁衍壮大。首先,自给自足的农耕经济不同于商品经济,其目的不是交换而是自足,即生产与消费的统一,它们通过种植、畜牧等方式生产家庭所需要的物品,并按照家庭成员的需要来进行分配,因而物品的归属、分配的方式与方法等问题便需要一个约定俗成的原则与规范,而这一规范从最初的口头约定到成文约定,最终形成了指引世世代代人的准则,即传统家法族规。其次,尽管农耕经济延续的数千年中也经历着王朝兴衰,但不论是五代十国的短期分裂,抑或是北魏、元、清的游牧民族的入侵,国家的统治始终坚持着“汉法无疑”的基本思想,从而促使农耕经济不断向前发展,这在很大程度上增进了宗族、家族、家庭的凝聚力与向心力。再次,随着时代的变迁,生产工具不断改良,生产力不断提高,农耕文明得到长足发展。在这种情况下,家庭与家族的土地、粮食等的管理、分配、继承问题日益凸显,因此,家法族规日渐成为家族、宗族管理的重要依据。

二、传统家法族规与血缘政治

古老的中华文明与其他文明一样都必须经历从群居到氏族再到部落的发展历程,它们都是以血缘为基础而建立起来的。但随着阶级社会的产生,血缘纽带在社会发展中的作用可谓大相径庭。与古希腊、古罗马的城邦社会不同,中国传统社会走的是一条“血缘社会”之路,如前文所述,这主要源于特定的地理环境与特殊的经济基础。进入商代晚期,传统氏族社会的血缘关系在新的时代中不断演化成为以嫡长子继承制为核心的宗法制度。这一制度在西周时期日益成熟,至秦代虽打破了周王朝的世卿世禄制,但“家天下”的皇位继承制却被开创并沿袭了千年之久。自汉代汉武帝采纳董仲舒的谏言开始了“罢黜百家,独尊儒术”的时代,以“礼”为核心之一的儒家思想才正式登上历史舞台,而“礼”作为维系传统血缘关系的纽带也逐渐融入传统家法族规之中。回顾中国传统家训发展史，不难发现，传统家法族规的产生离不开血缘政治，而血缘政治的发展也为传统家法族规的发展提供了广阔的平台。可以说，传统家法族规的发展始终与中国血缘政治的发展保持着高度一致。

自家庭产生后，就有了家法族规，即规范、准则意义上的家规族规。家法族规又称家训、家戒、家范等等。传统家法族规产生于先秦时期，这主要是源于父权制家庭的出现，从而形成了“家”、“家长”、“家门”等重要观念，同时赋予了家庭单位中传统家法族规的主体与客体。在先秦时期，政治上的革新发挥着至关重要的作用。众所周知，西周沿袭并发展了商朝末年的宗法分封制，以嫡长子为核心的宗法制度在很大程度上缓解了在继承问题上的矛盾，同时也在家庭与家族中确立了血缘与政治的关系。大宗与小宗不再只是家族等级关系，它们还是政治隶属关系，而这便使得国与家紧密地联系在了一起，从而促进了传统家法族规的产生。《周氏家训》(《文王家训》、《武王家训》、《周公家训》)是西周时期传统家法族规产生的标志，它源于西周特殊的血缘政治。《周氏家训》不局限于小型单位的家庭——既有父子之爱、叔侄之亲、兄弟之情，亦有君臣之道、长幼之别、夫妻之法。春秋战国时期，礼乐僭越，私学兴起，文化多元并呈现“百家争鸣”的局面。此时，传统家法族规也各放异彩，既有孔子、孟子、荀子、曾子、墨子等名儒家训的流传，也有《国语》、《左传》、《战国策》中所记载的家训。内容虽有所不同，但其目的都是对于家庭成员人格的培育，而这种百花齐放的局面就是得益于当时所处的特殊的历史时期。到了秦代，秦始皇统一六国，开启了中国历史上第一个大一统的王朝统治，其时间虽然短暂却成就斐然。然而，“禁私学，以吏为师”的指导思想抑制了家学的发展，传统家法族规也一度陷入沉寂的状态，唯有孔子的后人孔鲋的家训较有影响。两汉时期，政治相对稳定，传统家法族规得到空前发展，涉及的内容也不尽相同，如刘邦的《手敕太子》、司马谈的《遗训》就是告诫后人治学之道；疏广的《告兄子言》旨在教导后生处世之道，当然，其内容也不乏何以为人、胎教等诸多方面。两晋时期(魏晋南北朝)是历史上的乱世，政治的不稳定却促进了新事物的产生与发展，使得这一时期的家法族规起到了承前启后的重要作用。曹操、刘备等帝王家训均具有极高的文学、史学价值，更值得一提的则是颜之推的《颜氏家训》，它标志着中国传统家法族规的发展进入了新的历史时期。隋唐时期专制主义中央集权制高度发展,三省六部制、科举制的出现与发展使得社会经济文化空前繁荣。传统家法族规不仅仅局限于帝王、官宦家庭文中,社会名流家训也得到了长足发展。任贤、纳谏、自谦、崇俭等等是李世民在《帝范》中对儿子的训诫;宋若莘的《女论语》全面阐释了女子贤良淑德的处世、为人原则,对后世产生了极为深远的影响;《柳氏家训》行文甚美,诚挚恳切,其中对于五大败家过失的阐释,对后世产生了极为广泛的影响。宋代家法族规进入到大发展时期,除以赵匡胤为首的帝王家训外,范仲淹、苏洵、司马光、欧阳修等文学巨匠的家训也硕果颇丰。进入明清时期,专制主义中央集权制达到顶峰,儒家思想依然是传统家法族规中的核心内容。这就说明传统家法族规的产生与发展必须以大的社会政治环境为依托,而传统政治社会的显著特征即是血缘,血缘关系的加强形成了一套完整的家庭伦理发展模式。至此,传统家法族规与政治的关系则十分明朗——稳定的血缘政治促进了家法族规的繁荣与发展,乱世的政治状态加强了帝王对子孙的约束。在四海鼎沸、内忧外患并存的时代,传统家法族规对于社会的稳定发挥了重要作用。因而传统家法族规在“分久必合、合久必分”的中国传统社会中具有存在的合理性。

三、传统家法族规与儒家文化

如前所述,传统家法族规产生于先秦时期,《周氏家训》开启了传统家法族规的先河。此后,历经汉魏六朝的发展,定型于隋唐时期,宋元明清时期达到高度繁荣。因此,传统家法族规可谓贯穿于中国封建社会的始终。除秦代对于法家思想高度推崇外,其余的历朝历代均是以儒学作为官方哲学,可以说,传统家法族规与儒家文化有着密不可分的联系。

第一,传统家法族规是儒学家庭化的有效载体。

不论是口头训诫,抑或是家训、家书;也不论是治学之道、为人之法,抑或是处世之理,传统家法族规的出发点都是对于人的培育。而对于人的培育的标准即是以国家的需要为第一需要,以国家的目标为第一目标。在儒学为官方哲学的封建社会,传统家法族规对于国家而言就是儒学家庭化的有效传播载体。以儒学的德育目标为最高追求,以儒学的德育内容为基本内核,才能够培育出立身于封建社会的优秀人才。这样的家法族规乃是家庭的需要、国家的需要、时代的需要,只有把握时代的脉搏不断剔旧更新,才能在漫长的封建社会存在并且延续下来。“心正而后身修,身修而后家齐,家齐而后国治,国治而后平天下”(《礼记·大学》)是传统中国社会始终尊崇的信条,也是传统社会中志士仁人的最高追求。这说明了中国传统社会中“国”与“家”的紧密联系,国家的治理需要依靠家族、家庭所建立的和谐秩序,家族、家庭的有序有利于国家的和谐稳定,因而治家之道与治国之道必须有机地统一在一起,才能更好地促进封建社会的稳定与发展。在相对闭塞的封建社会,如何将官方哲学——儒学中的德育思想传递到家庭,并在育人中起到重要的思想引领作用,传统家法族规的作用就显得极为重要。从古至今,家庭对于人的影响是全面而具体的,传统家法族规在封建家庭中始终扮演着举足轻重的角色。家庭通过传统家法族规来传递育人之道,也通过家法族规鞭策人的德行,而这些育人的方式与约束人的准则则是源于国家,即国家对于人的需求是传统家法族规育人的尺度,国家的法规是传统家法族规参照的标准。毋庸讳言,传统家法族规在漫长的封建社会始终是国家德育的工具或手段,它们将国家对于普通百姓的约束传递于家庭法规之中,同时也将国家对于普通百姓的期望付诸家庭德育之中。因此,在传播媒介尚不发达的传统封建社会,传统家法族规在儒学家庭化的进程中是不可或缺的有效载体。

第二,儒家文化为传统家法族规提供了合理内核。

首先,儒家文化的延续性为传统家法族规的核心内容提供了坚实的文化基础。传统家法族规最早可追溯到周王朝,而儒家文化的渊源亦可溯源到西周。在周王朝,传统家法族规主要体现在对于帝王家庭的规范与约束上,但就西周时代家庭德育本身而言,即是对于“礼”的阐释。众所周知,西周文化的核心是“礼”,即以宗族血缘为纽带的“礼”。儒家学派创始人孔子出生于西周没落的奴隶主贵族家庭,他对于西周“礼”的思想倍加推崇,他多次强调“礼”对于人的培育及对国家治理的重要作用与价值。在道德教育方面,他曾说:“兴于《诗》,立于礼,成于乐。”(《论语·泰伯》)强调了“礼”是人可以立足于社会的根本;在立身成人方面,他曾说:“君子博学于文,约之以礼,亦可以弗畔矣夫。”(《论语·雍也》)强调了“礼”对于博学多识的君子而言即是通往最高境界的基础;在社会交往方面,他也指出:“道德仁义,非礼不成;教训正俗,非礼不备;纷争辩讼,非礼不决;君臣上下,父子兄弟,非礼不定;宦学事师,非礼不亲;班朝治军,莅官行法,非礼威严不行。”

(《礼记·曲礼上》)强调了任何人之间的"礼"是社会和谐发展的王道,因而"礼"是社会交往的重要准则,等等。而这些有关于"礼"的儒学思想,早在儒学产生前便已写进了帝王家庭的家法族规之中。自汉代董仲舒"罢黜百家,独尊儒术"后,历朝历代不论是对于人的要求抑或是国家的治理,其文化根基均可追溯至儒家文化。而传统家法族规也以儒家文化为基本内核。在历朝历代著名的家法族规中均可以看到对"圣贤"、"君子"的不懈追求,对"孝悌之义"的深刻阐释,对纲常伦理的系统规范等等,而这些均来源于儒家文化。其次,儒家文化在传统封建社会的统治地位为传统家法族规内容的合理性提供了保障。儒家文化作为延续千年之久的官方哲学,为封建社会的统治提供了重要的文化根基,也为中华民族精神的形成提供了重要的养分。传统家法族规随时代的变化其内容虽有更新,但其所传递的儒家文化精髓却始终如一。在育人方面,它倡导儒学的价值追求,弘扬仁、义、礼、智、信的道德标准;在家法方面,它从儒学伦理层面约束人的道德,以道德评判的标准约束人的行为,以国家法的方式惩戒家庭成员。由此可见,传统家法族规与儒家文化一道维护了封建统治的稳定。因而,不论是帝王官宦的家法族规还是文人墨客的家法族规中,都不乏儒学中"圣人之治"的理想追求,也不乏"仁义礼智信、温良恭俭让"的道德标准,更不乏对于家庭成员的惩戒与责罚。道德标准的统一、国法与家规的统一,在一定程度上呈现出儒学与传统家法族规的统一。

第二节　传统家法族规存续的历时性与共时性

一般而言,任何事物的存在和延续都受到时间和空间两个因素的共同影响,传统家法族规也不例外,因此,传统家法族规的存续也具有历时性与共时性的二重性。"历时性"与"共时性"来源于瑞士语言学家索绪尔在《普通语言学教程》中对语言学的分类,它从时空观的哲学视角出发,分别对纵向的时间系统和横向的时间切片进行了研究和对比。从"历时性"的角度来看,传统家法族规既具有阶段性的时代具体性,又符合文明发展的历史规律;从"共时性"的角度来看,传统家法族规既具有恒定性的本质共通性,又满足文明发展的精神需求。

一、传统家法族规存续的历时性

恩格斯在《路德维希·费尔巴哈和德国古典哲学的终结》中曾说:“一切依次更替的历史状态都只是人类社会由低级到高级的无穷发展进程中的暂时阶段。每一个阶段都是必然的,因此,对它发生的那个时代和那些条件说来,都有它存在的理由。”①这说明人类文明的发展都遵循着一定的、有序的客观规律,而每一个存在于其中的历史事件都有其必然性。传统家法族规作为中国历史和文明演进过程中的产物,在本质上是一种文化形态,即是文化载体,更是文化本身,因此,它的发展和延续也遵循着人类文明发展的客观规律。

传统家法族规产生于先秦时期,经过两千多年的发展流传至今,其间依次经历了萌芽、发展、成型、繁荣以及蜕变五个阶段。先秦时期,是家法族规的萌芽阶段,其基本上以口头训诫形式存在,家法族规的主体也并没有明确的以文字为载体传承家法族规的意识;汉魏六朝时期,是家法族规的发展阶段,其数量逐渐增多,形式由口头训诫转向文字著述,家法族规主体也开始自觉地记录或追记教育子孙的思想;隋唐时期,是家法族规的成型阶段,其存在形式不断丰富,观念趋于成熟,内容也臻于完善,家法族规主体也由上至下开始主动著述家训文献;宋元明清时期,是家法族规的繁荣阶段,其种类繁多,浩如烟海,并逐步走向系统化、理论化,家法族规主体也逐渐扩散到社会各个阶层,从而使之得到了大范围的推广和普及;近代以来,是家法族规的蜕变时期,其存续形式不断革新,思想内容不断“扬弃”,最终,一些西方的新潮思想甚至成为某些家法族规的主旋律。由此可见,传统家法族规的发展脉络与中国文明的发展演变不谋而合。从形式上看,传统家法族规从口头授受到书信笔录,从铭、诰、敕、令到诫、疏、诗、联再到格言、警句、随笔,这与中国古代文体发展高度一致;从内容上看,传统家法族规具有极强的连续性,但又随着时代的发展呈现出不同的特色,从对“礼教”的重视到对“门第”的倚重再到对“族产”的偏重,这与中国古代的宗法观念和社会政治经济发展一脉相承。

黄炎培先生曾提出“其兴也浡焉,其亡也忽焉”②的历史周期律问题,希望能

① 《马克思恩格斯选集》第4卷,人民出版社1958年版,第212-213页。

② 黄炎培:《八十年来·延安归来》,文史资料出版社1982年版,第148-149页。

够找到一条摆脱政怠宦成、人亡政息，兴衰更替、周而复始这一规律性现象的出路。与中国文明共同发展演进的传统家法族规，看似也走入了这样一条兴盛衰亡的道路，绝大多数人甚至认为传统家法族规在近代就已不复存在。事实上，传统家法族规并没有消亡，而是随着社会主义民主制度的确立、人民当家做主的实现而不断与时俱进，演化成为当代家风。习近平总书记在2015年春节团拜会上曾强调“不论时代发生多大变化，不论生活格局发生多大变化，我们都要重视家庭建设，注重家庭、注重家教、注重家风”①。新中国成功地跳出了历史周期律，传统家法族规也成功地革新了良莠不齐的德育思想及方法。由此可见，传统家法族规的发展延续与中国文明发展的客观规律如出一辙。

二、传统家法族规存续的共时性

中国文化源远流长、博大精深，在整个儒学文化圈内得到了广泛的传播，作为中国文化重要组成部分的传统家法族规，亦是如此。传统家法族规不仅在国内得到推广，而且在整个儒学文化圈内都得到了借鉴和效仿。事实证明，无论在哪个时代、何种社会，家法族规都是为了适应时代及社会所需而存在、发展并不断延续的。

在日本，家法族规的起源时间、发展阶段、存在阶层及撰写风格虽然都与中国传统家法族规不尽相同，但其目的都是为了规范家族成员的行为，继保家之长久；其内容都以处理家族内部关系，教育子孙成长成材为主；其功能都是以大众化的形式传递传统文化的深邃意蕴，从而为国家主流意识形态向社会成员传播提供一个通俗易懂的文化载体。在朝鲜半岛，不仅儒家治理模式被照搬照抄借鉴过去，而且儒教也成为朝鲜半岛的官方哲学，由此，这种影响力不断渗入至朝鲜半岛的社会家庭中。虽然传统家法族规在融入朝鲜本土文化的过程中凸显出了朝鲜家法族规的独特性，但其目的都是为了规范族众行为，维护家族秩序；其内容都以“修身、齐家、治国、平天下”（《四书章句集注·大学·序》）为主；其功能都是作为一种传播工具对家庭成员进行儒家文化的灌输，进一步维系家国同构的治理模式。由此可见，尽管时代不同、地域不同，但是传统家法族规都有其存在价值。因

① 《中共中央国务院举行春节团拜会习近平发表重要讲话》，《人民日报》2015年2月18日。

为传统家法族规的本质具有共通性,因此可以充分适应不同思想的需要,为其所用。

就共时性而言,我们可以将家法族规看作是一个“系统”,将家法族规中满足文明发展精神需求的优秀德育思想看作是“系统”中的“要素”。家法族规存续的共时性就是探讨家法族规中的这些优秀德育思想虽然是经过不同的思想演变积淀而成,甚至属于不同的历史发展阶段,但是它们都属于家法族规的范畴,都是可以通过现代转换而加以发扬光大的优秀德育思想。

虽然时代不断变迁,但是传统家法族规所蕴藏的恒常价值不会改变。尽管传统家法族规中有许多在今日看来应当舍弃、推翻的内容,但不应对其予以全盘否定,因为传统家法族规可以充分满足文明发展的精神需求。传统家法族规并非昨日黄花,诸如“家人嗃嗃,悔厉,吉;妇子嘻嘻,终吝”(《易·家人》)这一卦的内容至今还被用于实际家训之中;又如《颜氏家训》中的一些教育思想在今天看来也仍然值得借鉴和传承,等等。对于传统家法族规中那些固有的原始性的特征,我们不能超越时代去苛求其达到与当代文化一样的水平,这样既不客观,也不合情合理。

第三节　传统家法族规存续的内在动力

虽然传统家法族规几乎贯穿于封建社会的始终,但其形式、内容在历朝历代却不尽相同。除上述所提及的特定社会历史条件与传统家法族规的历时性与共时性而外,能使之存续并发展的核心因素之一则是传统家法族规自身所具备的内在推动力。这主要表现为实践动力、需要动力以及精神动力。具体来说,首先,传统家法族规是实践的产物并服务于实践,既为实践的主体又为实践的客体,古之圣贤毕其一生将其所历、所感、所思凝结成训教后人的话语,构成传统家法族规之雏形,这本身即是实践的产物。而在不同的历史时期,传统家法族规在各个家庭、家族的实践过程中不断地更新和发展,这更离不开实践的推动。其次,传统家法族规的产生与发展源于需要,每个社会中的人都必须具备立足于社会的能力与方法,传统家法族规则是人何以为人、何以治学、何以立世之法。但这里所指的需要不仅仅局限于个体的人，于家庭、家族、宗族亦有一种需要。传统家法族规是一种治家之道，是一种在家庭、家族抑或是宗族中的人都不能逾的“矩”，这种约束就源于这些宗族的需要。当然，对于国家而言，传统家法族规更是一种需要，它是国与家紧密联系的桥梁。最后，精神动力是传统家法族规得以存续与发展的精神支柱，传统家法族规源于传统文化的理论精髓，其中所蕴含的思想内容影响着社会中的每一个人，小到个人、家庭，大到民族、国家都需要这一精神支柱，它是传统家法族规能够传递并延续的重要动力。

一、传统家法族规存续的实践动力

恩格斯在《英国状况·十八世纪》中指出，“文明是实践的事情”①。作为中国文明重要组成部分的传统家法族规，既是实践的产物，又在实践中发展。具体而言，其一，实践创造了传统家法族规。马克思、恩格斯在其人类学研究中指出，人类的世界产生于实践。实践在创造物质财富的同时也创造了精神财富，而传统家法族规即是中国古代社会一笔宝贵的精神财富。传统家法族规是中国传统文化的重要组成部分，即是一种文化。而文化与实践的关系，已有诸多学者对其进行阐释与论述，可以说，文化源于实践是一个共同性的观点。因此，传统家法族规作为一种文化自然也是源于实践。首先，古人在实践过程中创造出传统家法族规赖以存在和发展的社会土壤——物质文明、政治文明以及精神文明。古人通过实践不断提升生产力水平，使经济条件不断改善，家族规模不断扩大，从而为家族的延续提供了条件；古人通过实践不断完善政治制度，使社会环境更加安定。族众和睦更为必要，从而为家族的稳定提供了条件；古人通过实践不断优化统治思想，使儒家伦理不断完善，家庭德育日渐普及，从而为家族的繁盛提供了条件。其次，古人在循环往复的实践活动中创造了传统家法族规。在适当的政治、经济、文化条件下，在人们的反复尝试下，家法族规实现了由量变到质变的飞跃，最终应运而生。传统家法族规不是凭空想象出来的，而是古人在具体的社会实践活动中创造出来的，它是社会实践的产物。传统家法族规在其雏形阶段乃是圣贤一生的经验总结，而这些经验就源于其自身的实践，这既包括其个人的经历、思考，也包括对

---

① 《马克思恩格斯全集》第3卷，人民出版社2002年版，第536页。

于他人实践结果的概括与总结。再次,传统家法族规的产生与发展是家庭德育产生与发展的表现,而家庭德育的过程即是一种实践。正是在这一意义上,我们认为传统家法族规来源于特定的实践。

其二,传统家法族规在实践中不断发展。传统家法族规能够得以发展的实质即是在实践的检验下推陈出新,不断扬弃,最终实现自身的创新。因而实践是传统家法族规得以存续与发展的不竭动力。这主要表现在以下两方面:第一,从传统家法族规的形式来看:首先,实践推动家法族规的形式不断向前发展。在中国传统社会实践的过程中,生产力不断进步,传统家法族规也经历着从口头训诫到文章再到书籍的变迁;其次,实践促进传统家法族规的辐射维度不断扩张。传统家法族规的辐射范围从最开始的帝王皇室到后来的文人墨客,其演变的直接动力就是实践。帝王家庭的实践促进了社会各个阶层的效仿,从言传身教,到留文于世,均源于实践的强大动力。第二,从传统家法族规的内容来看:首先,实践推动传统家法族规内容的更新,传统家法族规能够贯穿于中国传统社会的始终,其中一个重要的原因即是其能随着实践的发展而不断进行自我扬弃。传统家法族规从制订到修订到再修订的过程,从道德教育到行为规范再到惩戒制度的转变,从简单的家庭德育到与国家德育的统一,都是传统家法族规在长期发展过程中不断改变、不断妥协、不断扬弃与不断发展的表现。其次,实践是传统家法族规变革的推动力量。传统家法族规的发展演变与内涵嬗变都发生在实践之中。先进生产力会颠覆旧的家法族规中的落后思想,促使其发生变革并与先进的物质文明发展相适应,从而推动传统家法族规加速向前发展。由此不难看出,从实践出发所创造出的物质文明、政治文明以及精神文明共同孕育和涵养着传统家法族规。

二、传统家法族规存续的需要动力

谈及需要动力,首先要明确何为“需要”,笔者认为需要首先是一种客观性的存在,社会、人抑或是事物其自身的不平衡与缺乏是产生需要的原因与动力。就本书而言,需要不仅仅是人之特质,同时亦具有社会性。首先,从需要的社会性出发,“需要”是社会学中的一个老生常谈且历久弥新的问题。对于这一问题的研究成果颇为丰硕,虽然学者们莫衷一是,但却不约而同地将需要与社会发展统一起来,其中最具代表性的当属美国著名心理学家马斯洛在《人类激励理论》中所提及的需要层次理论。不可否认,需要与社会发展不可分离,甚至二者具有统一性。马斯洛认为,人的需要层次是从低级到高级不断变化的,他认为,人的需要共分为五个层次,依次为生理需要、安全需要、社会需要、尊重需要、自我实现需要,而传统家法族规的产生与发展即是人与社会共同需要的结果。中国传统社会中的人们随生产力的发展和生产关系的进步,不断满足自身的生理需要。封建社会的稳定与统一使得普通百姓的安全得到保障,人们开始有了更高层次的需求。他们不仅需要身处社会之中,也需要维系家族血缘关系,以便更好地保持人与人之间的相互尊重、保证家族内部个体的自我实现,于是传统家法族规便应运而生并不断发展。其次,从需要的类型来看,需要的分类角度不尽相同。按需要的性质可分为物质需要与精神需要,按其作用则分为社会发展需要与生存需要,而传统家法族规毋庸置疑是一种精神需要、一种社会发展需要,因而在此不必赘述。本书着重探讨的是按需要范围所进行的类型划分,即人之本身的需要、宗族家族的需要、国家的需要。具体而言:

第一,人之本身的需要是推动传统家法族规产生与存续的直接内因。

首先,传统家法族规的产生来源于人对于自身以及其他人实践活动的总结与概括,在中国古代社会,人的生存与发展离不开前人的经验。如《荀子·成相》中说:“患难哉!阪为先,圣知不用愚者谋。前车已覆,后未知更,何觉时?不觉悟,不知苦,迷惑失指易上下。中不上达,蒙掩耳目塞门户。”《晋书·孙楚传》又说:“夫韩并魏徙,虢灭虞亡,此皆前鉴,后事之表。”汉代的荀悦在《申鉴·政体》中写道:“前鉴既明,后复申之。”由此可见,学习前人经验的重要性。因而,人之本身对于生存与发展的需要促进了传统家法族规的不断完善与发展。传统家法族规不再简单地局限于治学修身与维系伦理关系,而是在继承、总结和概括前人经验的基础上,使之内容不断丰富、体系不断完善,从而对后世的影响也愈发广泛。其次,如果把传统家法族规落细、落小、落实,也就是落到每一个个体身上就不难发现,个体的需要才是推动传统家法族规存续的最直接因素。毫无疑问,个体是传统家法族规最直接的发起者和受益者。传统家法族规经由个体的口中传述,由个体的笔下落实,再由个体向外逐一传播,最终又反过来作用于每一个个体身上,使个体从中受益。传统家法族规使个人的品行更加完备,使个人的利益得到更加公平的分配,也使个人的生存环境和发展空间更为广阔。因此,不论发生何种改变,只要有个体的推动,传统家法族规就能够一直存续下去。所以我们说,个人的需要是推动传统家法族规存续的直接内因。

第二,宗族的需要是推动传统家法族规存续的加速器。

若探讨宗族需要对于传统家法族规存续的推动作用,必须明确传统家法族规与宗族间密不可分的关系。传统家法族规不是偶然性的产物,也不是宗族中的某个个体信手拈来的“产品”,它具有很强的传承性。传统家法族规在各个时代虽具有不同的表现形式,对于各时期的家庭也有着不同的价值意义,但就其本身而言,它则是传承与扬弃结合的产物,而传承、凝练、扬弃的主体即是家庭、宗族本身。它们根据时代的风云变幻,不断改善传统家法族规中的育人之道;它们根据统治阶级思想的变迁,不断革新传统家法族规中孕育的基本精神。从指导到约束,都是传统家法族规不断扬弃的过程,而这一过程离不开“子子孙孙无穷匮也”(《列子·汤问》)的家庭与宗族常葆璀错之华的需要。毋庸置疑,传统家法族规的存续是追随着时代的脚步而前进的,但是在新旧文明的更迭中,传统家法族规难免要落后于先进文明的发展脚步,而解决这一问题的关键就是宗族的需要。宗族对其自身、对其族众、对其子孙后代的需要促使它在文明转换的档口迅速做出改变,使宗族能够以最快的速度适应环境的变迁、思想的革新。宗族需要借助传统家法族规培育子孙成才,宗族还需要借助传统家法族规维系族内安定,宗族更需要借助传统家法族规壮大本族势力。因此,不论文明如何演进,只要有宗族助力,传统家法族规就能够紧跟时代的脉搏。

首先,宗族对于传统家法族规的需要表现在对于家庭、宗族德育的需要。在传统家法族规尚未成型时期,就是以德育为主要目的而存在的,即使是在伦理规范不断成为家法族规主旋律的时代,道德教育的主旨也从未被抛弃。传统家法族规既可以是帝王对于子孙的教导,也可以是大宗对于小宗的鼓励,还可能是名仕名儒对于后代的期许,是何以为王、何以为臣、何以为人、何以为学、何以致用等等的德化与规范。其次,宗族对于传统家法族规的需要还表现在出于宗族稳定的需要。除了对子孙进行道德教育外,传统家法族规不断发展,逐渐成为维护宗族稳定的一种“契约”。家庭与宗族中的个体认可这一契约中的“礼”,认可这一契约中的惩戒措施,而这种认可不仅仅使家庭、宗族中的个体明确了个人的道德底线,同时也使得家庭、宗族具有更强的凝聚力与向心力。

第三,国家的需要是推动传统家法族规存续的保护伞。

国家的需要与国家的存在具有统一性,国家存在是国家需要的基本前提,同时国家需要也是国家存在的结果与保证。国家需要的范围十分广泛,既包括国家存在的基本构成,也包括推动国家不断发展的其他动力,而本书则着重探讨国家需要对于传统家法族规存续合理的作用与价值。为了更好地进行阐释,我们先来探讨国家需要与个人需要、宗族需要之间的基本关系。第一,从理论层面上来讲,马克思在关于人类学的基本观点中曾指出:“人的本质不是单个人所固有的抽象物,在其现实性上,它是一切社会关系的总和。”①这就说明了“人”是生活于物质社会中的真实存在的个体,他们的生存与发展必须依赖于现实社会中的种种关系,即人与社会具有统一性,亦即人的需要与社会的需要具有统一性。第二,从现实层面而言,中国传统政治社会的突出特征即是“家国同构”,在这一架构下,国家、宗族、个人从宏观来看都具有共同的精神追求、共同的理想人格、共同的处世原则等等,因而在不同家族的家法族规中,通常可以找到有关这些特征的论述,这就说明了国家需要、宗族需要与个人需要的统一。下面,本书将从国家需要动力的角度阐释传统家法族规存续的合理性。

首先,从传统家法族规的辐射范围来看,其始于帝王家训,用于训诫皇子皇孙,后被宰相大夫、名臣名儒所效仿,并在统治者的大力支持下推广至市民阶层。不难发现,传统家法族规的发起人即是统治阶层,他们对于皇族成员的训诫要先满足国家的需要,即包括国家需要什么样的帝王,皇族成员的继承问题,以及出现问题如何训诫等等,这些都是以国家需要为前提的。其次,根据马克思主义的观点,国家是阶级进行阶级统治的工具,这就说明有国家的存在,就有阶级的存在,就有统治的存在,而这种统治不能简单地依靠暴力手段,因此,道德教育应运而生。传统家法族规作为道德教育中的基础教育只有迎合国家的需要才能够得以推广与发展。众所周知,在封建专制社会,只有被主流意识形态所需要的文化才能够得以推广并流传下去。而传统家法族规之所以能够从先秦时期开始存续千年,主要是得益于国家的需要。国家需要借助传统家法族规渗透统治意志,国家还需要借助传统家法族规规范民众行为,国家更需要借助传统家法族规维系社会

---

① 《马克思恩格斯选集》第1卷,中共中央马克思恩格斯列宁斯大林著作编译局1995年版,第56页。

稳定。因此,不论世事如何变迁,只要有国家的庇佑,传统家法族规就能够一直延续下去。再次,传统家法族规在一定程度上与国家法律具有统一性。如前文所述,传统家法族规不仅仅是对于宗族成员的训导,同时也包含了一种特定的宗族规范。对于如何保持宗族的稳定,如何解决宗族内部的各种问题,传统家法族规起到了极为重要的作用。特别是在"家"的治理中,传统家法族规几乎等同于国家法律对于国家成员的规范,甚至比国法约束得更细、更小、更实。

三、传统家法族规存续的精神动力

恩格斯曾说:"就单个人来说,他的行动的一切动力,都一定要通过他的头脑,一定要转变为他的意志的动机,才能使他们行动起来。"①这里所说的"意志的动机"也就是精神动力,这种精神动力更多的是指个体的精神动力。列宁曾指出:"现在最主要的任务之一,也许就是最主要的任务,是尽量广泛地发扬工人以及一切被剥削劳动者在创造性的组织工作中所表现的这种独创精神"②,这种"独创精神"也就是精神动力,这种精神动力更多的是指向群体的精神动力。邓小平曾强调:"没有这样的信念,就没有凝聚力。没有这样的信念,就没有一切。"③这样的"信念"也就是精神动力,这种精神动力更多的是指向民族的精神动力。无论是"意志的动机",还是"独创精神",抑或是"信念"都是精神动力的代名词,而关于精神动力提法的演变也意味着精神动力的内涵更加丰富和完善。具体来说,它包括个体的、群体的以及民族的精神动力三个层面。传统家法族规的存续离不开精神动力这三个层面的推动。个体的精神动力对传统家法族规存续的影响只是个别情形,群体的精神动力对传统家法族规的影响也只是局部的,只有民族的精神动力对传统家法族规存续的影响才是最普遍的。

个体的精神动力是一种个性化的、内在化的精神动力,对传统家法族规的存续只产生偶然的、个别的影响。个体的精神动力主要反映在自身的特点、需要以及愿景上。虽然,一般说来,个体的精神动力主要表现在个体通过传统家法族规来规范德行以期达到修身至圣、交友至慎以及勉学至勤的目的。但是,个体的精

① 《马克思恩格斯选集》第4卷,人民出版社1995年版,第697页。

② 《列宁选集》第3卷,人民出版社1995年版,第377-378页。

③ 《邓小平文选》第3卷,人民出版社1993年版,第190页。

神动力是高度个性化的存在，不同的个体有不同的性格特点、不同的生存、生活需要以及生活愿景。与此同时，不同时代的个体也有不同的需求。此外，个体的精神动力还是一种内在化的存在，它更多地指向个体的意志、情感以及理想信念。一般而言，拥有顽强的意志、理智的情感以及崇高理想信念的人，更容易推动传统家法族规积极地向前发展。与此相反，意志薄弱、情感混沌以及信念缺失的人，则会对传统家法族规的传承产生消极的影响。个体的精神动力更多地是以个人为本位，但个人的力量很难推动整个传统家法族规向前发展，个人英雄主义往往难以创造和改变历史。因此，个体的精神动力对传统家法族规存续的影响并非必然，但也不是毫无影响，只能说是一种偶然，具有一定的特殊性。

群体的精神动力是一种集体化的、群体化的精神动力，对传统家法族规的存续只会产生局部的影响，是精神动力对传统家法族规存续的影响从偶然走向必然的必由之路。群体的精神动力主要反映群体的共同特征、集体需要以及共同意识。一般说来，群体的精神动力主要表现在群体以传统家法族规来管理群体生活以期达到睦亲睦邻、量入为出以及井然有序的生活目的。群体精神产生群体的精神动力。不同的家族因其历史传承与家族特质的不同也会产生不同的精神动力。但是，历史总是惊人的相似，能够称之为"义门世家"的家族也往往具有共同的特点。相较于个体的精神动力，群体的精神动力主体范围更加明确，力量也更为强大，对于传统家法族规的传承也具有较为一致的方向。但是，群体的力量毕竟有限，某个家族或者某些家族并不能影响整个传统家法族规存续的发展脉络，只能说是产生过局部的影响。精神动力对传统家法族规的影响不是一蹴而就的，恰恰是群体的精神动力将这种偶然的具有一定特殊性的影响推向了必然。

民族的精神动力是一种社会化的、普遍化的精神动力，它对传统家法族规存续的影响是必然的、普遍的。一种精神动力只有被个人、群体乃至整个社会所接受，才是真正推动事物向前发展的精神动力，而这种精神动力即是民族的精神动力。民族的精神动力反映整个民族最普遍的特点、最本质的需求以及共同的生活愿景。虽然民族的精神动力是一种大众化的存在，往往存之于无形，但是却拥有最为强大的影响力，它潜移默化、无孔不入地渗透进整个传统家法族规之中。传统家法族规的产生与发展是为了满足民族精神的需要，传统家法族规的存续更是源于民族精神的需要。可以说，民族的精神动力对传统家法族规的存续具有整体的、长远的、根本的推动作用。

值得一提的是,精神动力对于传统家法族规的存续还具有一种反作用。当然,这种反作用有时还依赖于一定的物质手段。具体而言,精神动力反作用于传统家法族规主要表现在两个方面:其一,用先进的思想批判旧的、不合时宜的传统家法族规,即理论的批判。它能够使个体、家族从腐朽僵化的遗毒中解放出来,从而更好地思考、行动以适应现实社会的需要。当然,对于落后的社会制度,理论批判具有同等的功效。通过理论的批判,在精神上摧毁腐朽的制度,使人们能够更好、更快地理解、顺应新的、因时制宜的家法族规;其二,将精神动力转化为物质手段,即物质的批判。马克思曾说:"理论一经掌握群众,也会变成物质力量。"①也就是说,将精神动力转化为普通百姓的物质力量,并以此来改变落后的传统家法族规。简言之,就是用先进的思想引导普通百姓进行变革,从而推动传统家法族规的不断更新。总之,精神动力的反作用不可小觑,它是其他内生动力所无法取代的。

第四节　传统家法族规存续的合理性构建

一、转变整旧如旧的文化保护理念　实现"活态传承"

虽然传统家法族规的保护和传承一直处于进行时,但是传统家法族规的保护理念却没有完全跨越过去时,还难以真正实现"活态传承"。鉴于此,我们应转变整旧如旧的文化保护理念,以确保传统家法族规存续的生命力。作为一项复杂的社会系统工程,传统家法族规的存续一直处于一种动态发展的过程之中,这一动态发展的过程源于对不断发生变化的文化保护理念的认知。中国现代文化保护始于20世纪20年代。这一时期的文化保护理念,一方面是由于外来因素影响的推动,如西方列强对中国文物的大肆掠夺,从某种程度上来说,带有一定的跨文化传播性质;另一方面则是由于学者们的留学经历,带来了新的

① 《马克思恩格斯全集》第3卷,人民出版社2002年版,第207页。

价值理念和文化保护理念。不过文化保护理念在当时并没有得到推广。20 世纪五六十年代,文化保护仍带有跨文化传播的性质,在重视文化的政治功能和象征价值的同时强调是否具有历史纪念意义。1978 年以来,跨文化传播基本停滞,但在中国仍具有长期指导性的主导话语则是由梁思成等学者提出的"整旧如旧"的文化保护理念,它强调对文化进行复古与复原。

步入 21 世纪以来,随着新媒体、新技术的出现,人们已经大踏步地迈进了新媒体时代。在传统家法族规的存续问题上,应力求处理好"传统"与"现代"之间的关系,最终实现"活态传承"。而实现"活态传承",首先就要转变"整旧如旧"的文化保护理念。虽然复原与修缮在一定程度上确实能够达到以存其真的目的和效果,但是文化保护的任务应是在不断发现并理解文化保护的过程中审视出现的新变化,使文化的延续能够与时俱进,最终实现价值共享与世代传承的统一。"活态传承"并不是单纯地将传统家法族规恢复成旧日的模样,而是在对传统家法族规的写作风格和表现形式加以重塑之外,更加关注其现代转化和当代价值。

作为非物质文化遗产之一,"世代相传"是传统家法族规的本质属性,它与物质文化遗产的最大差异就在于它的"活态性"。对于工艺类、表演类的非物质文化遗产可以采取合理的生产性保护,使文化延续与经济效益、社会效益相结合,在不随意进行商业加工和改造的基础上,实现"活态传承"。但是,并不是所有的非物质文化遗产都可以"生产"出来,如祭典、二十四节气、传统家法族规等等。如果为了商业目的而对这类文化遗产进行加工和改造,就破坏了"活态传承"的意蕴。作为传统文化的重要组成部分,传统家法族规同时也是民族文化遗产中不可分割的一部分,是各个家族、整个民族的历史生命在现实社会中的传承与延续。因此,传统家法族规的存续既具有历史性,又具有现实性。所谓"历史性"是指传统家法族规是在农耕经济、血缘政治和儒家文化共同影响下,经过长时间的积累并传承下来的;所谓"现实性"是指传统家法族规可以在现实生活中被继承,仍具有强大生命力,是一种"活"的文化。而确保传统家法族规存续的生命力,就能够实现"活态传承"。

二、形成理性权威的话语交际模式 实现话语民主

虽然传统家法族规的存续离不开话语交际模式的影响,但是只有形成理性权

威的话语交际模式,实现话语民主,传统家法族规才能够充分融入现代社会,做到古为今用。西方学者多将"话语"理解为在特定语境中围绕某一主题所展开的一系列陈述,换言之,语言亦被视为一种社会实践,它能系统地建构其所描述的对象,并传递人们相关的知识、立场与价值观。传统家法族规经由后世子孙的传承,得以进入话语领域,成为知识、价值立场的一部分。传统家法族规的延续与传承也是依靠话语交际的模式。从传播学的角度来看,传统家法族规存续的话语交际模式属于深层的话语传播层次。它并不是简单的"时刻表达",也不是结构化的媒介话语,而是承载着意义的文本与讯息,是制造与再造意义的文化发展过程。它并不仅仅指向具体的实物,而是一种"对世界(或其中某一方面)的言说与理解方式"①。事实上,传统家法族规并不是孤立存在的,它不仅是本领域内的一系列话语组合,而且还与本领域之外的更大范围内的话语有所关联。随着传统家法族规的不断发展与延续,传统家法族规的存续也愈来愈向跨学科的综合性方向发展,存续方式的建构也愈来愈多样化,话语的转换趋势与话语主体的实践活动对传统家法族规的影响也愈来愈重要。并且,传统家法族规的话语转换往往紧随当时社会的主流话语趋势,但是,不同的话语主体往往会直接或间接地影响传统家法族规的最后呈现,而传统家法族规的话语转换无疑会直接影响其存续的理念及模式。因此,充分顺应当前的话语变化趋势,形成合理的话语交际模式是至关重要的。

英国学者诺曼·费尔克拉夫(Norman Fairclough)在其著作《话语与社会变迁》(*Discourse and Social Change*)中指出,当前话语变化的三种趋势分别是话语的"民主化"、"商品化"和"技术化"。② 相比之下,对于传统家法族规的存续更多地强调其话语转换的"民主化"。话语的"民主化"是指消除话语权利的不平等,包括性别的不平等、等级制度等等,进而通过讨论和协商达成行动共识。这一过程体现在传统家法族规上,就是消除传统家法族规中的男尊女卑、宗法等级观念等消极因素,使之成为更具有恒常价值的文化话语。然而这种在行动中所达成的共识,只是建立在话语主体间相互承认的人际关系基础上的共识,并不是完全意义

---

① Jorgensen M, Phillips L, *Discourse Analysis as Theory and Method*, London: Sage, 2002, p. 1.

② 诺曼·费尔克拉夫著、殷晓蓉译:《话语与社会变迁》,华夏出版社 2003 年版,第 186 – 203 页。

上的共识，而要实现真正的共同理解、共同认同，依靠的不是强迫，而是理性的裁决，即形成理性权威。这样不仅有利于消除现代社会对于传统家法族规的部分偏见，更有利于传统家法族规从精英制订到平民化延续的流畅运作，在顺应平民化潮流的进程中，实现其从“高贵”到“朴素”的转变。

三、规范民众的现代生活方式　实现伦理自觉

虽然传统家法族规不具有强制性，甚至不具有合法性，但其始终具有辅助国家法律实行的性质，它可以有效规范民众的生活方式，帮助民众确立个体自我、发展个体自我和实现个体自我，最终实现责任伦理自觉。在当代社会，有些人将吸毒谎称为一种“亚文化”，有些人盲目渴望“一搏必胜”、“一夜暴富”，这些道德冷漠、道德滑坡事件仍然层出不穷。对于吸毒的明星、群众甚至青少年可以采取法律措施进行惩戒，但是对于精神层面和道德层面的缺失，只能借助于社会、家庭规范进行约束。虽然传统家法族规中关于惩戒族众、子孙的某些规范和措施在当下看来已完全不适用，但是这并不意味着对传统家法族规的全盘否定。传统家法族规中的优秀德育思想可以用来规范民众的现代生活方式，规范不合理的和非正义的个人和集体生活方式。就帮助民众确立个体自我而言，就是借助传统家法族规的合理内核使民众能够自己决定自己的事情，而不受其他力量和条件的限制和制约，保证每一位民众对公共事业和公共利益的关心。如果说确立个体自我是实现民众的自主性，那么发展个体自我则是实现民众的社会性，也就是民众的个体自我塑造。就帮助民众发展个体自我而言，就是借助传统家法族规的规范性使每位民众都具备按照法律规范和社会道德准则进行实践活动的基本素养，使之相互理解，彼此认同。就帮助民众实现个体自我而言，就是借助传统家法族规的基本内核使每位民众实现自身的个体价值和社会价值。

传统家法族规对于民众的现代生活方式的规范，最终是要实现民众的责任伦理自觉。从伦理学范畴来看，责任伦理要求民众“无条件”地对自己的伦理实践承担责任，“责任伦理作为道德原则，它所关注的不是工具理性的‘目的——手段’的事实关联，而是承担行动后果的‘当为’，即价值关联。”①这种价值关联

① 冯钢：《责任伦理与信念伦理：韦伯伦理思想中的康德主义》，《社会科学研究》2001年第4期，第32－38页。

与孔子所提倡的“己欲立而立人,己欲达而达人”(《论语·雍也》)基本相同,主要表现为责任的担当和人性的关怀。借助传统家法族规对于个体自始至终的规范和约束,有助于缓解“质胜文野”的分疏,更有助于道德风尚的弘扬,从而最终实现伦理自觉。

“国无德不兴,人无德不立。”①本书拟对明清时期的家法族规进行一番较为细致的梳理与较为深入的反思,试图找到古代家法族规中的德育思想与当代家庭德育的内在结合点,并从中选择符合时代发展且行之有效的德育内容与方法,以便激励当代人形成良好的道德意愿、道德情感。这无疑有助于人们形成正确的道德判断和担负其所应当承担的道德责任,在道德实践能力尤其是自觉践行能力上有所提高。“德育实为完全人格之本。若无德,则虽体魄智力发达,适足助其为恶,无益也。”②挖掘明清家法族规中优秀德育思想这份宝贵的文化遗产,运用其中的“精华”部分来解决当代家庭道德教育中所面临的种种困惑与矛盾,这既是对优秀传统文化的传承与发扬,同时又能够将传统文化与现代文化进行对接,从而融会而成一种与时俱进的新型家法族规文化。这对于完善当代家庭道德教育体系乃至推进社会主义精神文明建设,均具有一定的借鉴价值与积极意义。具体而言,这种价值与意义主要体现在如下两个方面:

首先,其理论意义在于——以历史和现实的双重视域来发掘明清家法族规中的优秀德育思想及其当代价值,并通过对家法族规中的德育思想进行一番价值分析和理论阐述,试图将这一研究成果运用于当代家庭伦理建设之中,进而达成其历史价值与现实价值的统一。这其中包括:第一,基于对客观历史材料的整理和分析,首先对明清时期的家法族规进行一番较为翔实的历史阐释。明清时期的家法族规无疑是我国传统家训文化的重要组成部分,因此,对其进行较为细致、深入的研究是解析我国传统文化的多元性和结构性必不可少的环节和内容,这对于汲取传统德育精髓、完善传统文化研究体系、继承与弘扬中国传统文化精华具有重要的理论意义。第二,在解决了“是什么”问题的基础上,深入挖掘明清家法族规中传统家教的思想内涵及其应用价值。明清家法族规中的家教思想十分丰富而繁杂,其内容涉及家庭生活的方方面面,并且均带有儒家伦理思想的印记,

① 王大千:《走进孔子,习总书记表达了什么?》,《孔子研究》2014年第2期,第9页。

② 蔡元培:《蔡元培全集》(第3卷),浙江教育出版社1997年版,第3页。

这些思想正是儒家“孝悌忠信、礼义廉耻”等社会伦理道德在家庭层面具体化的表现。遵循儒家家庭伦理规范，塑造家庭成员的道德人格，乃是我国传统家庭教育所要达到的目标之所在。第三，通过深入研究明清家法族规，旨在展现和印证家庭伦理与社会伦理的一体性，以期较为准确地把握明清家法族规的当代价值之所在，从而弥补当今家庭在道德教育中的不足。毫无疑问，家庭是每个人接受社会化的最初场所，几乎所有人的早期社会化甚至是终生社会化都要受到家庭的影响。我国在明清时期非常重视家庭这一社会化场所，其中的家法族规所蕴含的积极思想对家庭成员的社会化所具有的导向作用是不容忽视的。因此，本书拟以社会化的视角对其进行剖析，试图从中找到有利于当代社会发展的因子，从而使明清家法族规中的优秀德育思想能够在当代社会的道德建设中发挥积极的作用。

其次，其实践价值（或曰应用价值）在于——以“破与立”、“扬与弃”的双重视域来审视明清家法族规的现代转化，通过把握传统家庭德育思想的基本内容，实现其理论内涵与价值意蕴的自觉统一，并将这一现代转化应用于当代社会家庭伦理构建的方式与方法之中。这具体体现在：第一，以史为鉴，古为今用，对传统家法族规中的优秀德育思想进行一番系统挖掘与现代转化，这有利于推动当代社会的家庭伦理道德建设。毋庸讳言，当代社会的家庭结构业已发生很大的变化，家庭道德教育面临着前所未有的困惑与挑战。因此，在这一背景下，认真梳理和批判继承明清家法族规中的优秀德育思想，对于解决当代家庭德育困惑、重塑家庭德育功能具有十分重要的现实意义。第二，通过传统家庭德育思想的现代转化，使得其中的优秀德育思想成为当代社会家庭伦理道德体系中的重要组成部分。当前我国正处于社会转型期，因而在社会及家庭领域不可避免地存在着各种道德“失范”现象。传统道德价值体系的退位与新的道德价值体系的部分缺失，使得当代家庭的某些成员处于道德真空的隔离地带。为此，我们有必要从明清家法族规中汲取优秀的德育思想，以期服务于当代中国的家庭伦理规范体系构建。第三，通过对明清时期家法族规负面因素的客观评判，能够使当代人认清其历史局限性，并从中记取教训、引以为戒。唯其如此，才能增强明清家法族规现代转化中扬弃传统、去粗取精的可操作性，才能真正提炼出传统德育的思想精髓，并使得当代家庭伦理道德建设最终落到实处。

总而言之,包括传统家法族规在内的家训文化是中国传统文化中不可抛弃的一部分,也是中国当代社会发展不可或缺的一部分。传统家法族规的存在以农耕经济、血缘政治与儒家文化为条件,它的存续既符合文明发展的历史规律,又满足文明发展的精神需求,是实践动力、需要动力与精神动力等不同内在推动力共同作用的结果。当下,面对传统家训文化的"复兴",应积极探索与构建其存续的方式和路径,从而为传统家训文化的厚积薄发略尽绵薄之力。

第二章

明清家法族规概述

在人类文明漫长的发展过程中，家庭作为人类社会最基本的组成细胞，已经存续了数千年之久。尽管在不同的国家和民族，在不同的社会历史时期，对家庭的界定也不尽相同，但是家庭这一最基本和最普遍的社会制度在不同时期、阶段的社会系统中都占据重要的地位与作用。从血缘家庭到普那路亚家庭，再到对偶家庭，直至发展成为一夫一妻制家庭，家庭如同一面跨越时间与空间的历史巨镜，折射出人类文明的进步与人类社会的变迁。可以说，人类社会与家庭息息相关，社会与家庭的发展如影随形，二者是人类生活中“浑然天成”的共同体。

马克思主义哲学告诉我们，社会存在决定社会意识，社会意识是社会存在的反映，道德亦属于是人类社会特有的精神现象，它的产生同人类社会的历史条件、经济基础和人类自我意识等诸多因素密不可分。不可否认，社会的演变与发展一般都会通过伦理观念的递演而得以体现，而在家庭层面，家庭道德观念的嬗变亦可或多或少地透露出社会变迁的些许消息。按照德国哲学家黑格尔(Hegel)的观点，家庭即是一个伦理实体，亦可以理解成为伦理关系的实体化，“必须把伦理设定为个别的家庭成员对其作为实体的家庭整体之间的关系，这样，个别家庭成员的行动和现实才能以家庭为其目的和内容”①。道德归根结底是调整人与人、人与社会关系的行为规范，那么，不言而喻，家庭就是人类道德的始基。纵观中国历史的发展与变迁就极其有力地论证了这一点。一方面，中国几千年的封建历程中，形成了“家国同构”的社会结构和政治体系。中国传统家庭伦理在本质上被封

① 黑格尔著、范扬等译:《法哲学原理》，商务印书馆 2009 年版，第 8 – 9 页。

建统治阶级的意识形态所统摄,家庭成员的道德品质和个人修养与国家政治品德和政治素质合二为一,在以三纲五常为价值核心的文化烙印的基础上,形成了一整套适应封建性质的完备的家庭伦理道德体系。另一方面,道德亦不是以消极和被动的方式来反应世界,而是能以主动的方式引导和规范人的社会实践。传统家庭道德教育思想涉及个体人生、社会秩序以及国家兴盛的方方面面,从胎教蒙教到成人教育,从日常生活到建功报国,其中所阐述的处世哲学、人生经验,所描述的中华民族独特的精神气质以及理想人格形象,成为中华民族宝贵的文化遗产。

明清家法族规是中国传统家训文化的重要组成部分,而传统家训文化与中国传统文化具有血脉传承的特征。梁漱溟说:"中国文化在其绵长之手命中,后一大段(后二千余年)殆不复有何改变与进步,似显示其自身内部具有高度之妥当性、调和性、已臻于文化成熟之境者。"①可以说,传统家训文化即是中国传统文化的精髓部分,同时也反映出传统社会的文化缩影。明清家法族规中优秀德育思想亦是中国传统文化的具体体现,它的精神内核和价值取向是以儒家思想为核心,以修身、齐家、治国、平天下为目标,强调伦理道德至上,人际关系和社会秩序和谐融合的基本原则,在重德育教化与人文教养之中达到理想人格与人生境界。在家国同构的中国古代社会,家庭关系是社会生活中最基本的人际关系,因此,中国传统伦理秩序与道德规范则具象于家庭之中,换言之,家庭伦理的外延扩展开来即为整个社会关系的伦理原则和内容。总之,明清家法族规既是中国伦理道德的根基与出发点,也是中国伦理思想的微观反映。

第一节　家法族规的概念界定

家法族规是中国传统家训文化的重要组成部分,在对家法族规进行界定之前,我们有必要对传统家训文化做一番简单的梳理。《辞海》中对家训的定义有两种:一是父母对子女的训导,二是父祖为子孙写的训导之辞。②《辞源》将家训定

① 梁漱溟:《中国文化要义》,上海人民出版社 2001 年版,第 9 页。

② 《辞海》,上海辞书出版社 1997 年版,第 1151 页。

义为“言居家之道，以垂训子孙者。”①徐少锦认为：“家训主要是指父母对子孙、家长对家人、族长对族人的直接训示、亲自教诲，也包括兄长对弟妹的劝勉，夫妻之间的嘱托”以及“后辈贤达者对长辈、弟对兄的建议与要求”。“父祖对子孙与家庭其他成员的教育，除了包含一般的社会要求之外，还带上了家庭、家族的独特内容，并在世世代代延续、演进的过程中，不断沉淀下来，累积起来，形成了各具特色的家道、家约、家训、家风，家规、家法、家范、家诫、家劝、户规、族规、族谕、庄规、条规、宗式、宗约、公约、祠约等等。”②万斌认为：“家训在我国传统文化中属伦理哲学范畴，其基本内容包括为人处世和齐家守业两个方面，其思想主要侧重于家庭成员的伦理道德、人伦关系教育。”③综上所述，笔者认为，家训是父祖家长对家庭其他成员施加的有关伦理道德教育的训示与教诫，从而规范家庭成员的思想与行为，使其符合社会要求与家庭发展的需要，总之，家训文化属于劝导性的规范。

家法是家训文化的重要表现形式。最初的家法源于汉代，东汉学者应劭曰：“则其学艺，则家法洽览，诲人不倦矣；则其政事，则施於已试，靡有阙遗矣。”(《风俗通·十反·司徒梁国盛允》)；另据《后汉书·徐防传》记载：“伏见太学试博士弟子，皆以意说，不修家法，私相容隐，开生奸路。”不过，其中所讲的家法是指经学博士以及对某一经的理解而自成一家之说，并以此教授门生。这种以一家之言、独特学说向子弟传授学说的做法，又称为“师法”。后来，家法不仅是指持有某一学说或观点，还指书法所持的某种风格或效仿某种笔法。当传授的对象是自己的子孙，效仿的对象是自己的父兄时，“家法”就成为家训的特殊形式，即父兄的治家之法，耳提面命之训。家训意义上的“家法”概念初见于《魏书·杨播传》“陈纪门法”一语。南北朝时期，家法的意义渐渐明朗、具体，具有了显著的特征，特别是条例清楚明确的成文家法，大体上确立于唐代，为士大夫正子弟娇纵之法。唐昭宗时，陈崇制订成文家法标志着真正意义上的家法的产生。

具体而言，家法，多由家长为约束家庭成员的言行举止而制订，其内容包括家庭日常生活的各个方面，属于一种综合性规范。家长对于家庭成员，如佃户、侍婢等违反家法的行为可进行惩处，但惩处方式(斥责、罚跪等)大多较为温和。家法

① 《辞源》，商务印书馆1964年版，第1068页。

② 徐少锦、陈延斌：《中国家训史》，陕西人民出版2003年版，第1页。

③ 王长金：《传统家训思想通论》，吉林人民出版社2005年版，第1页。

的具体内容虽然因家庭的不同而有差异,但其共同的基本特点是“严”,它是有明确奖惩条文的行为规范的总称。总之,家法的出现反映了仕宦家训强制性和法律化的趋势。① 相比较而言,族规一般由宗族的始迁祖、宗族尊长或族内数名尊长订立。在部分较具民主意识或族长威信不高的宗族中,则由族众共同商议而订立。若族中不具有通晓国法与文理的族人,不能承担制订家法族规的责任时,则由族外的文人代为订立。族规的约束范围扩大至族中各个家庭中的各个成员,部分宗族甚至将与其宗族相关的族外人士列入管辖范围之内。其内容在关于家庭生活各项规范的基础上,还涵盖了族中的各项公共事务,如宗族祭祀、族产管理、族谱、家谱修撰等内容;其形式既有家规、家训、宗规之类的综合性规范,还包括如墓规、祠约等单一性的规范。从整体上看,族规与家法并无明确的分野,它们都是家族组织为了稳定家族结构、维持家族秩序、约束家族成员所制订的世代相传的行为规范。若家族成员违背家法族规的行为,不仅会受到舆论的谴责,而且会受到体罚、出族甚至被处死的惩罚。

家法族规主要是中国古代家庭组织借以调整家庭内部的伦理关系、维持家族秩序而由祖上流传,后代加以修订的行为规范的总和。② 家法族规的主要内容包括追溯源流、祭祀祖先、泽被子孙、明德修身、敦亲睦族、课读科考、维护家业及配合统治等。家法族规是家训文化的一部分,与其他家训不同的是,家法族规侧重于对家人子弟言行的规诫,着重于“规矩”和“约束”,它带有“法”的性质,加入了惩罚手段,对违反家法族规的成员要给予惩罚,因而,它是一种结合了劝导与惩罚的治家规范。笔者认为在中国几千年的发展历程中,家法族规对中国传统家庭的繁衍发展、时代延续起到了至关重要的作用。特别到明清时期,家法族规发展至鼎盛阶段,它按照儒家文化为主轴的社会文化要求,使家庭合乎宗法专制与社会礼法的要求,使家庭成员按照传统社会的道德准则、行为规范来规划自己,进而使家庭和睦、社会稳定,也为国家的发展做出贡献。

---

① 鞠春彦:《教化与惩戒——从清代家训和家法族规看传统乡土社会控制》,黑龙江教育出版社 2008 年版,第 66 页。

② 杨威:《中国传统家庭伦理的历史阐释与现代转换》,黑龙江人民出版社 2011 年版,第 98 页。

第二节　明清家法族规的发展与演变

明清家法族规内容丰富、涉面广博,《中国丛书综录》中所列公开印行的家训文献有117种,明清两代占89部,其中明代28部,清代61部①。另外,我们也可以在族谱中得到佐证,族谱中大都附有本家族先人所制订的族规、家法、家诫之类的家训。

一、明清家法族规思想溯源

据史料记载,直至宋代末年,族谱的编修尚不普遍,当时的学者欧阳守道说:"现今'世家',也少有族谱,虽是'大家',但也'往往失其传'"(《黄师董族谱序》)。而宋代以后直至民国,无论是大家贵族还是平民百姓,族谱的修撰一直盛行不衰。我们可以肯定地说,家法族规在明清时期尤为兴盛,并且从数量上说也属明清两代最为繁多。明清家法族规以传统儒家思想为核心理念,其中所蕴含的思想是我国古代人民对治家、教子、修身、处世等方面的提炼与总结。明清时期长达五百余年,家法族规之所以发挥了重要作用与深远影响,这与它深厚的社会基础和心理因素是分不开的。

第一,明清家法族规的社会基础是以血缘宗亲关系为纽带的家庭结构以及家国同构的社会结构而建立的。任何思想传统的形成和延续都有其现实的物质生活根源。② 中国传统社会以农业为经济基础,氏族社会发展到一定阶段后其组织结构十分牢固,这使得血缘亲属纽带极为稳定和强大。再者,中华文明发展得很早,且没有被游牧文明和航海文明等其他因素所削弱或冲击,中华民族形成了自给自足的农耕文明。③ 明清时期,以血缘宗亲关系为纽带的家庭结构与社会结构没有发生巨大的改变,这使得家族族规中的规范习俗得以承袭并延续下来。除此

① 陈节:《古代家训中的道德教育思想探析》,《福建学刊(人文社科版)》1996年第2期,第70-74页。

② 李泽厚:《中国古代思想史论》,人民出版社2008年版,第23页。

③ 李泽厚:《中国古代思想史论》,人民出版社2008年版,第121页。

之外,明清时期的家法族规中增添了许多社会风俗教化的内容,这同当时帝王官员的大力提倡有很大的关系。明清帝王为巩固封建专制统治,加强民众的思想教化,颁布了一系列圣言、圣谕作为全社会教化思想的导向。譬如,明太祖朱元璋颁布的《圣谕六言》(也称《教民榜文》、《教民六谕》)、清代顺治皇帝颁行的《六谕卧碑文》、清代康熙皇帝订立的《圣谕十六条》、清代雍正皇帝颁行的《圣谕广训》,对当时社会风貌习尚的良性发展与家法族规教化内容的丰富完善产生了较为深远的影响。

第二,明清家法族规的心理基础是建立在血缘关系基础之上的人伦关系,其本质则表现为一种统治秩序和社会规范。家法族规将外在的行为规范同人内在的心理诉求结合在一起,在强调人的交往性和社会性的基础上达成了和谐的人伦关系。家法族规通过较为强制性的规范将人的生活内化为自觉理念,强调父子、夫妇、兄弟、朋友间的日常交往遵循着一定的道德规范,即以礼法及与之相应的礼俗为代表的儒家伦理规范。伦理代表的是人伦关系的固有秩序及与之相应的日常交往准则①,这种建立在情感基础之上的心理原则,使阖族成员自然而然地建立了一种以严格的等级秩序为基础的人伦关系。

第三,明清家法族规的核心理念是以德为本,以法为用。一方面家法族规强调道德的基础性作用,又强调道德的首要作用,以德教善导人心。另一方面,家法族规也不排斥刑罚的强制性和惩罚性作用,强调通过必要的惩治手段来对家庭成员适度惩罚,从而达到治家目的。具体而言,明清家法族规中德法兼备的思想观念主要受到传统儒家"阳儒阴法"治国观的影响。传统儒家思想强调高扬人性的善行,将提升社会道德水平视为治理之根本,同时还要以刑罚作为辅助,来遏制人性与社会中的恶。可以说,"道德"与"刑罚"是一种刚柔并济的关系,道德教化是一种软性的手段,耗时长且见效慢,但却能易人心性。同道德教化相比,赏罚是一种硬性手段,用时短见效快,能到起到惩恶劝善的作用。正如孔子所说的:"政宽则民慢,慢则疾之以猛。猛则民残,残则施以宽。宽以济猛,猛以济宽,政是以和。"(《左传·昭公二十年》)明清时期,德育思想受程朱理学影响深远,程朱理学家门也认为道德教化应以刑罚为后盾。程颢认为:"自古圣王为治,设刑罚以齐其

① 杨威:《中国传统家庭伦理的历史阐释与现代转换》,黑龙江人民出版社 2011 年版,第 92 页。

众,明教化以美其俗,刑罚立而后教化行。虽圣人尚德而不尚刑,未尝偏废也。故为政之始,立法居先。"(《伊川易传》)朱熹亦主张:"教之不从,刑以督之。"(《朱子语类》)因此,明清家法族规中"德主刑辅"的原则才被确定下来。

二、明清家法族规的发展演变历程

目前已知的最古老的家法族规系公元890年订立的《义门家法》,出自于江州数代同居共爨的"义门"陈氏。① 根据现有资料,我们可以模糊地推断成文的家法族规可能肇始于唐代。唐代末年至元代末年,由于社会动乱不堪造成人口锐减,难以形成世代同居的大家族,致使家法族规在这一历史阶段有所发展但发展缓慢。在这一时期,家训文化出现分流:一类延续传统的体例,继续作为纯粹的家训;而另一类则增加了对于违犯者的惩罚规定,成为家法族规。发展至明清时期,由于中央集权制空前强化,农业经济繁盛,商品经济得到发展,使明清家法族规在内容与形式上渐趋成熟。纵观明清时期家法族规的发展历程,我们大体可以将其分为三个阶段:

(一)快速发展:明朝初期至清朝初期

家法族规在明朝初期至清朝初期进入了快速发展的阶段,其主要原因是这一时期的经济发展状况、政治发展需要、思想发展内容等为家法族规的快速发展提供了物质基础与政治保障。

第一,从经济层面分析,社会经济的恢复为家法族规的快速发展提供了物质基础。元末以来,由于战争频发、社会动乱,土地大片荒芜,人口锐减,社会经济遭到严重破坏。明太祖朱元璋为实现政权的稳固,在南征北战的同时果断地将主要精力放到整顿残破的经济之上,以"田野辟、户口增"为目标来重建社会经济。通过召军移民开荒屯田、调整生产关系等一系列举措,明朝初期社会经济得到了恢复并迅速发展。明成祖朱棣在前朝经济基础之上,积极进行海外贸易的拓展,使社会稳定繁荣的局面逐步形成。明朝中后期,社会经济结构有所调整,由于商品经济的发展,资本主义萌芽开始出现。工商业发展迅速使得农业经济的基础地位受到动摇。此时,朝政巩固,社会安定,百姓安居乐业,人口迅速增长,城市急剧扩

① 费成康主编:《中国的家法族规》,社会科学出版社1998年版,第12页。

增,原本的小家庭也发展成为数十口乃至数百口的宗族。因此,经济因素在一定程度上促进了家族、宗族的发展与壮大。

第二,从政治层面分析,为维护社会稳定,政府大力支持家法族规的制订与使用。明朝大体沿袭了元朝的政治制度,在大约二百余年的时间中,历代皇帝都或多或少地进行了政治改革,使得中央集权制空前强化。明朝时期,朝廷大力倡导,皇帝身体力行、亲力亲为,这在很大程度上促进了家法族规的发展。基于“为治之要,教化为先”(谷应泰:《明史纪事本末》)的治国理念,朱元璋极为重视社会风俗教化。他说:“考弟之行,虽曰天性,岂不赖有教化哉。自圣贤之道明,谊辟英君不汲汲以厚人伦、敦行义为正风俗之首务。旌劝之典,贲于间阎,下逮委巷。”(张廷玉:《明史·太祖本记三》)朱元璋还亲自订立了圣谕,以“孝顺父母、尊敬长上、和睦乡里、教训子孙、各安生理、毋作非为”(朱元璋:《圣谕六条》)为内容的“圣谕六条”。为提倡社会风俗教化,朱元璋还树立家庭成功典范,对世代合族而居的浦江“义门”郑氏大加褒奖,给予其“江南第一家”的殊荣。一代名儒宋濂继而帮助郑氏子孙完成了《郑氏规范》的合并工作,使其更加完备,并成为中国传统家法族规的代表之作。当朱元璋看到《郑氏规范》后深有感慨地说:“人家有法守之,尚能长久,况国乎!”(《浙江浦江郑氏家族考述》)除此之外,朱元璋还亲自编撰《祖训录》训诫皇子皇孙,他将制度、律令记录其中,以供皇家子弟在国家治理中有遵循的依据。其后,明成祖朱棣在为政之余同样编写《圣学心法》,供皇子们学习和效仿。明仁孝文皇后也曾亲自撰写《内训》,成为明代女教、女训读物中最为丰富、最为重要的一部著作。

第三,从思想文化层面分析,自上而下的程朱理学普及实践,加速了家法族规的发展。明朝初期,为巩固新建政权,维护封建专制的政治制度,皇帝崇尚儒学,大力提倡程朱理学,并通过科举制度招揽人才,加强思想文化上的专制。明王朝建立之初,朱元璋就将尊崇儒学定为基本国策,“以太牢祀先师孔子于国学”(张廷玉:《明史·太祖本纪二》),下诏书招纳尊孔读经的贤人参与国家治理,同时,规定科举考试以《四书》来命题,且只能以朱熹《四书章句集注》为答案标准。另外,在宋明时期,理学大兴,私人讲学蔚然成风。诸如北宋时期的周敦颐、张载、二程(程颢、程颐),南宋时期的朱熹、陆九渊,他们分别在各地形成了自己的学术流派。至明代王阳明心学兴起,私人讲学不仅局限在知识分子之间的学术交流与探讨,更发展成为面向平民、面向社会的开放的儒家教化活动。一般而言，私人讲学的最大特点就是深入浅出，生动感人，且大量使用口语和白话。譬如，用语录体编撰而成的记述朱熹言论的《朱子语类》，以及记载王阳明语录和论学书信的《传习录》等，都真实地再现了当时他们讲学或论辩所使用的口语和白话。总之，在学派争鸣与互相交流的过程中，使得局限于书斋的知识分子的学术思想通过儒学地域化运动开始向民间推广，并由局部地区扩展到全国，进而被越来越多的平民百姓所知晓。①

明朝时期，家法族规的制订者多为官僚士大夫和社会名流。传播家训文化的官僚士大夫中又以明代儒士王相最为突出。王相编辑的《女四书》成为广为流传的女教读本。还有许多名儒也都编写家法族规，例如曹端编写《家规辑略》、方孝孺订立《宗仪》、霍韬订立《霍渭厓家训》、庞尚鹏订立《庞氏家训》等。到了明朝中后期，一些普通百姓的家庭、宗族也先后制订了家法族规，加之明清时期大儒对儒家思想的社会化普及，使得家法族规更多地进入到寻常百姓家。总之，宋明理学为寻常百姓的现实生活提供了价值参照与道德指导，此后订立家法族规的家庭和宗族逐渐增多，其形式和内容也日渐成熟。至此，以平民化转型为标志，家法族规的繁荣阶段初步形成。

（二）全盛时期：清朝初期至中后期

清朝初期，政府通过鼓励垦殖荒地、减免税收等举措，使社会进入到一段长治久安的繁荣时期。清朝政府对于合居共爨的大家庭是极力推崇的，因而清朝人口出现快速增长的局面。明朝以前，中国人口大致在4000万至7000万之间徘徊，至清朝中期，中国人口激增至4亿。在清朝康熙、乾隆时期，社会经济有了很大的进步，生产力得以提高，生产规模逐步扩大，商业往来、流通日益频繁，许多市镇兴起，大大刺激了人们的消费水平，社会风尚发生了明显的变化。

清朝时期，家法族规从快速发展至鼎盛的主要原因可以概述为：首先，清朝统治者的大力举措。顺治皇帝很注重官吏和民间的家庭教化。在位之初，顺治皇帝就订立了“圣谕”六条，并对优秀官吏的父母予以表彰，赞许他们教子有方。继顺治之后，康熙皇帝则订立了影响更大的“圣谕”十六条。康熙还极为重视皇室子弟

---

① 参见杨威、刘宇：《培育和弘扬社会主义核心价值观路径探究——基于优秀传统文化的分析视角》，《齐鲁学刊》2015年第3期，第74－78页。

的思想言行,他整理并辑录而成《庭训格言》,用以教化子孙。雍正皇帝即位后又对"圣谕"十六条加以推衍解释,订立《圣谕广训》并在各地加以推行宣讲。

其次,清朝更加注重文化专制。清朝历代皇帝对程朱之学推崇有加。顺治和康熙皇帝都曾颁布诏书,封朱熹后裔世袭翰林院五经博士。康熙还特下圣旨将朱熹配享孔子。他还命人编辑《朱子全书》并亲自作序,称朱熹是续千百年绝传之学,开愚蒙而立万世一定之规。

再次,朝廷官员的积极传布。清代的陈宏谋曾任江苏巡抚,两广、湖广总督,官至东阁大学士。他在为官期间,极其重视社会教化,曾编印社会教化读物《五种遗规》。其中《养正遗规》、《教女遗规》、《训俗遗规》影响最大,流传甚广。他还将《朱子家训》大量印刷,广为传布。他认为教化之事"不知者以为迂,而知者以此为根本功夫。我之本意,总望化得一人是一人耳"(《寄四侄钟杰书》)。清代做过扬州知府的张师载将汉唐以来的著名的"型家正俗之篇"编辑成册,题名《课子随笔》,其中一共收录了 84 篇家训、家规、信札。张师载在《课子随笔·序》中写道:"风俗之薄厚,不唯其巨,其端恒起于一身一家。"①该书于乾隆年间出版后又多次刊印,在民间广为流传,影响甚大。

最后,人口激增和家族的壮大。明清时期,一方面,宗族数量与规模不断扩大;另一方面,由于当时人口激增,导致社会出现潜在的不稳定因素。因此,通过订立家法族规,可以用以维系家族,促进社会的稳定和发展。

(三)由盛转衰:19 世纪末期以降

清朝末期,民族矛盾、阶级矛盾、社会矛盾日益显现。清朝统治者思想僵化、故步自封,再加之帝国主义列强入侵,列国纷争,中国社会动荡不堪、民不聊生。19 世纪以降,新兴资产阶级的改良运动对封建思想进行了猛烈的抨击。辛亥革命推翻了在中国延续两千余年的封建君主专制制度,尤其是受五四运动民主思想的冲击,封建伦理纲常秩序受到进一步打击,至高无上的儒家思想被拉下了"神坛",传统家法族规的社会基础已荡然无存,这就决定了家法族规由盛转衰的必然命运。

这一时期,延续了千余年的家训文化也逐渐失去了昔日的辉煌,日趋衰落。

---

① 参见陈延斌:《试论明清家训的发展及其教化实践》,《齐鲁学刊》2003 年第 1 期,第 115－119 页。

传统家法族规逐渐由盛而衰的具体表现,可以概括如下几个方面:

首先,洋务派新官僚的家庭教化思想。鸦片战争后,清朝官员中出现了一批洋务派的新官僚,例如曾国藩、左宗棠、李鸿章、张之洞等人。与食古不化的旧官僚相比,他们是一批能够接受西方新思想、新思潮、新观点的人。他们对西方的教育制度和家庭观念有所了解,因此,在教化子孙的过程中渗入了较为开明的思想意识。譬如,在治学、择业方面强调读书与世事历练相结合,倡导经世致用之学。特别是曾国藩,他以家书的形式训诫子孙,其中内容不乏中国传统德育思想,但又不拘泥于古人的教条内容。其教育方法和内容既适应了时代的变化,又有适度的发展与创新,因此可以说,曾国藩将传统仕宦家训推向了巅峰。

其次,众多家族依据国家新颁布的法律,逐渐废止或修改明清时代订立的家法族规,如允许族人自主选择继承人,可以让异姓的女婿、内侄等其他人继承财产等内容。

再次,受西方思想影响,大多数宗族开始仿效欧美制度订立新的家法族规。例如,南海荷溪乡何氏于1929年订立的族规中曾提到,要经过民主程序来确认某人是否违反家法族规及是否需要惩罚等。

最后,此时仍然沿用传统家法族规的家庭和宗族,大多依据新颁布的国家法律来修改其内容。譬如,在家法族规中减少或减轻了惩罚方式和强度,废除处死等危及族人生命的残忍惩罚方式。另外,一些新形式的拟亲式宗族组织和宗族活动出现,同宗会章程等成为这一时期家法族规的新种类。在这一时期,虽然部分家法族规增添了具有进步意义的内容,如订立于清末的上湘龚氏的族规中就出现了"禁缠足"的规定:"妇女放足,脱离苦海,诚为莫大幸福。如有拘泥旧习,仍行缠足者,查出重罚"(《上湘龚氏支谱》卷二),但这种情形不足以扭转家法族规走向衰败的局面。由于传统宗族势力的日渐式微,加之受到民主思想的巨大冲击,致使众多家法族规被废止,并逐步失去其存在价值与作用。

三、明清家法族规鼎盛原因析略

之所以称明清时期是家法族规发展的鼎盛时期,是因为在这一时期,家法族规不但继承了以往传统家训的各种形式,而且还在此基础上得到了长足的发展。除此之外,自明代以来,我国传统家族组织日益完善,家谱中的家法族规及其他与之性质相类似的家仪、家礼等内容普遍产生，甚至还以各种专著、训俗文献和乡约文献的形式广泛地流传于社会之中，使整个社会弥漫着一股教家训子的气息。那么，家法族规为何发展至明清时期达到鼎盛，并具有空前的影响力呢？接下来，笔者将对此试作分析。

第一，时代背景使然。明朝初期，统治者恢复了元末战争的社会秩序，为加强君主专制，政府在中央、地方、监察及军事方面采取了一系列措施。此后，清朝在沿袭明朝政治制度的基础上加以发展和改进。以雍正皇帝为分界，在此之前，沿袭满洲贵族议事的旧制，设议政王大臣会议，决定军国大事，中央权力集中于满洲贵族和八旗首脑之中。雍正之后，中央权力集中于满员充任军机大臣的军机处，权力中心的转移，使得君主专制统治达到了顶峰。为加强君主专制统治，明清两代加强了思想文化专制，封建朝廷大力提倡程朱理学，将其定为文教的指导思想，并推行道德礼教下移运动。众所周知，封建伦理道德视“程朱理学”为重，明清统治者尊崇程朱的文教政策，这使得伦理道德教育充斥于整个文化教育领域。从根本上说，家与国的职能都是为维护阶级社会的等级秩序。“政治秩序须以文化秩序为基础；政治运作须以社会文化价值原则为指导。”①在推崇“民为邦本，本固邦宁”（《尚书·夏书》）的社会中，作为文化秩序的家法族规，它的活水源头即是宗法父权制的“大家庭”，其终极目标就是为了维持宗法社会的政治秩序。明清时期，中国阶级社会将集权统治发展到极致，“存天理，灭人欲”表现出最为强大的伦理秩序的束缚力。家庭作为国家政治机器中的重要组成部分，它的命运从根本上取决于社会政治环境，所以明清家法族规鼎盛的根本原因就在于此。

第二，明清士人心态的变化。明清两朝建立之始，国家对四民之首（即“士”）的教化比较重视。“士”是中国古代知识分子和官吏主要来源的阶层，他们之中多数人直言敢谏，质朴厚重，廉洁奉公，以天下为己任，心怀天下，有强烈的忧患意识和社会责任感。然而，世事易变，嘉靖、万历之后，政局愈来愈黑暗，譬如明末党争，宦官专权，尤其是在遭受“挺击”、“移宫”、“红丸”等案后，士人在精神和肉体上都经受了沉重的打击，黑暗的社会现实让他们变得迷茫无措。许多士人开始放弃节操，放纵私欲，对朝政也开始敷衍散漫，得过且过。士风萎靡颓丧，士人自降

① 陈明：《儒学的历史文化功能》，学林出版社 1997 年版，第 75 页。

身份与司官仆役称兄道弟，不再讲究廉耻，开始沉溺于物质享受。还有士人染指赌博恶习，以致倾家荡产。更有甚者为满足一己之私欲，开始贪污索贿，最初由个人独立作案，后来发展到以省为单位集体贪渎。另外，清朝初期，一大批知识分子仍然忠心于明朝，不愿服务于满清政府，有些人甚至参与反清复明的活动，失败后便归隐于山林。然而，在清政府的威逼利诱下，不少士人易服薙发，变节投降，前往应召，成为满清官员。在清统治者的严密专制高压下，士人逐渐被奴化、被驯服，世风每况愈下。康乾时期文字狱大兴，思想禁锢进一步加强，朝野仕宦、文人、大夫，无不深惧祸从笔出。在阶级矛盾空前尖锐的时代，他们只好埋头于故纸堆中，唯生感叹。这一时期诸如沈鍊、温以介、杨继盛、瞿式耜、任环、史可法、夏完淳、朱之瑜等人的家法族规，大多充满忧国忧民的家国情怀。①

第三，明清家教文化的积累。由于中国雕版印刷和活字印刷的普及，书籍也开始流行开来。蒙学课本《三字经》、《千家诗》、《百家姓》、《千字文》等大批创作并广为发行，为明清幼儿看书识字提供了教本保障。在入塾学习儒家"四书五经"之前，幼童已经开始接触启蒙读物，这既利于其识文断字，又利于其接受道德品质教育。因此，明清家训家法族规之中关于启蒙教育的内容比比皆是。譬如，清代的孙奇逢在《孝友堂家规》中，就强调了早期教育对子女成材的重要性："端蒙养是家庭第一关系事。"明清时期，由于蒙学教育的发展，儿童常常会认识很多常用字，并接受"数与方名"(《礼记·内则》)等常识教育。古人尤其重视儿童的道德教育，因此，家法族规中对幼童的教育方法和学习方法要求得十分细致，内容也十分丰富。

第四，是管理家庭事务和调和家庭内部矛盾的需要。传统家庭、宗族人口众多，数世同堂，少则十几或几十口人，多则达几百甚至上千人口。大家庭往往拥有众多的田地、房屋和财产等。明清时期，有的大家豪族田地超过几十万亩，房屋可多达数千间。这些大家庭实际上已经形成一个自给自足的社会组织单位，加之家庭成员之间各自利益偏好、价值取向、个性特征等诸多不同，如果对家庭内部事务管理不善，家庭矛盾不加分工协调，对家庭财产不做妥善经营，家庭的倾覆则指日可待。因此，家法族规则是大家庭共同依据的行为与准绳。

---

① 参见马镛:《中国家庭教育史》，湖南教育出版社 1998 年版，第 399 - 403 页。

第五,受西方文化的影响。明朝中期之后,西方耶稣传教士来华传教。中国传统科技在西学东渐之风的大大推动下有所发展,在家庭教育中出现了融汇中西的新思潮家传,主要以梅文鼎、徐光启等为代表。另外,实学思潮和启蒙思想对家法族规的内容也有一定的影响。

综上所述,通过对明清时期经济、政治、思想文化和社会风俗的描述,使我们能够较为客观地探讨明清家法族规鼎盛的原因,进而有助于准确地把握明清家法族规的社会作用与功能,并对其进行科学的评判与分析。

第三节　明清家法族规的社会化作用

一、不同学科视域下的社会化内涵

本节对明清家法族规发展与演变的分析是基于社会化研究的视角。首先,笔者试图从人类学、心理学、社会学等不同学科视角对社会化的内涵做出一番简要梳理,旨在通过对明清社会风俗和人文素养的分析,更好地还原家法族规中的德育形式,以深入挖掘其历史意义与现实价值。

20 世纪 20 年代后,人类学家开始探讨不同文化之间抚育儿童方式的关系与差异。人类学家将社会化理解为使个体适应社会现存文化类型的过程,强调文化的获得、个体与文化的一致。美国著名人类学家玛格丽特·米德(Margaret Mead)是最早通过实地考察来研究社会化的人类学家。她非常关注婴幼儿期的经验对人的个性的影响,并认为抚养儿童的过程就是把文化传递给儿童的过程。此外,美国学者 W·萨姆纳(William Sumner)和 W·托马斯(William Thomas)认为,文化人类学趋向于从文化的角度来探究何为社会化,不同社会的人之所以有不同的个性是因为他们接受的文化不同。美国社会学家威廉·菲尔丁·奥格本(William Fielding Ogburn)也是这方面研究的典型代表。他认为接受世代累积的文化遗产,保持社会文化的传递和社会生活的延续即为社会化过程。可以说,人类学家对社会化研究的突出贡献在于开创了跨文化比较研究的先河,这就在很大程度上丰富了社会化理论的内容。

心理学关于社会化的研究比较有影响的学派，有精神分析学派、行为主义及社会理论与认知发展学派。然而，不同学派对社会化做出的解释也不尽相同。精神分析学派的代表人物西格蒙德·弗洛伊德（Sigmund Freud）认为，人生下来就有对社会生活的潜在性破坏作用的冲动或内驱力，社会化的目标就在于驯服这些冲动，将其纳入社会可以接受的渠道。基于此，弗洛伊德提出了“本我、自我、超我”的理论。具体而言，“本我”即是满足个人肉体、感情上需要的内驱力；“自我”即是学会以社会认可的方式来满足自己的需要；“超我”即是把社会上认可的行为与公认的价值标准内化，使个体自觉地遵守社会规范。弗洛伊德所说的“超我”，其形成过程就可以理解成社会化的过程。新精神分析学派的代表埃里克森认为，人的发展不只受生物内驱力的支配，除去要考虑生物学的影响，还要考虑社会文化的影响。行为主义者将社会化理解为个体学习社会行为的过程。个体在社会环境中不断地对来自各方面的刺激做出反应，其中某些社会行为被保留下来，并形成一些稳定的行为倾向。另外，行为主义者还注意奖励与惩罚等外部强化的作用。认知学派把个体的社会化过程与认知发展过程联系起来，他们认为，认知发展制约着社会化过程，而社会化也影响着认知发展，从而强调个体社会化发展中的认知因素。

1895 年，德国社会学家格奥尔格·齐美尔（Georg Simmel）在《社会学问题》中第一次提出“社会化”概念，他将社会化定义为个体转化为人的过程，并将社会化看成群体形成的过程。与齐美尔不同，法国社会学家埃米尔·涂尔干（émile Durkheim）却认为社会化是外在社会事实的强制性在人的行为上的表现过程。20 世纪 40 年代，在人与社会的关系中，社会学家们开始强调社会的重要地位，并提出社会化是一种内化模式。具体而言，个人不仅要遵守社会规定的行为准则，还要将这些准则作为自己所认同的价值准则。1950 年，美国社会学家 S. 萨金特（Sargent）在《社会心理学：综合的解释》一书中，首次把“角色”概念与社会化联系起来，他认为社会化的实质就是个体社会角色的承担。社会化被看成内化、社会学习、角色学习和获得价值标准的混合体，是使人受到充分的社会制约的手段。另外，美国社会学家塔尔科特·帕森斯（Talcott Parsons）从结构功能主义的角度发展了上述思想，认为社会化是个体学习社会角色的要求，并使之成为社会体系中发挥作用的过程。他在论述童年期的社会化的基础上，阐述了成年期的社会化过程。帕森斯还认为,将人性陶冶至完全符合社会的要求是不必要的,而只需让人们知道角色的特定要求,从而使他们成为能在社会中发挥作用的人就够了。帕森斯指出,只有当从事社会活动的人和社会连成一体时,社会行为与社会才能形成一个统一体;只有承担角色的人各司其职时,社会才能存在。而美国社会学家罗伯特·金·墨顿(Robert King Merton)认为,社会化指的是"人们从他们当前所处的群体或他们试图加入的群体中,有选择地获取价值和态度、兴趣、技能和知识——即文化的过程"①。我国社会学家费孝通认为,"社会化就是指个人学习知识、技能和规范,取得社会生活的资格,发展自己的社会性的过程"②。英国著名社会理论家和社会学家吉登斯(Giddens)则认为,社会化是儿童或其他社会新成员学习他们那个社会的生活方式的过程,它是世代相传的主要渠道。美国社会学家库利(Cooley)和米德(Mead)则从人格发展的角度探讨了社会化理论,他们关于"自我"的研究是这一研究角度的重要体现,即认为社会化就是内化他人的态度,并按照社会上其他人的一般期待来调整自己行为的过程。③

综上所述,社会化可以理解为是主体终身向社会转变的过程。在这一过程中,它要受到遗传物质、社会文化、社会规范及人际交往等诸多因素的影响。社会化对主体本身有一个期待目标,若要实现社会化目标,社会主体需要通过社会资源、媒介等途径学习并内化社会对主体的期待,实现主体的目标,从而成为符合社会期望的角色。

二、社会化的分类及其基本特征

从导向与结果角度分析,社会化含有"理想社会化"(导向)与"实际社会化"(结果)的双重性质。一方面,社会化的"导向性"即"社会化目标导向",表现为对"理想人格"、"教育目的"的追求;另一方面,社会化的"结果性",即社会化主体面对社会现实层面的"实际社会化状态",多表现为与"理想社会化"不一致、相冲突的状态。

---

① 罗伯特·金·墨顿著、林聚任等译:《社会研究与社会策略》,生活·读书·新知三联书店2001年版,第216页。

② 费孝通主编:《社会学概论》,天津人民出版社1984年版,第54页。

③ 郑杭生:《社会学概论新修(第三版)》,中国人民大学出版社2003年版,第81-84页。

从方式与方法角度分析，社会化的基本途径包括“社会互动”、“社会教化”、“个体内化”及“社会实践”。作为社会化的中介，“社会互动”是由一系列的直接与间接、单向与双向、合作与竞争等行动组成，在个体与社会联系的过程中具有促进作用；“社会教化”即人的社会化的外因，也就是各种文化、教育等活动形式；“个体内化”即社会化的内因，亦即社会化主体将社会教化的内容吸收、转化的过程；“社会实践”即主体社会化的根本途径，也是检验社会化成果的标准。本书所要重点阐述的是家庭道德教育对人的社会化的影响，它大体上属于社会教化的范畴。

从形式与内容角度分析，社会化资源涉及文化、教育、政治、经济等众多领域，是最广义的教育资源，最主要的是社会主流价值观、规范系统及家庭、学校、邻里、社会榜样等教育要素。①

目前，我国当代家庭的社会化影响力正在发生着变化，具体表现为当代家庭对家庭成员的控制力，以及对家庭成员社会化影响力的逐渐减弱。这是因为，中国家庭结构趋于小型化，且独生子女增多（目前“二孩”家庭尚不多见），各种家庭教育问题比比皆是，进而致使当代家庭对社会的影响力大大削弱了。而反观中国传统家庭，如果“家国同构”的社会结构是作为一种外部力量迫使家庭制订相应的规范与准则的话，那么家庭生活作为社会活动的基本要素，则是一种从家庭内部自发地为适应外部社会环境需要而形成的行为活动。古人云：“三代而下，详教于家。”（钱大昕：《廿二史考异》）古代教育的核心场所在于家庭，也可以说，古代家庭实际上是家庭成员社会化最重要、甚至是唯一的场所。在这样的背景下，制订一系列道德规范的条规与准则，对于家庭成员能够认知家国，走向社会，就显得尤为重要。这种家庭社会化过程，在一定程度上加速了家法族规的发展。笔者认为，家法族规是传统家庭社会化的重要因素，因此，通过论析明清家法族规中的优秀德育思想及其对古代家庭和社会的影响力，有助于阐明家法族规的社会化特征和社会功能等问题。

三、明清家法族规的社会化特征

如前所述，明清时期是家法族规发展最为繁盛的时期。较之以往，这一时期

① 马和民：《社会化危机及其出路——关于中国人社会化模式的一项教育社会学研究》，华东师范大学博士学位论文，2003 年。

的家法族规发展迅速,在范围、内容、形式上都日臻完善。“我国的传统文献家训自宋以降逐渐走出了个人垄断时代,即由贵族家训时代转向了社会家训时代。因为个人撰写家训只是少数有知识、有身份、有地位家庭的事,而家族制订的家训则具有超身份、超地位、超个体家庭的、多点成面的社会普及性。”①这表明,明清家法族规数量繁多,已经具有超个体家庭性的特点,其社会化的主要特征则可以概括为以下几个方面:

(一)覆盖范围扩大化

传统家法族规的范围涉及家庭事务与宗族事务的方方面面。关于家族事务方面的内容主要包括:忠义孝悌、修身自省、长幼尊卑、丧葬嫁娶、安土乐业等;关于宗族事务的内容主要包括:宗族机构、族谱修订、宗祠祭祀、族产管理、开办学塾、祖墓保护等。明清时期的家法族规在承袭历朝历代原有内容的基础上,对其进行了细化与深化,使内容更加细致与丰富。同时,明清家法族规又增加了以前家法族规不曾涉及的内容,从而使其覆盖范围进一步扩大。

首先,明清时期家法族规对族人做出了更加细致与严格的要求。在修身自省方面,不仅敦促族人要培养良好的品行,学习一门正业,还严禁族人游荡无赖、不务正业。例如,《郑氏规范》规定:“棋枰、双陆、词曲、虫鸟之类,皆足以蛊心惑志、废事败家。子孙当一切弃绝之。”在婚姻嫁娶方面,更加强调异姓联姻,即便同姓男女无血缘关系,也不得结为夫妻,否则将被视为不伦。例如,兰风魏氏即规定:“族人有同姓为婚,或娶同姓醮妇者,奔放应从速禁阻;倘有倔强不遵,则应报告族董,予以重办。”②

其次,明清家法族规制订了许多新规定。譬如,明清时期有些家法族规对居住地区的生态环境进行维护,避免其遭到人为的破坏。例如,虞东蒋山夏氏为保护堤坝,禁止族人在坝上栓牛、坝下浴牛,要求族人照管好自己的牲畜,避免其损坏庄稼。如果有族人违反上述规定,就要赔偿;蓄意破坏者,还要另外罚钱,等等。③

最后,明清家法族规还增加了一些结合当时世情的规定。例如,清朝中后期,

① 朱明勋:《中国传统家训研究》,四川大学博士学位论文,2004 年。

② 《余姚兰风魏氏宗谱》卷四,《宗规》,宣统二年。

③ 《虞东蒋山夏氏宗谱》卷一,《公立禁单》,宣统元年。

各种反清秘密组织不断涌现,大多数的家庭和家族为安全起见,禁止族人参加此类反政府组织与反政府活动。譬如合江李氏即规定:“白莲、闻香、灯花等名目,屡奉严禁,皆系妖言。族中子孙惟宜孔孟之规,勿为邪说所诱。”①除此之外,清朝末期,英国向中国倾销鸦片,不仅使大量白银流向国外,同时导致大量的中国人民身体健康受损严重,精神状态萎靡。针对这一情况,部分宗族制订了专门的规范以抵制族人抽食鸦片。例如,香山沙尾乡张氏为此制订了专门的《香山沙尾乡张氏大同戒鸦片烟会约章》,作为对族人吸食鸦片行为的惩罚规范。

(二)家族规范单一化

明清家法族规的另一显著特征是出现了大量单一性的规范。一般来说,家法族规是为了稳定、维持家族秩序、约束家族成员所制订的世代相传的行为规范,它属于一种综合性规范。伴随着家族规模的不断壮大,以及宗族事务的逐渐增多,原有的综合性规范在其范围内已无法适用,此时便需要一种单一性的规范来进行增补。尤其在清中期后,此类单一性规范的数量显著增长。

单一性规范主要包括以下几类:第一,祠堂的祭规。如订立于清代光绪十年(1893 年)的《宁乡熊氏祠规》,详细地列述了祭祀祖先、祠堂管理的一干事宜,并规定了对于族人违规行为的具体惩罚措施。古代祭祀之后,会在宗祠内摆出酒席,让合族男丁一起饮胙。一些宗族对此也单独订立了规范,如订立于清代咸丰四年(1854 年)《海昌鹏坡陆氏颁胙条约》。第二,坟山的墓规。如订立于清代康熙三十一年(1692 年)的《菱湖孙氏五支三房墓祭规约》,对扫墓的日程、祭品的规格、祝文的样式及族产的管理、墓地的修葺等都做出了全面而细致的规定;第三,家塾的学规。如历来重视后代教育的镇海方氏,于清代同治十一年(1872 年)创办了族中的义塾,并在义塾创办之初订立了《镇海柏墅方氏师范堂义塾规则》,对于学塾的规模、教学的方法、课程的设置、学塾的纪律、学生的奖励惩戒等都做出了具体的规定。第四,义庄章程。义庄即为族人提供生活补贴而建立的宗产。如订立于光绪二十九年(1903 年)的常熟丁氏《义庄规条、续置书田规条》,对族人的经济生活做出了细致的规划。

(三)惩罚方式多样化

对违规族人做出明确的惩罚是家法族规区别与纯粹家训最主要特征。传统

---

① 《合江李氏族谱》卷八,《族规十条》,光绪二十一年。

家训文化讲究“教而不罚”，而家法族规则讲究“明刑弼教”，即以一定的惩罚手段作为教化族人的辅助措施。唐代至元末，对于违反家法族规的子孙的惩罚力度较轻，惩罚方式比较简单，多为叱责、罚跪等，一少部分宗族对于罪责严重的族人会施以杖刑。进入明代后，家法族规的内容与形式更加趋于严谨完善，随着宗族人口日益增多，各家庭、宗族对于家庭成员违反家法族规的惩罚亦呈现出加重的趋势。清代开始，尤其是清代中后期，家法族规所规定的惩罚力度进一步加强，惩罚方式大大增加，较之以往更为严厉甚至残忍。

明清时期家法族规的惩罚方式大体可分为三类：其一是精神方面的惩罚。若被罚者的过失较为轻微，则仅对其进行正面叱责、警告，或通过毁损受罚者的人格和名誉使其反思自身过错。若被罚者过失严重，则可能在全族范围内剥夺其在族中的一切权利、荣誉与资格，即对被罚者施以革胙、革谱、出族甚至驱逐的惩罚。其二是物质方面的惩罚。主要是通过部分甚至全部剥夺被罚者的财产来对其进行惩罚，如罚钱、罚物、充公等。其三是身体方面的惩罚，也是家法族规中最典型的惩罚方式。若被罚者的过失较轻，则对其施以罚跪、打手、掌嘴、杖责等惩罚方式。还有少数家法族规中有剥夺被罚者生命的规定，即对被惩罚者施以绞死、溺毙、勒令自杀、活埋等极刑。但值得注意的是，自秦代以来，历朝历代的统治者从未将杀人权授予家庭和家族，此种极端的惩罚方式是同国法相违背的。

（四）贞烈观念加强化

宋儒程颢、程颐兄弟曾言：“饿死事极小，失节事极大。”（《二程全书·遗书二十二》）由此可见，宋代的贞烈观念是强加在古代妇女身上的无形桎梏。明清时期，贞烈观念更是成为“明文规定”被频繁地列入各家庭、各宗族的家法族规之中，其中不仅包括对于节烈妇女的奖励，还包括对于所谓“失节”妇女的严厉惩罚，这使得明清时期家法族规表现出强烈的贞烈观念。按照当时的观点，家有节妇，恰似国有忠臣。一个家庭或家族若出现节烈妇女便是阖族的荣耀，使得已然遭遇悲惨生活的不幸妇女转而成为家法族规所表彰的重点对象。奖励的手段主要包括呈报官府旌表其节、丰厚的物质奖励、载录族谱、树立牌坊等。譬如，余姚望族徐氏规定：“宗妇不幸少年丧父，清苦自持，节行凛然，终身无玷者，族长务要会众呈报司府，以闻于朝，旌表其节。或势有不能，亦当征聘名卿硕儒，传于谱，以励奖。”（《余姚江南徐氏宗谱》卷八，《族谱宗范》）与之相应，多数宗族在表彰守节妇女的同时,认为寡妇再嫁属于“失节”行为,是为多数宗族所厌恶与不齿的。若寡妇再嫁,其夫家的宗族大部分会将她们从族谱中削去,在其死后也不允许葬入宗族的墓地,牌位也不准进入祠堂。另外,对于淫乱妇女的惩罚更为苛刻与严厉。少数宗族的家法族规中最严厉的惩罚方式便是处死,这种“败坏伦常”的“淫乱”行为便是被处以极刑的一项重要罪责。这些擅自处死族人的宗族,对于“淫乱妇女”会采用勒令其自尽、沉潭、活埋等方式。

第四节　明清家法族规的社会功能

作为宗法制度发展的产物,明清家法族规在对家庭成员的言行举止与道德规范进行约束时所起到的作用与国法的功能是大体一致的,可以说,家法族规与国家法律相辅相成,二者构成了统一的整体。具体而言,明清家法族规的社会功能可以概括为以下几个方面:

第一,以规约方式促进家国同构的社会整合。“由于中国传统家庭与中国封建王朝具有的结构形态相同。封建王国犹如一个大家庭,传统家庭类似一个小王朝。皇帝是这个大家庭中的大家长,小家长是无数个小皇帝。”①国君实行的是封建家长统治,维护君臣、父子等级秩序,孝亲与忠君一致,无论违反的是家规还是国法都要受到处罚。所以,作为连接国与家的社会规范,家法族规才被民间所制订。虽然不同家庭家族间的家法族规都不尽相同,但其中大多数内容都能与国法相补充,进而维系了社会稳定与国家完整．正所谓“家乘原同国法,家法章足国宪。况国法远,家法近,家法森严,自有以助国法所不及。”(《武陵熊氏四修族谱》)因此,国家极为重视家法族规的制订,“一方面通过州县以下里社、保甲、坊厢构成的行政系统,另一方面则借助家族、宗族、乡族等地方势力来实现其对社会的控制,因此统治者们鼓励官宦百姓等制订可以有效约束家庭成员的家训家法族规等著作。”②

第二,以规约和示范的方式维护家族发展。家法族规主要通过规约及示范的

① 史仲文:《家庭文化,虎! 虎! 虎!》,中华工商联合出版社 1997 年版,第 2－5 页。

② 张岂之等编:《中国历史·元明清卷》,高等教育出版社 2005 年版,第 292 页。

双重方式教育子孙,将维护本家族、宗族的生存与发展作为最主要的目的。事实上,大凡实际上发生了效用的家法族规,基本上都达到了这一目标。例如,被元、明两代视为“模范家庭”的浦江郑氏家族,因《郑氏规范》而发展繁衍。南宋初期时,郑氏实行同居,但无家规。元朝中期时订立家规,家道渐兴,元朝时有十四人成为中下级官员,明初时已有四十多人,甚至有人当上了礼部尚书。1385 年,明太祖召见郑氏家长郑仲德,询问治家之道,其回答说:“谨守祖宗成法”,并上呈《郑氏规范》。明太祖感慨道:“人家有法守之,尚能长久,况国乎?”于是下诏令国人向郑氏家族学习。① 值得一提的是,家法族规的制订亦是家族门第生存竞争的需要。家法族规制订初衷在于使家族兴盛发达,使子孙们能世世代代繁衍生息,而不至于在艰难的世道中沉沦甚至灭绝。在封建专制社会中,社会的政治环境从根本上决定了家庭、家族的命运。突如其来的横祸是完全可能的,一夜之间使豪门大族沦为破落小户,历史上因外部因素而被满门抄斩、诛灭九族的事屡见不鲜。“贫不过五世,富不过三代”,很少有经久不衰的大家族长留于世。因此在贫富变化无常的历史条件下,制订一套家法族规以使家族能在激烈的竞争中长久不衰、永保富贵,就显得尤为重要。

第三,采用劝导方式来教育子女,以奖勉形式传承中华美德。一方面,家法族规在推动家族与社会的学习认知方面起到了特别重要的作用。由于古代社会以学校为核心媒介的教育机制的缺乏,培养族人社会化的重要场所便落在了家庭层面。譬如,流传甚广的《颜氏家训》,便是家庭教育的重要著作,其中所蕴含的主要为儒家思想,亦兼容一些道家思想。主要讨论立身治家之方,强调家教的关键在于父母,务必将爱子与教子相结合等等。此外,南宋袁采的《袁氏世范》、明代庞尚鹏的《庞氏家训》、清代前期张英的《聪训斋语》、蒋伊的《蒋氏家训》等“皆言立身之要,出世之宜,为学之方”(《增广贤文》)。明清时期采用家法族规对家庭成员进行教育可以培养出社会的建设者(劳动力)和兵员,加速了家庭成员的社会化程度。另一方面,家法族规中还弘扬诸多传统美德,如勤劳、俭朴、诚实、善良、尊师、重道、乐于助人、忠于职守、廉明公正等。家法族规的主体范围大致包括个人行为、家庭事务、宗族事务与其他一些相关事务,而中国传统文化的内涵与“学做圣

① 毛策:《浙江浦江郑氏家族考略(谱牒学研究第二辑)》,浙江大学出版社 2009 年版,第 157 页。

贤”的道理,也都大体涵括在家法族规中。因而,凡是与道德人品、尊师重教、读书劝学等有关的内容,主要是由家法族规来维护与传递的。

第四,家法族规具有管理家庭事务调和家庭内部矛盾的功能。一方面,传统的中国家庭往往数世同堂,家庭成员少则几人,多则成百上千人。到清朝中期,经过一个世纪的发展,中国人口已达到四亿,一些大家族的人口非常多,致使很多族长发出“族繁矣”的感慨。家庭成员越多,成员关系越为复杂,家庭事务方面越容易出现不一致的意见,因而这些族长在发出深深感慨的同时,也开始考虑如何来管理家庭事务。较大的家族一般都拥有许多房屋、田地、财产等,如果不能分工协调家族内部事务,在家族财产上不加妥善经营,家境就会慢慢衰落,家法族规在房屋、田地、财产管理等方面都有相关内容。因此,为了高效率地管理家庭事务,家法族规应运而生。而另一方面,家庭成员都有自己的价值取向、性格特征,他们之间会因对某事件的看法不统一而发生矛盾与不和。如若不能妥善协调好家人之间的关系,任其滋生发展,这会导致父子失欢、兄弟成仇、夫妻反目,甚至会让家庭分崩离析。家法族规中对家庭成员的角色要求都有一定的规定,如若成员违背了相应规定便要受到一定的惩罚,成员们为了不受到惩罚,大多数都会按照规定来要求自己,履行自己的角色,因而家法族规的产生为协调家人之间的矛盾提供了依据。

第三章

明清家法族规中的家庭德育思想述要

在中国古代社会,先哲们已然认识到家庭道德教育的重要作用,并对家庭道德教育的内容与方法进行了有益的探索与实践。家法族规便在这一实践的基础之上应运而生。中国的家法族规以儒家思想为主线,以道德教育与品质培养为核心内容,制订了一系列行之有效的道德教育方法,成为中国古代家庭道德教育的依据与典范。随着家族、宗族的日益增多,家法族规的制订无论从其内容还是形式等方面都日臻完善。特别是在明清时期,家法族规从快速发展逐步达到鼎盛阶段。然而,我们要清楚地认识到,由于家法族规形成和发展于封建社会,因此,不可避免地要打上了某些封建社会的烙印,如等级观念、尊卑观念、歧视妇女等落后思想。但从整体上看,其中所蕴含的中华民族的传统美德以及古人的教子智慧与教子方法,仍然不失为一笔丰富而宝贵的文化遗产,亟须当代人对其进行挖掘并予以阐扬。

第一节　以德为本的道德教育内容

道德是人的本质中最重要的组成部分,是人明显区别于其他动物的根本标志之一。人作为社会性、群体性的动物,如何建立与社会、与他人之间良好的道德关系,对于个人全面发展乃至整个社会的发展都具有至关重要的意义。中国历来注重道德教育,古代社会将人际关系概括为“五伦”,即强调社会关系的道德属性。早在先秦时期,孔子就提出了“行有余力,则以学文”(《论语・学而》)的主张,所谓“行”是指诸如同“仁”、“孝”、“悌”为一类的道德准绳，表现为对道德的执行与实践，即“德行”。由此可见，孔子将德育放在了整个教育的最基本、最核心的地位。孟子继承了孔子的德育先行思想，主张“谨庠序之教，申之以孝悌之义”，也就是说要将德育放在首位。明清家法族规的制订遵循于儒家思想，因此，在家法族规之中，将道德规范和道德教放在了首要位置。明代高攀龙在《高子遗书·家训》中对子孙提出了明确的要求：“吾人立身天地间，只思量做得一个人，是第一义，余事都没紧要。”由此可知，古人强调做人是根本，是将仁义道德放在至高的地位，只有做人做得成功，才可以考虑其他事情能否做好。总之，明清家法族规是建立在人伦关系基础之上，以道德教育为核心，对整个家庭、宗族成员的道德生活加以约束并施以教化，旨在维系家族的延续与繁盛。预对明清家法族规中的优秀德育思想进行合理性分析，我们大体可以从齐家、修身、处世、训女、生存这五个方面进行详实地论述。

一、齐家之道——和谐顺敬　勤俭持家

齐家之道历来是我国古代家庭极为重视的问题之一，古人之所以如此重视齐家，这与中国传统家庭的特殊类型密切相关。一方面，家庭既是国家、社会的基本组成单位，又是个体道德养成的最初场所。明清时期的家法族规同样围绕着“修齐治平”而展开，将“齐家”与“修身”、“治国”、“平天下”提到同等重要的位置，因而以教家立范、“整齐门内，提撕子孙”（颜之推：《颜氏家训·序致》）为宗旨的道德教育方式显得尤为重要。可以说“齐家”的治理方式与治理效果直接影响着个体的道德品质基准乃至社会与国家的兴衰。另一方面，我国传统家庭的主体模式为父权家长制家庭。中国传统家庭重视父子关系，强调血缘关系的人伦情感，其表现形式则是出现了累世同居、世代相传的大家庭。因此，家族的延续与发展就显得尤为重要。在治理家族的过程中借助一定的规范、礼仪来对家庭进行规划与管理，并将这类家庭共识与治理经验辑入家法族规中，从而达到了齐家的效果。在传统社会中，齐家是治国的基础，家庭与国家的相通之处使家庭伦理规范可以从小到大、由近及远地推广到整个社会，在数量庞大的明清家法族规中我们便可窥见古人对家庭治理的重视。

（一）和谐顺敬

和谐顺敬属于治家之道。明清家法族规所关注的家庭人际关系除却一般

意义上的夫妻关系、父子关系、兄弟关系之外,还包括婆媳关系、叔侄关系、妯娌关系、姑嫂关系、堂兄弟、表兄弟关系等诸多方面,这些关系几乎涵盖了家庭生活中与血缘有关的所有亲属关系。如何处理好生活中的人际关系,使其能够为家族的兴旺发展提供良好的家庭氛围,一直是明清家法族规着力解决的伦理问题之一。在家庭关系中,最主要的关系是夫妻、父子、兄弟关系。

第一,夫主妻从。《礼记·郊特牲》曰:"男女有别,然后父子亲;父子亲,然后义生,义生,然后礼作,礼作,然后万物安。"由此可见,按照亲疏类序,夫妇是人伦之始,是家庭的首要关系。传统儒家思想认为夫妻关系应为夫为妻纲,夫主妻从,这种夫妻关系在明清家法族规中也得以窥见。具体而言,在关于夫妻关系的规定中对妻子的要求更为严格一些,妻子应尽的义务也更为详细具体。譬如,浦江"义门"郑氏,世代子孙合租同居长达十五代之久。明朝初年,名儒宋濂帮助郑氏子孙将家族各类规范合并为 168 则,其中有关家族内诸妇的要求与义务便达二十一条之多。明清家法族规中还对夫妻各自的道德规范进行了阐述。例如,要求丈夫有节义,能够做到见色而不忘义,处富贵而不失伦;要求妻子能够守"六德",即柔顺、清洁、勿妒、节俭、恭谨及勤劳。[①] 孙奇逢的《孝友堂家规》有七则是为了治家的,指出"家之所以齐者……夫曰健,妇曰顺",这有力地论证了夫妻关系对于齐家的重要性。庞尚鹏在《庞氏家训》中强调"男女相维,治家明肃",即夫妻只有相敬如宾,治家才能修明和谐。此外,还有些家规体现了进步的思想,如尧舜牧在其《药言》中极力主张一夫一妻制,反对纳妾。又如,袁采的《袁氏规范》反对传统的"娃娃亲",强调不在子女年幼时就敲定他们的婚姻大事,就可能会耽误他们一生的幸福,容易导致家庭的不和。

第二,父慈子孝。传统的中国家庭强调"百事孝为先",孝为人伦之始,是一切道德的根本。孝道的实施与推行,不但是情感和道德上的需求,也是为稳固在宗法制基础上所形成的家庭和社会的需要。"孝"不仅是要奉养父母、尊敬父母,同时"孝"也包括了传承之意,这种传承不但是生命的延续,还包含了"子女能实现父母或祖先在其一生中未实现的某些特殊愿望,或补足他们某些重大而特殊的缺

---

① 杨威、孙永贺:《返本与开新——中国传统家训文化中的优秀德育思想研究》,黑龙江人民出版社 2012 年版,第 92 页。

憾”①。明清家法族规中的“父慈子孝”所规定的父子关系即为父之于子应抚养爱护,子之于父应敬顺有加。父慈子孝是家庭伦理的核心内容,是家庭道德规范的最主要方面。“父慈”不仅要求父母在子女无独立生活能力时对其进行抚育,还要求在其婴稚之时对其施以教化,且要言行端正、慈爱得法。“子孝”的一般意义是对于长辈的敬养,还可引申为延伸家庭血脉的责任。在众多家法族规中,有关“孝”的嘉言懿行不胜枚举。譬如,“孝为百行首,诗书不胜录。富贵与贫贱,俱可追芳躅。若不尽孝道,何以分人畜。”(王中书:《劝孝歌》)“孝亲悌长,是天性中事。”(朱柏庐:《治家格言》)可见,孝悌是人之本性,不论是出身富贵还是贫贱,在众多家法族规的经典著作中有非常充分的论述,人们都可以从中寻找。所以,人若为人,就必须尽孝道。除此之外,古人认为孝不但要在物质上进行赡养,还要在精神上有所尊敬。这种“孝”的精神直至今日仍具有积极意义,值得今人深思与借鉴。

第三,兄友弟悌。所谓“兄友”是指作为哥哥应该爱护弟弟,“弟恭”即作为弟弟应该恭顺哥哥。为了让这种关系和情感保持稳定,明清家法族规中论述了兄弟双方各自的道德规范。关于兄友,曾国藩在其家书中对弟弟说:“尔为下辈之长,须常常存个乐育诸弟之念。君子之道,莫大乎与人为善,况兄弟乎?”这反映了兄长对弟弟的职责即教育、指导及帮助。关于弟恭,清代名儒张伯行在《困学录集萃》说:“古人视兄弟为雁行,谓其行次不乱,即长幼有序之意也。”(《困学录集萃》卷一)他非常看重兄弟间彼此照顾,并对兄弟间关系的重要性做了很好的比喻:“弟兄为身之手足,孝则根基无亏而脏腑不损,友则手足相顾而痛疾无虞”(同上),这在一定程度上体现了兄弟之间的手足深情。此外,明清家法族规中也有涉及防止妯娌关系、财产争夺等影响兄弟关系的内容,譬如,“凡我族人,宜念世间最难得者兄弟,同气连枝,如手如足。幼时则埙篪迭奏,长则和乐永宜。慎勿因小利听妇言,便欲析居各爨,致伤骨肉之好。”(《寿州龙氏宗谱·家规》)总之,古人认为在父子、夫妻、兄弟这三者中,独以兄弟相互陪伴的时间最为长久,“兄弟间虽然形体相离,但在血缘和精神上是相通的,血缘关系

① 王长金:《传统家训思想通论》,吉林人民出版社2006年版,第97页。

和长期的共同生活使他们之间存在着割不断的手足亲情"①。因此,兄弟之情是极为重要的人伦亲情。

(二)勤俭持家

勤俭是中华民族的传统美德之一。勤俭的外在表现形式是人们如何对待与利的一种生活方式,其实质可以判定一个人的道德品质与品行修养。古人重俭反奢,他们认为节俭不仅与物质浪费有关,更与个人成败、家庭用度、国家兴衰有着密切的联系。基于此,明清家法族规中提倡的勤俭不仅强调家庭成员对于生活资料的节用,更以此作为修身养德的教育目标。

第一,生活资料的节用。明清时期,大多数的家法族规中都倡导家庭成员节俭生活,并对生活中的各项用度均作出明确和细致的规定。家法族规中对于生活资料的节约,并非一味地"节衣缩食",而是强调依照社会阶级和等级地位的高下来区分生活资料的用度状况,这种节约是以地位尊卑、消费水平等因素为前提而划分的。以《郑氏规范》为例,其中记载到:"家业之成,难如升天。当以俭素,是绳是准。唯酒器用银外,子孙不得别造,以败我家"。其中还记载了对阖族的用度花销都给予了明确的说明,例如,对于阖族的衣资规定"男子衣资,一年一给。十岁以上者半其给,给以布。十六岁以上者全其给,兼以帛。四十岁以上者尤其给,给以帛。妇人之资,照依前数,两年一给之。女子及笄者,给银首饰一副,不得过奢"。对于一年一度的姻亲馈送规定"非常吊庆则不拘。此切不可过奢,又不可视贫而加薄,视富而加厚"。对于子孙处事接物规定"当务诚朴。不可置纤巧之物,务以悦人,以长华丽之习。不得与人眩奇斗胜,两不相下。彼以其奢,我以吾俭,吾何害哉"。另外,这一时期的节葬之风,强调"作冢制度,已有家礼可法,不必过奢"。

第二,尚俭以养德。节俭不但规范和抑制了古人的消费观念,同时在节俭的过程中提高了古人的精神修为与道德情操。康熙皇帝在《庭训格言》中指出:"若夫为官者,俭则可以养廉。居宦居乡只缘不俭,宅舍欲美,妻妾欲奉,仆隶欲多,交游欲广,不贪何以给之?与其寡廉,孰如寡欲?语云:俭以成廉,侈以成贪,此乃理

① 杨威、孙永贺:《返本与开新——中国传统家训文化中的优秀德育思想研究》,黑龙江人民出版社2012年版,第89页。

之必然矣。”①康熙皇帝将节俭之德同为官之德结合起来，认为具备节俭之德的官员才可能是一个清廉的官员，相反，若侯服玉食、挥金如土，则一定是贪官。再如，《郑氏规范》规定：“子孙未冠者，除棉衣用绢帛外，余皆布衣。除寒冻用蜡履外，其余遇雨，皆以麻履。从事三十里内，必须徒步”，且“子弟未冠者，学业未成，不听食肉，古有是法。非唯有资于勤苦，抑欲其识齑盐之味”。郑氏此举旨在在子孙幼稚之时，教以节俭之德，从而培养子孙宁静淡泊的心志，不因贪图物质享受而丧失精神目标。刘德新的《馀庆堂十二戒》将“戒豪华”作为一戒，告诫子弟一定要力避驾高车、驱驷马、美裘裳，招摇过市、炫耀闾阎的豪华奢侈行为。关于力戒奢侈，清代许汝霖的《德星堂家订》在宴会、衣服、嫁娶、凶丧、安葬等方面都做了实用且具体详细的规定。关于丧葬礼仪的规定有置办寿器、开棺、开丧、殡葬等，这些规定都是简朴而隆重，尽礼而不从俗的。《寿州龙氏家规》对族人也提出了不可奢侈，理当勤俭的要求，“凡我族人，于勤、俭二字，宜奉为至宝”。

二、修身之道——以德立身 杜绝恶习

所谓“修身”，即通过学习、培养及锻炼等方法手段来提高自身的思想道德水平，在此过程中，将社会道德规范内化为人的道德修养，将完美人格的培养作为德育的重要目标。古人对“修身”极为重视，因为良好的道德修养并不是与生俱来的，完整的人格和自身修养是需要在一生之中“修德于己”才终能达到崇高的人生境界。《礼记・大学》有云：“古之欲明明德于天下者，先治其国；欲治其国者，先齐其家；欲齐其家者，先修其身；欲修其身者，先正其心；欲正其心者，先诚其意；欲诚其意者，先致其知，致知在格物。物格而后知至，知至而后意诚，意诚而后心正，心正而后身修，身修而后家齐，家齐而后国治，国治而后天下平。”修身是齐家治国平天下之基础，若要修身，则要实现“正心”与“诚意”。所谓“正心”就是端正思虑；所谓“诚意”就是贯彻善良意志，提升道德品质。可见，传统儒家思想将德行视为修身立世之根本。明人高攀龙教诫子孙：“吾人立身于天地间，只思量做得一个人，是第一要义，其余都没要紧。”（高攀龙：《高子遗书・家训》）所谓立身做人也是做一个道德情操高尚、品质德行端正的人，从而才能立足于社会之间。可以说，

---

① 康熙：《帝王家训》，中国文史出版社2003年版，第109页。

“修身”即“是一种非常重视自我意识不断完善和内心世界不断探求的倾向文化”①。明清时期的家法族规将“修身”视为道德规范的重要内容,不仅规诫子孙后代要以德立身、勤学敬业、慎独自省、尊师重道、乐于助人等诸多品德,同时还警示家人族众杜绝不良习性,注意言行举止要合乎礼法。

(一)以德立身

“德”是明清家法族规的一个重要内容,在德育方面建构了庞大的教育理论和教育体系。明清家法族规中关于“以德立身”的思想体现在孝敬长辈、尊老爱幼、正直为人、清廉做官、在洁身自好、淡泊名利、勤俭治家、诚信待人、谦逊处事、慎重择友、爱护自然等诸多方面。值得一提的是,明清家法族规中将“德的塑造”以及如何“修德”进行了一番更翔实的规定。古人关于塑造德业的具体方式,我们大体可以概括为如下几点:

首先,明清家法族规中极力倡导积善成德的处世之道。大多数古人都认同善与恶、福与祸之间的因果联系,因此,古代家庭强调积善,这样才可以福佑家族。积善还是一个必须长期坚持的过程,不论大善还是小善,只要每天都坚持积善,就可以形成大善,最终形成良好的道德。例如,明代的高攀龙在《高子遗书·家训》中说:“善,须是积,今日积,明日积,积小便大。”其次,明清时期大多数的家法族规都强调礼仪的重要性,强调与人相处要“道之以德,齐之以礼”(《论语·为政》)。我国素有“礼仪之邦”的美誉,“以礼相待”是人们处理人与社会关系的道德准则。譬如《纪氏敬义堂世次录》有记载曰:“行不知礼,则耳目无所加,手足无所措。见害必避,见利必趋,何以为人。”古人认为,如若舍去礼仪,在德的塑造上便会大打折扣。再次,明清家法族规中提倡读书以明德。古人认为,读书学习的根本在于品德修养,而非争夺名利,通过读书来提升德行,修养品行,进而达到崇高的人生境界。《郑氏规范》中要求“子孙为学,须以孝义切切为务”。康熙的《庭训格言》中写道:“盖学为进德之基,昔圣昔贤莫不发轫于此。”孙奇逢在其《孝友堂家规》中亦写道:“古人读书,取科第犹第二事,全为明道理,做好人。”最后,明清家法族规强调通过待人接物,方显德行与境界。清代的张履祥写道:“处人伦事物之间,有顺有逆,即不能无德怨。自处之道,有树德,无树怨,固然也。人情则不可知,处

① 岳庆平:《传统家庭伦理与家庭教育》,《社会学研究》1994 年第 1 期,第 107 - 117 页。

之之道，我有德于人，无大小，不可不忘；人有德于我，虽小不可忘。”（《张杨园训子语》）他强调的是与人相处时要记得别人的恩德，而不可对自己施恩于人念念不忘。

（二）立志敬业

关于立志方面，明清家法族规强调要成就一番事业，一定要树立远大的志向，并要矢志追求。立志是一种内在要求，是自我完善的一种价值尺度。确立志向，应远大崇高，追慕先贤，节制欲求。明代的杨继盛在《杨忠愍集·与子应尾、应箕书》中劝诫其子应尾、应箕时说道：“人须要立志……你发愤立志要做个君子，则不拘做官不做官，人人都敬重你。故我要你第一先立起志气来。”杨继盛认为，人必须要有志向，无论为不为官，只要立下志向，做个有德的君子，都会得到别人的敬重。明代的徐媛认为人若无志向，很难为人，与鸟兽无异。因此，他告诫子孙，务必要“以我言为箴，勿愦愦于衷，毋蒙蒙于志”（杨继盛：《训子》）。明末清初时的王夫之在《姜斋诗剩稿·示侄孙生蕃》中告诫子孙立志的重要性，“传家一卷书，唯在汝立志”，并希望子孙能严格执行。古之圣人不仅强调立志的重要性，同时也认为志向应当高远，不能与庸俗之人随波逐流，譬如明代的袁中道用凤凰与凡鸟、麒麟与凡驷不同群来告诫人们立志崇高，大有作为的人是不会与庸俗之人同谋，“大丈夫既不能为名世硕人，洗荡乾坤，即当居高山之顶，目视云汉，手扪星辰，必不随群逐队”（袁中道：《珂雪斋近集·寄祈年》）。

关于立业方面，明清家法族规要求子女要从事正当的职业。古代宗族家庭多视耕为衣食之源，读乃圣贤之本。读书并不仅是以为官仕进为目的，也不仅是为了光宗耀祖、光耀门楣，读书的最终目的仍是增长知识、明白事理，提高自己的道德修养、品行修为。譬如，《寿州龙氏家规》认为“士农与工商，读书为第一”，《族谱家训集粹》记载“家不论贫富，子女不论贤愚首在读书”。清代的朱柏庐在《治家格言》中写道：“读书志在圣贤。”《合江李氏族规、族禁》中说：“教子之方，莫要于读书。必能读书，乃能明理，能明理始能成其器，始能保家，至进取成名。”然而，并不是所有的家法族规都要求后代学而优则仕，如若子孙不擅耕读，从事士、农、工、商也无不可，“四者各有本业，皆为衣食之所出”。只要子孙后代有一技之长，选择一个正当的职业能够自食其力，同样能够家业世传。但无论从事何种职业，所需具备的首要品质便是勤学敬业，并将其视为安身立命的根本。对此，明清家法族规中有诸多类似要求。譬如,海盐望族朱氏认为:“吾家颇有田园,安能常如今日。吾之子孙为士者,须笃志苦学,以求仕进。为农商者,须勤耕远贾,以宁室家。其或贫乏不能存着,或以教授为业,或税田以耕,或贷本以贸,切不可习于下流,以点门阀”(《白苧朱氏宗谱·奉先公家规》),就是说家人族众应各司其职各守其业,切不可游手好闲,否则就是玷辱门风。清代平南王尚可喜警示后人“须立志读书,或工韬略,各守一业,为农为商,随分安生,不作游荡之徒。虽世有盛衰,而风声雅韵正所以超出凡庸,而不改故家望族之称,职此义也。”(《海城尚氏宗谱》)康熙在《庭训格言》中也曾教育皇室子弟要学习些技艺,“凡学一艺,必于自身有益”。

(三)勤学精思

古语有云:“万般皆下品,唯有读书高。”(汪洙:《神童诗》)人出生时并非圣贤,若要成为圣贤,需要后天的读书与思考。明清家法族规不但探讨读书之志,还论述了诸多学习内容和学习方法。

就学习内容而言,许多家法族规都会对家庭成员进行学习内容的安排。譬如,《自然庵集·家训》中记载:“食已无事,经史文典漫读一二篇,皆有益于人,胜别用心也。”康熙皇帝对皇家子弟的读书内容也做了相关要求,认为“古圣人所道之言即经,所行之事即史。开卷即有益于身。尔等平日诵读及教子弟,唯以经史为要。夫吟诗作赋,虽文人之事,然熟读经史,自然次第能之。幼学断不可令看小说。小说之事,皆敷衍而成,无实在之处,令人观之,或信为真,而不肖之徒,竟有效法行之者”(《庭训格言》)。由此可见,康熙皇帝将经史置于何等崇高地位,要求子弟要读经明史。清代的林则徐告诉儿子读书“除诵读作文外,馀暇须批阅史籍”(《林则徐家书·训次儿聪彝》),他认为经书、写作、史籍都是良好的学习内容,不可荒废。李鸿章则将学习内容扩大到生活中,认为生活中事事皆学问,都有其存在的道理,值得人们学习与探讨,因此告诉四弟“事无大小,均有一定当然之理。即事穷理,何处非学”?并要求四弟“随时随地,留心著力”,这样才能“一日有一日之长进,一事有一事之长进”(《李鸿章全集·家书·寄四弟》)。

就学习方法而言,明清家法族规则对学习方法的要求则更加具体。具体而言,包括如下几方面:

第一，学贵有恒，勤学苦练。古人云："读书在勤勉，在有恒，在能吃苦。如囊萤，如映雪，如悬梁，如刺股，莫不从苦处得来。"①读书若要有所成就，必然要持之以恒、敢于吃苦，一时心血来潮去做一件事是容易的，但能够做完就不容易了，因为这些人遇到一点点苦难，就放大了这些苦难，很难坚持下去。明代的洪应明就告诫后人学习不可一时兴起，不可半途而废，因为一时兴起的兴趣不会长久，即"凭意兴作为者，随作则随止，岂是不退之轮？从情识解悟者，有悟则有迷，终非常明之灯。"（洪应明：《菜根谭》）同时，他也认为，只要持之以恒、勤而不辍就会取得成功，即"绳锯材断，水滴石穿"②。关于读书要勤奋刻苦，要持之以恒的告诫，曾国藩在家书中对其子曾纪泽说："人生唯有常是第一美德"（《曾国藩全集·家书·谕纪泽》），李鸿章在家书中对其四弟也说："学业才识，不日进，则日退"（《李鸿章全集·家书·寄四弟》），强调了学习要日积月累，不可一日荒废。清康熙皇帝也认为读书不可半途而废，否则不会有所境界，他在《庭训格言》里写道："下学既久，而不可以上达者，但功夫不可躐等而进，尤不可半途而废"。读书不但要能持之以恒，还要勤学苦练。清代的左宗棠要求长子孝威勤苦力学，"勤苦则奢淫之念不禁自无，力学则游惰之念不禁自无"（《左宗棠全集·家书·与孝威》）。左宗棠认为，学识和修养的源头来自勤苦力学，勤苦不会让人产生淫靡奢侈之心，从而不会产生铺张浪费的恶行；力学，不会产生游玩惰怠的念头和情绪，自然也就不会游手好闲和无所事事了，因此他告诫儿子一定要勤苦力学。张之洞则寄信告诫远在日本求学、四个月花掉千金的儿子，要像孟子所说的那样苦其心志，劳其筋骨，饿其体肤，空乏其身，因为"求学宜先刻苦"（《张文襄公全集·复子书》）。

第二，熟读精思，循序渐进。家法族规中要求子孙后代在读书时要做到专心与熟读，要能够深切体会书中的真味。读书是一个由易到难循序渐进的过程，所读之书要与其领悟能力相匹配，幼年理解能力有限时，要一心一意地熟读熟背，读书时不得有其他不当的动作，要将心思放到书上。有些家长要求子弟"幼年学读，尤须专心一意，务要读得字字分晓，不得目视他处，手玩他物。须背诵者，尤要熟

① 行政院文化建设委员会、联合报文化基金会国学文献馆：《族谱家训集粹》，（台湾）台北联经出版事业公司1984年版，第56页。

② 门马：《菜根谭与当下生活》，中国长安出版社2013年版，第44页。

背"、"故读书要熟读明其义理"①。明代的洪应明认为,做学问务必要集中精神,一心一意致力于研究,专心致志,刻苦攻读,勤于思考,即"学者要收拾精神,并归一路"(洪应明:《菜根谭》)。清代的郑板桥认为,"读书以过目成诵为能,最是不济事",因为这些人就像看戏场中的美丽景色,一眼晃过,不曾入心思考,他很不赞同这种读书方法,他认为读书一定要常读要用心思考,应该向孔子学习,"读《易》至韦编三绝,不知翻阅过几千百遍来,微言精义,愈探愈出,愈研愈入,愈往而不知其所穷,虽生知安行之圣,不废困勉下学之功也"(《郑板桥集·潍县署中寄舍弟墨第一书》)。清代的左宗棠也认为,读书要循序渐进,熟读深思,加强理解,掌握义理,不能浮在表面马马虎虎,敷衍塞责,即要做到"读书要循序渐进,熟读深思,务在从容涵泳,以博其义理之趣,不可且做苟且草率工夫"(《左宗棠全集·家书·与孝威》)。

第三,学以致用,事必躬行。读书的目的是为获取知识,获取知识的同时还要学以致用。明清家法族规告诫子孙,真正有学问的人能够知行统一,能够举一反三,学以致用,事必躬行。要求学习之人可以发挥所学,也可以检验所学程度。古代很多人都认为读书贵在活学活用。譬如,洪应明极不赞同只讲学问道理却不身体力行,认为"讲学不尚躬行,如口头禅"(洪应明:《菜根谭》)。高攀龙的《高子遗书·家训》也强调"学问不贵空谈,而贵实行"。孙奇逢教育子孙后代道:"读一'孝'字,便要尽事亲之道;读一'弟'字,便要尽从兄之道。"(《孝友堂家规》)康熙皇帝也认为,读书要亲身体验,这样才会得到真实的本领,他在《庭训格言》里写道:"人之读书,本欲存诸心,体诸身,而求实得于己也"。陈弘谋在家现中引用陆陇其也对其长子的劝告:"非欲汝读书取富贵,实欲汝读书明白圣贤道理,免为流俗之人。"读书是为了成为圣贤、为济世、为"学为人"。(陈弘谋:《五种遗观·养正遗规》)

(四)慎独自省

所谓自省,是通过自我审查,找出自身的缺点与不足,并加以改正,以达到道德的自我完善。曾子一日三省以进德:"吾日三省吾身,为人谋而不忠乎?与朋友交而不信乎?传不习乎?"(《论语·学而》)自省的修身方法被明清家法族规加以继承,如明代的高攀龙指出:"见过所以求福,反己所以免祸。常见己过,常问吉中

① 行政院文化建设委员会、联合报文化基金会国学文献馆:《族谱家训集粹》,(台湾)台北联经出版事业公司1984年版,第53页。

行矣。自认为是,人不好再开口矣。非是为横逆之来,姑且自认不是。其实人非圣人,岂能尽善?人来加我,多是自取,但肯反求,道理自见。如此则吾心愈细密,临事愈精详。一番经历,一番进益,省了几多气力,长了几多见识,小人所以为小人者,只见别人不是而已。"(高攀龙:《高子遗书·家训》)明清时期,多数家法族规要求子孙后代在独自一人时也要注意自己的言行举止(即"慎独"),而且要经常反省自己的言行,从而在道德上能够自省与自律。这种自省方式通常被称为净心存善。净心存善即要常常净化自己的思想,反省自己,去除恶念留下善念。清代的严可均在其校辑的《全汉文·蔡邕》中强调:"心犹首面也,是以甚致饰焉。面一旦不修饰,则尘垢秽之;心一朝不思善,则邪恶入之。人咸知饰其面而不修其心,惑矣。夫面之不饰,愚者谓之丑;心之不修,贤者谓之恶。愚者谓之丑犹可,贤者谓之恶将何容焉?"①明代杨继盛所说的慎独是要做到"心以思为职,或独坐时,或夜深时,心头一念,则自思曰:'这是好念是恶念?'若是好念,便扩充起来,必见之行;若是恶念,便禁止勿思"(杨继盛:《杨忠愍文集》)。在反思的同时,还要检点自己的所言所行是否合乎道义与礼节,"夜寐检点,今日说得几句话,是循乎道义,有益心身;行得几件事,是循乎礼节,有益世道;当否自可恍然独觉。如有不当,切知随觉即改,方可立身成人。如饰非文过,便一生无长进处。人惟能改过为第一美事"②。张英在《聪训斋语》中提出了自省反思的另一种方法便是读书,这种方法被许许多多的古人所认可与推崇,"故读书可以增长道心,为颐养第一事也"。曾国藩为晚辈制订《日课四条》,并在其中总结出"慎独、生敬、求仁、习劳"八字箴言,强调慎独与修德的重要关系。

(五)行为合礼

明清家法族规中除了重视道德修养,还很重视礼法规范。《礼记·内则》中就有记载按照儿童的年龄对其施以有计划的行为习惯培养的思想。"子能食食,教以右手;能言,男'唯'女'俞'。男鞶革,女鞶丝。六年,教之数与方名。七年,男女不同席,不共食。八年,出入门户及即席饮食,必后长者;始教之让。"(《礼记·内则》)明清家法族规很好地诠释了关于礼法的内容,从家庭成员的言谈举止、为

① 张艳国:《家训辑览》,武汉大学出版社2007年版,第188页。

② 行政院文化建设委员会、联合报文化基金会国学文献馆:《族谱家训集粹》,(台湾)台北联经出版事业公司1984年版,第48-49页。

人处世，到家庭内部的饮食起居、婚丧嫁娶等方面都有明确的要求。譬如，《郑氏规范》记载："子孙不得谑浪败度，免巾徒跣。凡诸举动，不宜掉臂跳足，以现轻儇。见宾客亦当肃行只揖，不可参差错乱"，"子孙饮食，幼者必后于长者。言语亦必有伦，应对宾客，不得杂以里俗方言"等礼法要求。明清家法族规不仅在修身立志、勤学敬业等方面提出诸多条例，还对杜绝不良生活行为做出更为严厉的限制，主要包括懒惰、赌博、好勇斗狠、不务正业、吸毒、宿娼、浪荡等行为习性。这类行为不仅会对本人的身体健康造成损害，更会消磨人的意志、扩大人的贪念，甚至导致倾家荡产、家破人亡。因此，家法族规中对上述类行为是明令禁止的，若族人违反此类规定也必将严惩不贷。例如，《合江李氏族规、族禁》规定："轻薄之行，狷利之语，戏谑、骂詈、欺诞、狂佻，市井恶少情形，为大雅所深鄙，亦当引为切戒。至于干预词讼，习以为能，亦非立身之道，歇若不人公门之为愈乎。又隶卒贱役，例不准其子孙与考，凡族中子弟虽至贫困，应不准当差。违者黜之勿齿。"此外，大多数家法族规都要求族人务实正业，严禁游手好闲、游荡无赖。对于不务正业的范围，一些名门望族还进行了更加细致的规定，如《茗洲吴氏家典》禁止子孙聆听和演习"俗乐"，并将民间的音乐、戏剧视为"诲淫长奢"的行当。某些家法族规还认为棋枰、双陆、辞曲、虫鸟之类皆为"蛊心惑志、废事败家"之事，应弃绝之。

三、处世之道——忠信笃敬　择贤而交

从人的社会属性分析，人不是独立的个体，亦不可能脱离社会而独立存在。个体生活在社会环境之中，不可避免地与他人及周围的群体建立一定的社会关系。因此，人需要适应社会环境、参与社会生活、履行社会角色、建立社会关系、遵守社会行为规范，并且要掌握正确的处世方法。古代圣贤的聪明之处就在于，当与别人相处时，都会遵守一定的道德规范，"更好地在其角色实践的过程中进行角色建设"①，从而让与之相处之人感到不被冒犯并得到了应有的尊重。概括而言，明清家法族规中的处世思想主要体现在以下几方面：

第一，待人笃敬。如何待人是我国古代家庭道德教育的重要内容。古人认为，无论对于父母、兄弟、师长、朋友、宗族、邻里等，都应怀有笃厚敬重之心，这种

① 郑杭生：《社会学概论新修》第三版，中国人民大学出版社 2003 年版，第 117 页。

思想在明清家法族规中也得以体现。如寿州龙氏在其家规中运用了大量篇幅对如何待人进行了明确的阐释：对待父母要“宜念乾父坤母，生我劬劳。贫则菽水承欢，富则旨甘备养。随分尽孝，养志怡颜，庶不至贻恨于终天”；对待兄弟“宜念世间最难得者兄弟，同气连枝，如手如足。食同器，寝同衾，友恭之道须当尽。重夫宜商量，些小无竞争”；对待师长要“宜于师长分上情礼兼隆，以资其教益。而一切有学问、有道德及年纪长于已者，亦当加以亲敬，切不可轻慢斯文”；对待宗族要“宜念支分派衍，皆一脉所延。自五服内外，以及远族，俱宜相爱相敬，笃一本之宜。平居则同安乐，患难则共扶持。不可互生嫌隙，骨肉相残”；对待亲朋邻里，要怀有睦邻友好、乐于助人之心，讲求积善之行，“宜体天地好生之德，时加培植。得方便处，不拘利益多寡，即便行之，勿以善小而不为”。（《寿州龙氏宗谱·家规》）

第二，诚实守信。中华民族素有尚守诚信的美德，诚信是我国从古至今经久不衰的热议话题。对于“诚信”的文献资料，最早可见于《易经》：“君子进德修业。忠信，所以进德也。修辞立其诚，所经居业也”（《周易·乾·文言》）。即是说君子要忠实守信才能增进道德，对于自己的言辞要诚实表达、切实负责才能够建功立业。此后，一些古代思想家也对“诚信”做出了多角度的阐释。孔子曰：“人而无信，不知其可也。”（《论语·为政》）孟子曰：“诚者，天之道也；思诚者，人之道也。”（《孟子·离娄上》）墨子曰：“言必信，行必果，使言行之和，犹合符节也，无言而不行也。”（《墨子·兼爱》）明清家法族规继承了古人的诚信思想，认为诚信不仅是人进德修业的必要品质，更是人与人交往过程中所需遵守的最基本的原则。康熙皇帝在《庭训格言》中说：“吾人凡事为当以诚，而无务虚名。朕自幼登极，凡祀坛庙、礼神佛，必以诚敬存心。即理事务，对诸大臣，总以实心相待，不务虚名。故朕所行事，一处于真诚，无纤毫虚饰。”①可见一国之君在治理国家的过程中，面对满朝文武与天下苍生也要讲求诚信，实心相待。明代的杨继盛也说：“与人相处之道，第一要谦下诚实。同干事则勿避苦劳，同饮食则勿贪甘美，同行走则勿择路，同睡寝则勿占床席。”（杨继盛：《杨忠愍文集》）曾国藩在其家书中亦告诫晚辈：“凡与人晋接周旋，若无真意，则不足以感人。”（《曾国藩家书》）可见，诚实守信是明清时期各阶层人民所信守的处世之道。清代的蒋伊在《蒋氏家训》中特别告诫

① 康熙：《帝王家训》，中国文史出版社 2003 年版，第 143 页。

家人,为人处世要诚实厚道,在交易等经济活动中,他规定量器要准确公平,“交易及买卖日用等类,不得以重等入,轻等出,及用大小秤”。《寿州龙氏家规》中也要求族人结交朋友时要认真,要忠信,并要选择诚实守信的朋友,“朋友五伦之一,结交总要真,亲君子,远小人,久要不忘言忠信……凡我族人,宜知交友全以诚实为先”。

第三,廉洁自持。在我国传统社会中,家族以子孙出仕为官为家族荣耀,家族中出仕子孙的人数也被视为家庭兴衰的重要标志。子孙出仕能够使本宗族的社会地位和社会声望得到提高,因此,家法族规中对出仕子孙予以优厚奖励的规定也比比皆是。除此而外,为了维护家族的清誉,家法族规中同样将为官清廉、勤政爱民、体恤民情视为官德的重要教育内容。如《郑氏规范》中记载:“子孙器识可以出仕者,颇资勉之。既仕,须奉公勤政,毋导贪黩,以忝家法”,“子孙倘有出仕者,当蚤夜切切;以报过为务。抚恤夏敏,实如慈母之保赤子。有申理者,哀矜恳恻,务得其情。毋行苛虐,又不可一毫妄取于民。若在任衣食不能给者,公堂资而勉之。其或廪禄有余,亦当纳之公堂。不可私于妻孥,竟为华丽之饰,以起不平之心”。郑氏除了要求为官子孙要廉洁自持,更提出对贪污纳贿者要施以严厉的惩罚:“子孙出仕,有以赃墨闻之,生则与谱图上削去其名,死则不许入祠堂”。

第四,择贤而交。“人性如素丝,染于苍则苍,染于黄则黄。”(《墨子·所染》)我国古代著名教育家颜之推也曾教诫子孙“与善人居,如入芝兰之室,久而自芳也;与恶人居,如入鲍鱼之肆,久而自臭也”(颜之推:《颜氏家训·慕贤》)。可见,古人极其重视人与人之间的相互影响。我国传统道德教育素来重视青少年的成长环境,认为随着子女的成长,他们要走出家庭,开阔视野,此时朋友关系将成为除却亲情关系外最为重要的社会关系。因此,选择与什么样的朋友交往、如何同朋友交往便成为我国传统道德教育的一项重要内容。明清家法族规大多对子孙交游做出了明确的规定,其宗旨之一便是要“择贤而交”,即选择的友人一定是道德高尚、品行端正之贤人,而不能是游手好闲的地痞无赖。譬如,寿州龙氏认为,交友“必择品端学穗者,日近日亲,以资其观摩之益。若滥交匪僻,非徒无益,而又害之。不可不慎于始”(《寿州龙氏宗谱·家规》)。

第五,雅量容人。《尚书》说:“必有忍,其乃有济;有容,德乃大。”(《尚书·君陈》)也就是说,为人处世,应有容人之心,不可斤斤计较,睚眦必报。只有忍让与宽容,才会成就事业,塑成德行。“水至清则无鱼,人至察则无徒。”(《大戴礼记·子张问入官》)即是说,水如果太清澈就会没有鱼,人如果太精明亦会没有伙伴。因此,真正有修养的人可以容忍庸俗,绝对不会以自己为中心,拒绝和他人成为朋友。另外,他也认为心胸宽阔坦荡的人,福禄丰厚而长久,任何事情都可表现出宽宏大度的气概;心胸狭窄的人,福禄微薄而短暂,任何事情都表现出目光短小狭隘局促的心态,即“仁人心地宽舒,便福厚而庆长,事事成个宽舒气象;鄙夫念头迫促,便禄薄而泽短,事事成个迫促规模”(洪应明:《菜根谭》)。庞尚鹏在《庞氏家训·崇厚德》中教育其子孙后代道:“……若果横逆难堪,当思古人所遭,更有甚于此者,惟能持雅量而优容之,自足以消除其狂暴之气。”孙奇逢也强调与人相处,要有宽容别人的雅量,不要特意强求别人对自己的宽容,即“与人相与,须有以我容人之意,不求为人所容”(《孝友堂家规》)。清代的石成金在其《天基遗言》中亦强调,为人要谦虚谨慎,不可骄人傲人,要有容人之意,“见一切人,无论贵贱贫富,唯当谦虚和悦”。《合江李氏族规、族禁》对子弟在人际关系的处理方面也提出了要求,“凡属子孙,务必谦虚乐易,与人无争”。对待别人时要有肚量,要能宽容忍让,不掺杂私心杂念,宽容忍让、雅量待人,正所谓“必有忍,其事乃有成;必有容,其德乃得大”①,此乃古人交友之道。

第六,热心助人。古人对于热心助人、与他人形成良性互动的强调,值得今人学习。明清时期的一些思想家、教育家为后人提供了诸多这方面的智慧。洪应明用自然界的气候规律来告诉人们与人相处时要以和为贵,做到和善待人,并热心帮助他人,因为“天地之气,暖则生,寒则杀。故性气清冷者,受享亦凉薄。惟和气热心之人,其福亦厚,其泽亦长”(洪应明:《菜根谭》)。即是说,自然界的气候规律是万物选择在气候温暖的时候生长,在气候寒冷的时候萧条沉寂。所以一个人如若心气高傲冷漠,只会受到同样冷漠的回报。只有那些充满激情和感激而又乐于帮助他人的人,才会有厚重且又绵长久远的福祉。此外,他还告诫人们,要从小事上提高自身的品德修养,帮助别人时要不求回报,“谨德须谨于至微之事,施恩务施于不报之人”(洪应明:《菜根谭》)。清代御史蒋伊在《蒋氏家训》也有众多有关助人行善方面的规定,如“有应验良方,可救人者,随力及物”;“宜多蓄救火器,

① 行政院文化建设委员会、联合报文化基金会国学文献馆:《族谱家训集粹》,(台湾)台北联经出版事业公司 1984 年版,第 59 页。

里中有急，遣人助之”，诸如此类。这些均是强调要抛却功利性目的，提倡乐于助人的良好品德，无疑有利于人与人之间的良性互动。

四、训女之道——安详恭敬　恪守妇道

明清时期，统治者较之以往更加重视女教。为防止女子和外戚干政、出现“牝鸡司晨”的现象，国家极为重视训女和女教之道。明太祖朱元璋在立国之初即命儒臣修女诫，并谕翰林学士朱升：“治天下者，正家为先。正家之道，始于谨夫妇。后妃虽母仪天下，然不可俾预政事。至于嫔嫱之属，不过备职事，侍巾栉；恩宠或国，则骄恣犯分，上下失序。历代宫闱，政由内出，鲜不为祸。唯明主能查于未然，下此多为所惑。卿等其纂女诫及古贤妃事可为法者，使后世子孙知所持守。”①至清代，由于是满族这一少数民族掌握统治权，更加需要通过“广教化”来维护社会的稳定，正如清儒陈弘谋所述：“天下无不可教之人，亦无可以不教之人，而岂独遗于女子也？”（陈弘谋：《教女遗规》）另外，明清时期女教被视为维护家族和谐发展的重要因素，各个家庭、宗族也将女教作为家庭道德教育的重要内容。“有贤女然后有贤妇，有贤妇然后有贤母，有贤母然后有贤子孙。”明清时期训女之道虽然流行，但其思想基本未出班昭《女诫》之右，大多数家法族规中仍以“三从四德”为基础，认为女子要将事夫、事舅姑、教育子女作为根本要务，同时将重义守节、安贫恭俭等视为妇人美德；妇人的言行举止要保持端庄娴静，要守礼贤智，不可搬弄是非；在家务工作中要各司其职、各尽所长，不可懒散怠惰等。具体而言，明清家法族规中的女教思想可归纳为以下四个方面：

第一，妇女德行。古人认为，妇人应以夫为纲，任何事情都不能比顺从夫君、侍奉公婆重要。因此，妇女的德行首要体现在侍奉夫君舅姑应恭敬顺从。诸妇在家中要安详恭敬，奉舅姑以孝，事丈夫以礼，待娣姒以和。妇人对待自己的丈夫不仅要恭顺，同时还要体恤丈夫的劳作之苦，在丈夫有不得意之事时，要好语劝慰，以解其抑郁。对待舅姑，妇人不仅要自己尽孝，更要劝导自己的丈夫尽孝。其次，要妥善处理好妯娌之间的关系，不可伤兄弟之和。诸妇亦不可长舌善妒，“若有妒忌长舌者，姑诲之。诲之不悛，则责之。责之不悛，则出之”（《余姚江南徐氏宗

---

① 《御定内则衍义序》，影印《四库全书》，第719册，第348页。

谱·族谱宗范》)。再次,妇人要做到衣冠得体,服饰有度。明清家法族规中关于妇容的规定,主要体现在服饰方面——无论家庭富裕抑或贫困,族中各妇人之服饰,毋事华靡,但求雅洁。若有妇人衣饰独异、奢侈犯分、与人攀比,也大多会受到家长或族长的惩罚。最后,妇人要重义守节。贞烈妇女是为宗族所提倡与奖励的对象,"若不幸少年丧父,清苦自持,节行凛然,终身无玷者,族长务要会众呈报司府,以闻于朝,旌表其节"(同上),如此才能谓之曰贤妇。

第二,妇女言行。明清家法族规中对于妇女言行的要求为谨言慎行,不道恶语,不搬弄是非。兰溪唐氏认为,"妇人贤不贤,全在声音高低,语言多寡中分。声低言寡者贤也,声高言多者不贤也"(《兰溪唐氏宗谱·家规》)。可见,妇人之语贵当不贵多、声音贵低不贵高,贤妇应谨言慎行、不可伶牙俐齿、不可搬弄是非、不可横生枝节。宗族诸妇在自身不妄言妄行的同时,对于无识庄妇,也不可纵其来往。因为庄妇最能搬动是非,"若匪高明,鲜有不遭其聋瞽"。若妇人能够"修行内政,谏夫训子"(同上),便会成为闺阃之表范,受到阖族的称赞与奖励。

第三,妇女劳作。明清家法族规中大都对族中诸妇要"勤纺织、修中馈"做出了规定,但详略不一。相比之下,对于妇女劳作的内容做出较为详尽规定的,则当属《郑氏规范》。郑氏对族中诸妇何人主馈、主馈之次序、茶食器皿的保管等都做出了明确的规定:"诸妇主馈,十日一轮,年至六十者勉之。新娶之妇,与假三月。三月之外,即当主馈。主馈之时,外则告于祠堂,内则会茶以闻于众。托故不至者,罚其夫。膳堂所有锁钥及器皿之类,主馈者次第交之。"古代妇女多以纺织为本,浦江郑氏亦对此有明确的规定:家中诸妇要聚在一处工作,根据自身所长来从事劳动,家中主母将蚕种分与各方诸妇,使之畜饲。成熟之后,诸妇抽茧缫丝,并按照多寡赏罚。对所治之丝绵要进行织造,使成布匹,然后将成品交付到家族中,通卖货物,以给一岁衣资只用。诸妇所治布匹,若质量上乘且能依期登数将会得到家族的奖励,相反,质量不佳或未能依期登数者将会受到家族的惩罚。

五、生存之道——取用有度 珍惜资源

在明清家法族规中,除强调人际交往的道德标准与尺度之外,还强调对自然规律的遵循以及对自然资源的合理使用。古人在教育子孙后代时,强调维护自然

生态环境的重要性,体现了良好的生态德育思想,这些内容在今天仍然具有警示作用,值得后人引以为鉴。

第一,取之有度,用之有节。遵循自然规律,珍惜自然资源的观念自古有之。先秦时期的管子就提出过“以时禁令”的合理思想,他强调在人与自然关系上,取之有度,用之有节,要根据生物的生长规律合理利用,不要滥捕、滥伐、滥用。这些思想在明清家法族规中体现得更加明显。康熙皇帝教育皇家子弟道:“世之财物天地所生以养人者有限,人若节用自可有余,奢用则顷刻尽耳,何处得增益耶? 朕为帝王,何等物不可用,然而朕之衣食毫无过费,所以然者,物为天地所生有限之财而惜之也。”(《庭训格言》)在当时的情况下,康熙即已意识到了保护自然环境和善用资源的重要性,告诫子孙自然资源是有限的,不可贪心掠夺,否则会使自然环境遭受重压,并对生态环境造成巨大的破坏。

第二,尊重自然,不违自然之法。尊重自然这一观念由来已久,先秦时期老子就主张“常善救物,故无弃物”。(《老子·二十七章》)宋代大儒程颢认为,人类应该关爱自然,“若夫至仁,则天地为一身,而天地之间万物为四肢百体,夫人岂有视四肢百体而不爱者也?”(《河南程氏遗书·卷四》)明清时期,家训及家法族规的制订者们对家族居住地区的生产和生活环境非常重视,形成了一些尊重自然、维护自然的朴素观念。咸丰五年二月,虞东戚氏的《立禁池议据》中明确规定村前三角池是天旱之际使用的,以备饮洗急需,除灌溉农田外,车具一律不许使用,如果有违背者,将“邀集三方理论,再有强车不遵禁例者,将车拖起,缴与房长,公同送官究惩”①。为使水土免遭破坏,一些宗族法规定,家族成员必须保护山林,春季护苗,秋季防火,砍伐草木应该注意季节,违者“重则三十板,验价赔还”。(《魏氏宗谱·宗式》)清代的张英在《聪训斋语》中则用自然现象教导子弟要尊重自然规律,与生态环境和谐相处。如“梅以深冬为春,桃李以春为春,榴荷以夏为春,菊桂芙蓉,以秋为春。观其枝节含苞之处,浑然天地造化之理”,要求子孙后代应该懂得不违自然之法的“天地造化之理”。

① 费成康主编:《中国的家法族规》,上海社会科学院出版社2003年版,第308页。

第二节 行之有效的道德教育方法

德育思想的教化过程必须辅之以一套行之有效的道德教育方法,才能使受教育者真正将其内化为自身的道德规范,并外显于言行举止之中,从而实现家庭道德教育的目标。我国明清时期家法族规中所蕴含的一系列合乎教育规律的德育思想,大多来源于儒家思想以及社会所提倡的良好美德,如教子婴稚、言传身教、奖惩结合等方法不仅在当时的德育实践中发挥了积极的作用,同时对于当代家庭道德教育也具有极其重要的借鉴价值。

一、教子婴稚 养正于蒙

我国古代家庭特别注重“教子婴稚,养正于蒙”的道德教育方法。所谓“教子婴稚,养正于蒙”,是指在幼儿智慧开蒙之际即对其施加影响,使之形成合乎规范的思想意识和行为习惯。这种教子于幼的方法遵循了道德教育的发展规律,促使人们自幼形成良好的行为习惯与道德规范,树立起符合传统社会的价值观念。具体而言,明清家法族规主要从儿童启蒙教育的必要性与可行性这两个方面进行了阐述:

第一,“教子婴稚,养正于蒙”的必要性。孩童道德思维的形成过程,大体遵循由道德依从——道德内化——道德外化这一路径。在此过程中,孩童在婴稚之时所接受的道德教育对其今后的行为习惯、品行修为会产生极为深远的影响。宋儒袁采对此曾有过精妙的阐释:“幼而示之以均一,则长无争财之患;幼而教之以严谨,则长无悖慢之患;幼而有所分别,则长无为恶之患。”“饱食煖衣,逸居而无教,则近于禽兽;教子女之道,莫切于此。”(袁采:《袁氏世范·教子当在幼》)可见,在孩童婴稚之时对其施以正确的价值导向,能够对其自身的价值观建立、品行发展产生积极有益的影响。明清时期的家法族规对于“教子婴稚、养正于蒙”的观念也多有阐释。明清帝王对儿童启蒙教育的重要性有着深刻的认识,如清代的康熙皇帝即认为:“人之一生,多有习气而成,盖自孩提一至十余岁,此数年间,浑然天理,知识未判，一习学业，则有近朱近墨之分。”①明儒庞尚鹏要求其子孙“童子年五岁诵训蒙歌，女子年六岁诵女诫”（庞尚鹏：《庞氏家训》）。这里的“训蒙歌”主要包括听教诲、勤读书、遵孝悌、学谦恭、守礼仪等内容，足见其对于儿童启蒙教育的重视。清儒陈宏谋在《五种遗规 · 养正遗规》中也对儿童启蒙教育的必要性加以阐释：“天下有真教术，斯有真人材。教术之端，自闾巷始。人材之成，自儿童始。大易以山下出泉，其象为蒙。而君子之所以果行育德者，于是乎在？故蒙以养正，是为圣功，义至深矣。”明代官员霍韬所订立的《霍渭厓家训》则专门附有蒙规的章节，认为“家之兴由子弟之贤，子弟之贤由乎蒙养。蒙养以正，岂曰保家，亦以作圣”（霍韬：《霍渭厓家训》）。由此可见，古人认为“蒙养以正”是使其子弟成为贤良人才，以及维系家族发展的必要前提。

第二，“教子婴稚，养正于蒙”的可行性。《乐记》有云：“人生而静，天之性也；感于物而动，性之欲也。物至知知，然后好恶形焉。好恶无节于内，知诱于外，不能反躬，天理灭矣。”（《礼记 · 乐记》）也就是说，人生幼小之时，自然精神专一，物欲无多。然而，伴随着年龄的增长，其所受到的诱惑逐渐增多，心思则变得动荡不安，精力也难以集中。这也就成为“教子婴稚、养正于蒙”之所以可能的依据。现在看来，早期教育既符合孩童的生理发展规律，也符合儿童的心理发展特征。人处在儿童时期，精力旺盛，记忆力、模仿力也较强，心思纯净，关注力较为集中。在这一时期，如果对儿童进行教育，一般就能够产生事半功倍的效果。正如清人孙奇逢所说：“孩提知爱，稍长知敬，此生性之良也。知识开而操其权，性失初矣。古人重蒙养正，以慎所习，使不漓其性耳。今日儒子转盼便皆长成，次日蒙养不端，待习惯成性，始思补救，晚矣！”（《孝友堂家规》）既然如此，那么，何时教养子女以及怎样教养子女便成为古代家庭关注的重要问题之一。明清家法族规对教养子女的要求较为细致，譬如，《纪氏敬义堂世次录》就从教养时间、饮食、衣服、长幼、言语及举动等方面对教养子女提出了要求：“大凡子弟须从小时约束，饮食必示之节制，不可因有余，而任其醉饱；衣服必示之朴素，不可因有余而任其华美；长幼必示之有序，不可任其先后踰越；言语必令之缄默，不可任其谈笑喧哗；举动必令之雍容，不可任其轻浮。自然可成一好人”。可见，启蒙教育必须要把握好时机，若

① 康熙：《帝王家训》，中国文史出版社 2003 年版，第 275 页。

在儿童时期错失教育机会，一旦使之养成不良习性，再试图对其加以管教则为时晚矣。总之，古人对于子女的启蒙教育不拘泥于一种形式，这种成功的道德教育典范是值得今人学习和借鉴的。

二、言传身教 渐渍化导

北齐时期的颜之推曾指出："夫同言而信，信其所亲；同命而行，行其所服。"（颜之推:《颜氏家训·序》）即是说，相同的一句话，人们总是相信更为熟悉亲密的人。相同的一个命令，人们总是听从所赞佩的人。我们说家庭是一个人道德品质形成的最初场所，父母是子女最初的师者与榜样。家长的道德判断、言行举止、情感表达都在潜移默化之中对子女产生影响，与此同时，子女也在日常生活当中耳濡目染，不断地效仿与学习，继而内化为自身的人格与品性。明清家法族规十分重视家长的示范作用，具体说来，主要体现在如下几个方面：

第一，身教为先。孔子云："其身正，不令而行；其身不正，虽令不从。"（《论语·子路》）家长作为家庭的"指挥官"，只有不断加强自身的道德修养，以身作则，才能对子女乃至整个家族施以积极的影响。《郑氏规范》十分重视家长的身教作用，并对此提出明确的要求："为家长者，当以诚待下。一言不可妄发，一行不可妄为，庶合古人以身教之。临时之际，毋察察而明，毋昧昧而昏。更须以量容人，常视一家如一身也。"明初著名学者曹端指出，即使家庭成员有不听训诫者，家长也不可"遽生暴怒"而失掉长者之风范，反而应自责自省如何能够使家庭成员乐于接受教育。"古人治家之道，惟以身教为先。为家长者，必先躬行仁义，谨守礼法，以身率下。其下有不从化者，不可遽生暴怒，恐伤和气，但当反躬自责，或儆缪彤掩护以自挝，或儆石奋对岸而不食，其下悔改，即止，不治；如果愚顽，终化不省，然后责罚之；责罚不从，度不可容，陈之于官而放绝之，仍于宗图上削其名，死生不许入祠堂，三年能改者，复之。"（曹端:《家规辑略》）

第二，身教同言教相结合。家庭道德教育讲求言传身教，身教为先，同时辅以言教，方能达到良好的教育效果。道德的教化过程不仅需要施教者以身作则，还需要施教者将其所遵循的道德规范通过语言的形式传递给被施教者。这种语言的形式，既可以是日常生活中的言语教诲，也可以是文字书籍。而众多宗族、家庭所制订的家法族规，即是将"言教"记录下来，并时刻通过"身教"的切实影响而在家庭的日常生活中能够得以实行的一种教育形式。譬如,《润州姚氏宗谱》便记载了身教与言教的示范作用,“家教以身教为重,凡为父兄者,先自立于无过之地,一言一动,皆为之表率,则子弟涵育熏陶,自无荡检踰闲之患”。

第三,循序渐进,潜移默化。道德教化并不是一蹴而就的,它应该是一个循序渐进、坚持不懈的过程。清代政治家、理学家汤斌曾说:“齐家之道最难。周子云‘家亲而国与天下通。’惟其亲,故不可以义伤恩,又不可以恩掩义。然则家教者,亦惟渐渍化导而已,久当自变。”(汤斌:《汤潜菴语录》)即是说,家长的言行能够带动家人形成良好的家风,同样,家长也不要过分拘束孩子的思想,而应讲究道德教育本身的顺序性与阶段性,对其施以长期的教育影响,从而使道德规范能够内化于心,“久当自变”。

三、严爱殷责　奖罚结合

早在成书于西周时期的《周易》中,即已提出了严于治家的思想。《易》曰:“家人,女正位乎内,男正位乎外,男女正,天地之大义也。家人有严君焉,父母之谓也。父父、子子、兄兄、弟弟、夫夫、妇妇,而家道正;正家而天下定矣!”(《周易·家人卦》)此后,中国历朝历代的诸多思想家们还对“严教”与“溺爱”之间的关系进行了思考,提出了“严慈相济”的家庭教育方式。明清家法族规在继承这一教育方式的基础之上,不但主张奖惩结合,还对奖惩的主体做了更为细致的划分。

第一,严爱殷责。我国家训文化中自古以来便有严慈相济的传统。颜之推提出:“父子之严,不可以狎;骨肉之爱,不可以简。简则慈教不接,狎则怠慢生骄。”(颜之推:《颜氏家训·教子第二》)北宋政治家、文学家司马光认为,父母只讲慈爱而不严加训教,便失去了作为尊长的大义。而只是严加训教却不讲慈爱,则伤害了骨肉相亲之理。因此,只有将训教与慈爱相结合,才能够称之为完整且成功的家教,“慈而不训,失尊之义;训而不慈,害亲之理。慈训曲全,尊亲斯备”(司马光:《涑水家仪》)。明清时期的家法族规中同样主张严爱殷责。譬如,康熙皇帝就倡导严而有度、慈爱有节的家庭教育方法,“为人上者,教子必自幼严饬之始善。看来有一等王公之子,幼失父母,或人惟有一子,爱恤过甚,其家中仆人,多方引诱,百计奉承。若如此娇养,长大成人,不至痴呆无知,即多任性狂恶,此非爱之,而反害之也”①。

第二,奖惩结合。在我国古代的家庭德育中,一直都倡导教子以严的教化方式和方法。明清以前的家训大体为劝导型规范;到了明清时期,诸多家法族规中对奖惩行为、奖惩类型、奖惩力度以及奖惩原则均进行了探索与实践。并且,这一时期的家法族规在劝导型规范的基础上增加了更为严格、甚至苛刻的奖惩措施,尤其是在惩罚上加大了对家族成员“不法”行为的惩治力度,以防家族中出现“害群之马”而影响家族的声誉与发展。从整体上看,明清家法族规的奖惩方式极为繁杂,各家庭、家族选择的方式不尽相同,各地区所流行的方式也带有一定的地方特色,但其目的均为管理宗族、整饬家风。

具体而言,一方面,明清家法族规中的奖励对象主要包括:读书中举为朝廷重用之人、严守孝悌忠信纲常之人、恪尽职守勤勉劳作之人、青年丧偶未曾改嫁的守节烈女以及对宗族的生存、发展做出突出贡献的族人。对拟予以奖励的族人,各家庭、宗族都根据自身的实际情况制订了奖励办法,最为常见的包括:对优秀子弟、忠实奴婢给予口头褒扬;对读书有成、经营获利的子弟再给予衣食住行的优待礼遇;对科举中第、守节妇人给予物质奖励;为贤俊人物立传、刻碑;对宗族孝子、节烈妇女给予表彰等。另一方面,明清家法族规中的惩罚内容主要包括:对奸淫乱伦、不务正业、不孝不悌、偷盗抢劫、破坏祖墓等行为进行处罚。其中视情节的轻重程度,惩罚的方式也各有侧重,主要包括叱责、罚跪、掌嘴、杖责、罚钱、革胙、削谱、鸣官、出族等。极少数家族针对使家庭和宗族蒙受巨大耻辱或严重危害伦常制度的淫乱或忤逆行为,则处以勒毙、溺毙、活埋等极刑,但这些极端的做法是与当时的国法相违背的。

第三节 明清家法族规中的家庭德育思想评析

一般而言,推动社会发展与历史进步的决定性因素,并不取决于对文化资源拥有数量的多少,而是取决于对拥有文化资源价值的评判标准是否正确与科学。

① 康熙:《帝王家训》,中国文史出版社2003年版,第74页。

因此,审视明清家法族规这份历史文化遗产和资源,它能否服务于当今社会,能否对当代家庭道德教育具有参考价值,重点不仅在于对其中的德育思想吸收与继承的完备程度,更在于对其所进行的客观与科学的评价。毋庸置疑,包括家法族规在内的传统家训文化经历了漫长的历史发展阶段,其所包含的思想内容在今天看来虽并不都是“篇篇药石,言言龟鉴”(王钺:《读书丛残》),但是,摒弃那些与时代脱节的过时的内容,其中亦有不少可资借鉴的宝贵精华有待于诠释和弘扬。因此,正确、客观地对待明清时期的家法族规,对于当代家庭美德的培育、公民道德建设的实施以及社会主义核心价值观的弘扬与践行,均具有不可忽视的时代价值与借鉴意义。

一、明清家法族规中德育思想的积极内涵

反观明清家法族规中的德育思想,多数内容仍然是当代人应该继承和弘扬的民族文化的精髓。无论是传统的封建社会抑或是当代的法治社会,明清家法族规族规中关于维系家庭发展、维护社会稳定的德育思想均是亟待发掘的宝贵资源。

第一,对于促进家庭和谐、维护社会稳定具有重要价值。家法族规的订立是通过一系列礼仪规范、奖惩手段对家庭成员进行管理,使得整个家族、宗族在维系族人繁衍生息的基础上进一步发展和延续。在这一过程中,通过道德教化,使得家庭成员、子女后代、后世子孙将个人修为、社会理想和国家命运紧紧联系在一起,以确保家族血脉、道德风尚、民族精神得以延续。一般来讲,在古代社会,认真制订并严格遵循家法族规的家庭与宗族,往往都能经受得起承平岁月的消磨和战乱时烽火的洗劫。如前已多次述及的浦江“义门”郑氏,自元代起便订立家规,对家庭成员及后世子孙的德行进行严格要求,除此之外,还要依据世事变化和家族壮大,对家法族规的内容进行增补修订,从而使得这一大家族延续数百年之久。在结束长达三百余年的累世同居后,郑氏子孙仍然注重“祖宗成法”,各支派经久不衰。由此可见,家法族规不仅实现了道德观念的存续与传递,还能够将巨大的道德影响力累世相传。

第二,能够继承和发扬中华民族的传统美德,其中所包含的德育内容与方法对于当代社会的道德建设具有一定的借鉴意义和启示作用。明清家法族规以中国传统文化为依托,以儒家德育思想为核心,其中所涵盖的道德风俗和传统美德,

如孝顺父母、和睦邻里、与人为善、勤劳简朴、尊师重道、正直廉洁、扶厄济困等内容，都是当今社会应该加以继承并发扬光大的。此外，明清家法族规中的优秀德育思想，如教子婴稚、养正于蒙、严爱殷责、渐渍化导、奖惩结合等内容，在继承传统德育方法的基础之上，对于丰富当代道德教育体系，对于发现与解决当今家庭道德教育所面临的困惑与问题同样具有积极的借鉴意义。

时代发展，世事更迭，在中国延续了数千年的宗族聚居、阖族而居的情况已不多见，人们对于宗族的依附程度也已大大降低，家法族规失去了其赖以生存的土壤。然而，我们却不能因此抹杀明清时期家法族规在道德教化层面、在维系家庭、家族乃至整个社会的和谐稳定与发展中所发挥的巨大作用。

二、明清家法族规中德育思想的消极因素

第一，浓厚的封建等级观念和尊卑思想阻碍了社会的进步与发展。传统家庭文化中的人伦秩序和等级观念，本质上是封建宗法制度的产物，是封建社会普遍认同并据以行动的道德准绳与价值观念。它既表现为政治等级观念，亦表现为伦理道德观念，具体到家法族规中则表现为同传统伦理道德紧密相连的“三纲五常”的价值观念之中，即尊卑有别、贵贱有等、嫡庶有序等。在传统家庭中，每个人都必须无条件地服从于家长，各安其位不得逾越，这种浓厚的尊卑观念虽然对于维护封建统治的长期稳定起到了至关重要的作用。但是，以家庭为本位的思想和等级服从观念却剥夺了个人的独立人格，削弱了个体自由选择和实现自我生命价值的正当权利。长期以来，这种观念禁锢了人们的思想，束缚了人们的行为，从而导致中国社会平等、民主意识的缺失以及法律意识的淡薄。虽然在当今时代，封建等级制度失去了其赖以生存的土壤，但尊卑思想却仍然深深地植根于当代人的内心之中，影响着人们的思维、行动与价值取向，致使其自觉或不自觉地依照传统尊卑观念处世行事，如拜权主义思想、男尊女卑思想、家长专制思想等。此外，受时代的制约和局限，不少传统家训中还渗透着听天由命的宿命论思想。如《杨忠愍公遗笔》记载道：只要力行善事，“则上天必保佑你，否则天地鬼神必不容你”。这种“生死有命，富贵在天”的典型宿命论观点严重地阻碍了人的身心发展和社会的进步。

第二，过于重视经验教育，反而框制了人的思维发展。家法族规的制订者们

将前人的思想精髓、生活经验编写成册，用以规范和教导后世子孙，从而维系整个家族的延续与繁荣。家法族规的本意是为后世子孙铺就一条通向成功的道路，但却出现了一定程度的矫枉过正，反而框制了人们的思维发展。

一方面，明清家法族规中宣扬明哲保身的中庸之道，抑制了个体的个性发展。高攀龙即告诫家人："言语最要谨慎，交友最要审择。多说一句不如少说一句，多说一个人不如少说一个人。"（高攀龙：《高子遗书·家训》）类似于训教子孙勿多气、勿多事、慎交友等劝诫培养出来的自然是与世无争、逆来顺受之人。曹端在《家规辑略》中说道："子孙受长上诃责，不论是非，但当俯首默受，毋得分理。"这种不分曲直的教化内容实际上已经奴化了人的内心。《庞氏家训》也涉及桎梏人性、提倡软弱退让的内容，如"若子弟童仆与人相忤，皆当反躬自责，宁人负我，无我负人"等等，诸如此类。

另一方面，明清家法族规中对于宗族成员职业的选择亦具有明确的要求，其中以读书仕进为最佳选择，认定农耕为上，工商次之，要求家族中的众子弟或立志读书，或工韬略，或为农为商，必要随分安生，不可作游荡之徒。这种勤奋习业的观念虽然具有一定的积极意义，但从一定程度上将子弟从事某些职业行当曲解为"不务正业"是十分不恰当的。而在一些明清家法族规中，还将经书以外的任何书籍都视为禁书，将下棋、打牌、听曲、看戏，饲养飞鹰猎犬、鸟兽鱼虫等等一干行为视为"蛊惑心智，废事败家"之事。这种一味强调"务本业"的做法，使家庭成员逐渐成为思想呆板、视野狭窄的井底之蛙。从明清家法族规中不难发现，这种单向的道德要求在很大程度上意味着压抑主体，贬低自我价值，将人的思维模式限制在条框之中。这不仅限制了个人的全面发展，也致使家庭缺乏活力与朝气，使社会停滞不前。加之封建制度的颓败与落寞，以至于使整个国家都落后于西方诸国，最终导致国人屡遭外国侵略者的侵犯和欺凌，饱尝国家积贫积弱之苦。

第四章

中国当代家庭教育问题及分析

20 世纪 30 年代,美国社会学家奥尔加·郎(Orga lang)来到中国进行实地调研后,在其著作《中国的家庭与社会》(*Chinese Family and Society*)中对家庭制度进行了这样一番描述:“如中国人能尽量保持发展他们的家庭及人际关系之特点,他们将可以教导全世界如何成为忠诚的朋友,如何尊敬及照料老人,如何珍惜儿童的出生与成长,如何养成容忍及有人情味。”①可以说,奥尔加·郎对中国传统家庭的社会功能做出了高度评价。然而,在传统社会向现代社会过渡的转型时期,受市场经济体制不完善等因素的影响,加之道德观念和价值观念的改变,使家庭的形式和结构也发生了显著的变化,这在一定程度上削弱了家庭的社会功能和教育功能。

环顾周遭,不难发现,时代的变迁导致当代家庭结构发生了改变,家庭道德教育也由此面临着诸多挑战。社会物质文明飞速发展,必然要求社会精神文明也要随之不断进步。然而,从目前的社会现状来看,在经济高速发展的同时,精神文明建设的步伐却略显落后,尤其是家庭德育的功能在不断减弱,从而使得家庭德育的问题也逐渐暴露出来。譬如,当代家庭往往缺少严格的家庭规范;家庭德育存在着很大的随意性;在教育内容的选择上存在严重的重智轻德现象;在教育方式上缺少科学的教育方法,或简单粗暴,或放任溺爱等。由于传统道德体系的影响力逐渐失效,而符合当前社会价值观的道德体系尚未真正建立,在新旧道德体系交替之际,新的道德约束力难以发挥其效力。因此,在家庭范畴内,家庭道德教育

① 车炜坚:《社会转型与少年犯罪》,台湾巨流图书 1986 年版,第 124 页。

出现了上述诸多问题。接下来,本书拟就当代中国家庭的教育问题进行较为深入的剖析,旨在挖掘引发家庭德育问题的深层原因。同时,在此基础上,试图借鉴明清家法族规中的优秀德育思想,并对其进行一番符合当代家庭德育要求的现代转化,进而为当代家庭伦理教育体系的构建略尽绵薄之力。

第一节 当代家庭教育的现实问题

一、家庭教育被忽视 教育责任被转嫁

在权威主义的教育模式中,家庭教育、社会教育不被重视,家长们过分迷信学校、辅导班等权威机构的教育。我们可以看到,在当代社会中,孩子除了接受正规的学校教育之外,还要参加各种类型的补课班、辅导班、才艺班等。但是在家庭生活中,父母却大多忽略了对孩子美育的培养,只是承担了对子女衣食住行等方面的照顾。关于当前我国家庭教育存在的问题,概括而言,主要有以下几方面:

(一)家庭教育责任转嫁给学校和社会

家庭教育责任的转嫁并不是说当代家长对子女的教育投入不多,尤其是在独生子女政策的影响下,现在家长对子女教育投入了极大的热情。通过一些学者的问卷调查显示:家长对子女的重教程度值是很高的。① 在当代社会中,父母的教育热情尽管很高,但家庭教育责任转嫁的现象还是十分普遍的。一些父母把自己本应承担的家庭教育责任长期或阶段性地、完全或部分地转嫁给学校、老师、祖辈或他人。一些情况是因为家长对学校和老师的教育过分信任,或是对家庭教育和学校教育之间的关系存在误解;一些情况则是因为家长认为自己文化水平较低,担当不起家庭教育的责任,又唯恐耽误了孩子的前程;还有一些情况是因为家长工作繁忙,没有时间和精力承担家庭教育的责任。在全国12个城市所做的"中国城市独生子女人格发展状况与教育"的调查显示,相当一部分家长把"家庭教育"理解为"家庭学习",即把围绕学校教育紧抓孩子学习放在了家庭教育和父母职责

① 刘华山:《社会变革中的中国人育子观念初析》,《华中师范大学学报(哲社版)》1996年第4期,第32-38页。

的首位。根据相关学者的调查,只有 20.66% 的父母把德育教育内容当成家庭教育的主要内容,而 55.90% 的父母将教育的重心放在了智力培养上面。① 有 52.5% 的家长"为孩子安排课余学习的内容";有 34.6% 的家长"陪着孩子做功课";在家庭生活中,家长与孩子的互动也是主要围绕学习来进行的,调查显示在家长与子女的日常交流话题中,有 93.4% 的内容是关于孩子的"学习"的;73% 是关于"学校的事情"。②

父母的教育是包括学校教育在内的任何教育都替代不了的。如果家庭教育缺失,就容易对孩子的成长产生不利影响,甚至引发犯罪。调查显示,"多人口(5人以上)家庭的罪犯最多,占被试青少年犯总数的 64.7% 。少年犯尤甚,占被试少年犯总数的 74.4% 。青少年犯是父母双亡,或父母离婚,或有父无母,或有母无父,或父母无管教能力等残缺家庭的,共占被试青少年犯总数的 20.6% 。"③这些数据说明在人口较多的家庭和残缺家庭中,由于子女得不到父母正常的关怀或教育,青少年犯罪的比率明显提高。

(二)家庭教育投资中的误区

改革开放以来,随着社会经济的发展,我国国民的生活水平逐步提高,家长们普遍注重对子女的教育投资。但值得注意的是,在子女教育方面,家长们还存在投资观念上的误区,主要表现在投资方法和途径上的盲目性和从众性。

概括而言,家长在家庭教育投资中的误区,主要体现在以下几方面:第一,重金钱投入,轻文化投入。表现为家长虽注重金钱投入,却存在一定的盲目性,相比之下,家庭文化投入则明显不足。第二,重物质投入,轻时间投入。亦即由于诸多原因,家长不舍得花费时间对孩子进行家庭教育,而只是一味地试图用物质投入加以弥补。第三,重旁观式的赐予性的单向投入,轻参与式的共同性的双向投入。家长对子女在教育上的情感参与式投入没有引起应有的重视,造成部分家庭亲子互动交流明显不足。总之,上述用金钱、物质投入替代时间、情感投入的做法,实

① 东长孟:《富裕时代背景下的家庭德育问题分析》,《教育教学论坛》2013 年第 48 期,第 235 页。

② 关颖:《家长教育素质与家庭教育指导——独生子女人格调查引发的思考》,《中国家庭子女教育——海峡两岸家庭教育研究文集》,吉林教育出版社 2000 年版,第 342 页。

③ 赤光:《试论青少年个体犯罪的原因》,《社会学研究》1987 年第 6 期,第 10-21 页。

质上代表了一种金钱至上的家庭教育投资观，它严重地影响了子女身心的发展。我们认为，家庭教育的本质是亲子间情感互动的过程，良好的家庭教育是家庭综合投资的结果。因此，家长不论平时还是节假日都应当注重和子女间的情感交流。

（三）隔代教育显现出不足之处

有资料显示，在北京有70%左右的孩子由祖辈教育，在上海有50% ~60%的孩子接受隔代教育，在广州接受隔代教育的孩子比例也占总数的一半。① 另外，随着进城务工人员的增多，乡镇农村的留守儿童比例也越来越高，其家庭教育问题已经成为引人关注的社会问题。《中国流动人口发展报告2010》统计指出：截止到2010年，我国流动人口数量达到2.11亿人，城市化水平将达到近48%。到2015年，我国城镇化率将超过51%。② 以湖北省为例，湖北省是近年来劳务输出的大省之一，农村劳动力外出务工情况在全国具有典型性。一项对湖北省的留守儿童调查显示，农村儿童留守现象相当普遍。“在校小学生中（以校为单位），父母双方至少有一方外出打工的最高达到69.2%，最低为15.9%，其中父母双方都外出打工的最高达41.5%，最低为7.2%。从三个县市平均来看，中小学生单亲外出打工者占31.5%，双亲外出打工者占13.4%，二者合计为44.9%。”③

我们不能否认祖辈在教育孩子方面存在一定的优势，如时间充裕、人生阅历丰富，更有抚养和教育孩子的实际经验。但是，由于祖辈年纪偏大，在价值观念、生活方式、教育方式等方面与当代社会或多或少存在差异。与亲子教育相比，隔代教育的不足之处主要体现在以下几点：

第一，隔代教育不利于亲子关系的建立，容易导致亲子教育缺失。父母长期将孩子寄放在祖辈家中，会使孩子与父母之间缺乏正常的亲子互动和情感交流，亲子之间容易产生心理隔阂，使孩子丧失基本的心理依恋和心理归属，难以建立良好的亲子关系。缺乏亲子教育的家庭教育是不完整的，不仅不利于孩子正常的身心发展，而且也容易使子女产生不安全感和自卑感，出现抑郁与孤独、焦虑与恐

① 韩云霞：《新型的隔代教育模式初探》，《中国家庭教育》2004年第3期，第19－23页。

② 《背着乡愁离乡，我们在追求什么》，《中国日报》2011年1月11日。

③ 周宗奎等：《农村留守儿童心理发展与教育问题》，《北京师范大学学报（社会科学版）》2005年第1期，第71－79页。

惧、嫉妒与怨恨等不良心理反应。这样的案例比比皆是,如中央电视台科学教育频道“当代教育”栏目曾报道,14 岁的袁欣由于从小生活在姥姥家,与父母的接触沟通很少,因此没有对父母的情感依恋,父母对女儿的了解也不多。袁欣在学校遇到挫折后,父母没有给予精神上的安慰,使得袁欣因抑郁、孤独、焦虑与恐惧无法排解而最终选择了自杀。因此,隔代教育只能作为亲子教育的补充而不能替代亲子教育。

第二,祖辈不科学、不理性的教养方式容易使孩子形成不良性格。首先,与年轻父母相比,祖辈由于交往范围、信息来源比较有限,他们的视野、观念容易与时代脱节。根据一项针对上海市各区县 63 个幼儿园的 5400 余名幼儿家长的调查显示,与亲子教育相比,祖辈在教育子女的观念上消极的因素更多,具体表现为“同意‘小时候考试得高分,长大就有出息’,不同意‘孩子基础很差的话考试能及格就不错了’,认为‘为了学习好孩子可以不做家务’,主张‘当孩子遇到困难应该直接向孩子提供解决问题的现成办法’,坚持‘为维护权威,家长不能自我批评’等”①。其次,祖辈教育孩子容易产生“隔代亲”的情感,从而造成对孩子的溺爱和迁就,长此以往,使孩子形成任性、不合群、不懂礼貌、唯我独尊的不良性格。

二、重视智识教育　轻视品德教育

核心家庭结构在当代社会已然成为社会最基本、最为广泛的组成形式。由于经济、政治、文化、科技和社会等诸多方面的进步,人们的生活条件得到明显的改善。夫妻两人组成的家庭中独生子女的成长和教育问题则是家庭中最为重要的内容。而就在父母对子女的教育过程中,却存在着教育弊端和教育误区。一方面,父母对孩子的智育教育的投资不断提高。另一方面,父母对子女德育教育的比重却不断减弱。独生子女群体中常有一些由于被过度关注和宠爱而成为不懂礼貌、缺乏责任感、自理能力欠缺的“小皇帝”、“小公主”,这是家庭道德教育中不可忽视的重要问题。家庭教育社会学者缪建东对这一现象分析评述道:“孩子从家庭中得到的印象是无须任何担心与烦恼,只要好好学习,考上好的学校,取得好成绩,不给家庭惹麻烦就行。孩子在家中的价值完全丧失,没有发言权,剩下的就

① 李曾洪:《幼儿的祖辈主要教养人与隔代教育的研究》,《家庭与社区教育》2005 年第 6 期,第 28 – 30 页。

是自我中心的枯燥的学习活动了,他们丧失了重要的培养自己责任感与生活能力的机会。自我为中心的个人主义写照与孤独中成长的状态是当前中国家庭独生子女的极好写照。”①

在当代家庭教育过程中,部分家长重智轻德,进入了家庭教育的“误区”,其主要表现在“家庭教育学校化”。家长按照学校的要求对孩子进行各种智力教育,有些家长让孩子参加各种补习班,以便孩子取得好的成绩。厦门大学的某调研报告表明,无论是否是独生子女,家长最看重的是孩子的学习成绩。其中,独生子女家长做出该项选择的为36.74%,非独生子女家长为48.48%,被家长们排在第二位和第三位的分别是身体健康和道德品行。② 吴玉琦等人对上海幼儿家长期望孩子成为什么样类型的人的调查(见表1)表明,35.79%的父母希望孩子成为“博学多才”的人,25.77%的父母希望孩子正直善良,希望孩子有一技之长的家长占16.46%。③ 父母们高度重视子女的智育发展水平,却对传统家庭道德教育弃之不顾,不再将品德修养作为教育子女的首要责任,这是当代父母教育的失职,亦是中国教育的缺憾。

表1 上海幼儿家长对孩子的期望

期望	博学多才	正直善良	一技之长	……
比例	35.79%	25.77%	16.46%	

家长重视智育,轻视德育还会引起其他现象的发生,如根据国家社科基金项目《未成年人亚道德文化生活研究》中的数据分析显示,90后未成年人中信仰雷锋、赖宁等品德高尚人物的比例仅为9.4%,他们认为这些道德人物的观念与自己的观念不同,因而排斥他们。大多数90后未成年人追求的是一种很潮流很时尚的西方文化,中国传统文化很难得到其青睐,传统价值观念更是难以深入其内心。有专家学者表示,对传统伦理道德的漠视及对潮流文化的追捧导致了一些未成年走上了违法犯罪的道路。20世纪90年代以来,受国际未成年人犯罪非刑事化、非监禁化和轻刑化思想的影响,我国对涉罪未成年人从打击为主转为挽救为主,在

① 缪建东:《家庭教育社会学》,南京师范大学出版社1999年版,第178页。

② 胡荣:《父母眼中的独生子女》,《当代青年研究》1996年第4期,第20页。

③ 吴玉琦等:《上海地区幼儿家长家庭教育观念的调查研究报告》,《上海教育科研》1996年第5期,第29页。

实践中贯彻少捕、慎诉、少监禁原则，被逮捕判刑的未成年犯数量在刑事犯罪中的比例有所下降，然而在绝对数量上攀升的却很迅速。① 青少年问题的层出不穷与当代家庭德育缺失具有很大的联系。在家庭教育中，适度的期望有利于孩子的学业和身心的健康发展，过度的高期望反而不利于孩子的成长。父母在子女的教育上具有强烈的主观的单方面的育儿意识，尤其将智力教育作为重中之重而忽视道德教育。这种重视知识教育轻能力教育，表现为学习知识时死记硬背，缺乏捕捉、消化和利用知识的综合能力。当前，仍有相当多的家长仍没有意识到道德品质在孩子成长过程中的重要作用。因此，重智轻德的家庭教育观念亟待改变。

三、家庭重心发生代际倾斜

人是一种情感动物，除了日常生活中的温饱之外，人类最大的需求莫过于情感世界的充实。因此，情感教育是人个体发展过程中不可或缺的环节。在家庭教育中如果忽视情感教育，孩子就会不懂得关怀他人，缺乏情感感受力，也不会表达和控制自己的情感。情感的积累主要是通过亲子交流和同伴交流获得的，但在当今社会，子女的情感教育却出现了种种问题。

（一）父母与子女之间代际冲突严重

2006 年 3 月 24 日的《现代快报》曾刊登了一篇题为《15 岁女孩的挑战书》的文章。该文是一位 15 岁的女儿写给母亲的挑战书，其具体内容如下：

张 × ×：

我感谢你生育了我，但我不是你的奴隶，我是一个自由的人。从今开始，如果你还要我这个女儿，必须做到以下 10 条：①不许动我的书包抽屉；②不许看我的聊天记录、日记；③不许强迫我必须穿你买的超级难看的衣服；④不许拦截我的电话；⑤不许当着亲戚朋友的面说我比别的孩子差；⑥允许我每天晚上有一小时的自由支配时间；⑦允许我每周日休息时晚点起床；⑧允许我的朋友到家里来做客；⑨允许我听孙燕姿、周杰伦的歌；⑩允许我反驳你的意见。你做不到其中任何一项，我宁可露宿街头，去做小偷，也要毫不犹豫地离开这个家，让你永远也找不到我！我说到做到！

---

① 任宝菊等：《传统文化与未成年犯教育》，《预防青少年犯罪研究》2014 年第 1 期，第 50 页。

挑战书刊出后，被各大媒体转载，一时之间引发了广泛的社会层面的讨论与反思。如挑战书中所提到的父母一样，现在很多独生子女的家长对孩子的一举一动过于干涉和控制，忽略了对孩子的理解、尊重和信任。出现了孩子渴望自由、对父母不满、代际冲突增多等情况。而在农村，特别是贫困地区则是另外一番景象。家长每天早出晚归，忙于农事，无暇对孩子进行教育，而是采取一种放任不管、任其自由生长的方式。当代家庭中，虽然物质生活条件较改革开放前有了明显的提高，但父母由于忙于工作和生计，没有时间和孩子交流，或是即使有时间也不知道和孩子交流什么，以为提供丰裕的物质条件和保障孩子学习的费用就算尽到了责任。虽然孩子在物质上得到了满足，但在精神上却是空虚的。调查显示，12%的家庭平时与孩子交流活动的时间为0.5小时以下，双休日有13.5%的家庭没有一点时间与孩子交往互动。平常日2.1%的家庭根本没有时间与子女谈心沟通，双休日14.2%的家庭没有时间与子女谈心沟通。① 当子女从家长那里得不到情感互动和情感示范时，抑郁的情绪便无从宣泄，情感问题也得不到及时、有效的疏导。久而久之，便容易使他们性格孤僻、情感冷漠、情绪反复无常，不懂得感恩与同情。不仅与父母之间容易产生隔阂，也不利于和社会其他群体的交流。秋星编著的《死囚遗书》(上海人民出版社1991年版)中收录了一些青少年罪犯的遗书，字里行间有悔恨、有自责、有不舍，但让人触目惊心的则是其中很多青少年死囚认为自己走上犯罪道路的主要原因是缺乏家庭温暖或父母的溺爱，以致使其养成了自私自利、唯我独尊、刚愎自用的性格特点。这不能不说从反面给当代的家庭教育以深刻的警策和启示。

(二)子女缺乏与同伴的交往

当下的许多家长不仅忽视与子女情感上的沟通，还限制子女与其他同学特别是与“差生”的交往，尤其是中小学生的家长，他们认为孩子在学校中的主要任务就是学习。中国青少年研究中心在2005年的调查显示：中小学生最不满意父母的12种行为中，“限制我交朋友”占21%，排在第四位。② 如今中国绝大多数家庭

---

① 乐善耀：《提高家庭知识含量，实现从传统到现代投资观念的转变——上海市中小学生家庭教育投资及其影响现状调查》，《中国家庭子女教育——海峡两岸家庭教育研究文集》，吉林教育出版社2000年版，第493页。

② 参见孙云晓：《我的家怎么了》，长江文艺出版社2006年版，第134页。

是独生子女家庭,独生子女缺乏与同龄人的正常交往和友谊的建立,容易使之产生种种极端的心理,以下的案例就是其中的典型。

案例一:曾因成绩优异被保送到北京大学化学系的王希(化名),于1998年2月20日因故意杀人罪被判处有期徒刑11年,剥夺政治权利3年。其犯罪的原因与交友有关。王希从小到大只关注学习,很少与同龄人交友互动。进入北大学习后,王希备感孤独,发誓一定要交上朋友。渐渐地他与同寝室的江林(化名)成为好友,但因初尝友谊的滋味,不懂得把握分寸,惹来了同学间的闲言碎语。江林也因此疏远王希,王希则想方设法试图修复二人之间的关系,但未能如愿。最终,他气急败坏地投毒意欲谋杀。

案例二:2001年,北京审判了一位年仅二十余岁的贪污犯,贪污的款额高达一百多万元人民币。令人吃惊的是,他贪污的巨款并没有挥霍在个人的消费上,而是都用在了朋友身上。他经常大方地借钱给朋友,动辄就是十几万元。审判过程中了解到,此人从小不善交往,十分自卑,踏入社会后千方百计地多交朋友,没想到却走上了邪路,断送了自己的前程。

以上两个案例反映了孩子渴望交友的强烈心愿,父母过度压制会使得子女不懂得如何交友、如何待友,并出现种种人际交往方面的困惑。事实上,同伴关系是孩子健康成长中不可或缺的人际关系之一。儿童成长的过程是一个社会化的过程,在这个过程中表现出两个特点:第一个特点是群体性。儿童是在群体交往中成长的。同伴间的平等地位使他们可以对等分享喜怒哀乐,有利于培养其互相关怀的情感品质和自尊心、自信心的建立,再好的父母也不能替代同伴的作用。第二个特点是实践性。儿童正是在与同伴的互动中、游戏中扮演各种角色,而逐渐有了自我认识,并对其他社会角色有了初步的了解。而与伙伴们的吵吵闹闹、分分合合,这些体验也让孩子懂得了什么是快乐,什么是孤独,什么是朋友,什么是社会。

(三)父性教育的缺失

所谓“父性教育”,就是给孩子提供充满父亲角色特征的家庭教育。通俗地讲,就是由父亲来实施、体现父亲人格特点的家庭教育。在当代家庭中,作为男性的父亲,有工作和生活的压力,他们辛苦地工作以期给家庭带来实在的物质保障,但是忙碌的代价却是家庭教育中父性教育角色的缺失。

一项针对上海小学生家庭教育的调查显示,作为与学校联络的家庭联系人中,父亲所占比例为25%弱,母亲所占比例为70%弱,其余则为父母双方或祖父母、外祖父母。研究中的一些访谈记录也体现出许多家庭中分工明确,父亲主要负责为家庭的生计打拼,母亲则负责抚养孩子。另据哈佛大学一项对单亲家庭的研究表明,90%以上的儿童问题与父性教育的缺失有关;多跟父亲接触的孩子自信、勇敢、有活力,更富有冒险精神和创造力。① 这一现象说明,作为父亲,要充分认识到自身对孩子的重要影响力。著名翻译家傅雷曾说,孩子是站在父母的双肩上成长起来的,失去一方就没有了平衡。的确如此,孩子的健康成长,需要同时汲取父性、母性的呵护和抚育,缺少任何一方的教养,人性的发展都容易导致不健全。与现实的这一状况不同的是,中国古训中则一再强调"养不教,父之过"(王应麟:《三字经》),十分重视父亲对子女教育的影响。这是需要身处当代社会中的家长们不断反思和学习的。

(四)尊老、敬老的孝道缺失

尊老爱幼是中华民族的传统美德,我国传统家庭的代际交换形式是父母抚养子女,子女赡养父母,在注重孝道的基础上,强调百善孝为先。然而,在当代社会,不平衡的代际交换现象充斥在当今的许多家庭之中,老人由于丧失了权威地位及实际地位,大多都成为家庭中的弱势群体。据统计,我国60岁以上的人口已达1.67亿,按照国际上老年人占人口比例10%的标准,事实上我国已经进入老龄社会。② 人口老龄化是未来全球面临的重要挑战。人保部副部长胡晓义表示:预计在"十二五"期间我国超过60岁的老年人将达到全国人口总数的15%,到2030年前后将进入人口老龄化的高峰。③ 长期以来,由于计划生育政策的实施,至少在城市中一个家庭一个孩儿占据着主导地位(尽管业已实施"全面两孩"政策,但从家庭生育意愿的调查结果显示,大多数家庭却只想生育一个孩子)。这便使得孩子成为家庭生活的核心,孩子在家庭中发挥了调适夫妻关系、实现父母期望的作用。因而很多家庭将老年人视为累赘、包袱,不愿尽赡养义务,出现了"敬老不足,爱幼有余"的现象。不完善的家庭教育在孩子其他方面也会带来不良影响,溺爱

① 金锡萍:《父性教育——时代的呼唤》,《教育导刊》2004年第5期,第44-45页。

② 《"常回家看看"入法折射中国式养老困局》,《中国青年报》2011年1月6日。

③ 《我国2030年进入人口老龄化高峰》,《北京商报》2011年2月25日。

容易让孩子走向极端,甚至还会导致孩子走向犯罪的深渊。我国传统文化非常重视父慈子孝,要求父母在子女没有独立生活能力时对子女进行养育,子女在父母年迈无力时能够很好地孝敬父母,父母之于子女的爱要爱而不溺,子女之于父母的孝要兼顾精神与物质。

四、重视物质满足 缺乏精神沟通

受"再苦也不能苦孩子"观念的影响,中国的许多家长在孩子身上是最舍得花钱的。然而遗憾的是,错误的消费观念不但不利于孩子养成勤俭节约的传统美德,还容易滋生喜新厌旧、攀比虚荣、追求名牌等不良心理。孩子形成高消费意识的原因来自许多方面,家长未能正确引导并加以纵容是主因之一。众多家长缩减个人开支以满足子女日渐膨胀的消费欲望,却并未对孩子攀比虚荣的心理给予正确引导。可以说,我们在处于法国哲学家让·鲍德里亚(Jean Baudrillard)所述的"消费社会"中,大众媒体强调的"个性化"也就是让·鲍德里亚讲的"成为或不成为自己",事实上是生产商给大众消费埋下的陷阱,原因是这种"个性"的追求离不开大众传媒的舆论引导。这些个性和新知是为了让人们的人生观、义利观、消费观及集体观适合其购物与消费的特点。有些发达国家已设置了媒介素养课,教育孩子正确的看待媒体及广告。中国尚未开设这类课程,家长应该下意识地和孩子讨论理性消费,让孩子正确看待大众媒介的宣传。此外,家长还应重视孩子的情感需求,抽出时间与孩子进行交流,不要过多干涉孩子与同龄群体的沟通,能够有效地利用各种社会化资源,促进孩子的成长。美国情感社会学家诺尔曼·丹森(Knowlman Danson)强调,"情感互动是两个人间通过相互作用而进行情感的转让,使一个人情不自禁地进入对方的感受和意向性感受状态的过程"①。家庭是家庭成员所形成的一个互动网络,这里包含着家庭成员的情感转让。"理想的家庭互动情境是生活于其中的家庭成员相互分享共同的情绪或情感体验,将注意力集中于共同的关注焦点上,特别有意识地关注对方的一言一行,且彼此都能够通过身体在场而相互构成影响。"②另外,如果家长限制孩子与其他群体的交往,会

① 郭景萍:《情感社会学(理论·历史·现实)》,上海三联书店 2008 年版,第 25 – 26 页。

② 李健、金小红:《情感互动仪式链下的流动青少年犯罪问题研究——基于家庭在情感互动中的融入性研究》,《青少年犯罪问题》2013 年第 4 期,第 60 页。

让孩子不知如何交友及待友,会导致人际交往问题的发生。众多学者认为,孩子成长的过程是一个社会化的过程,这一过程中不可缺少同辈群体的互动,在与同辈群体中,孩子可以逐渐学会分享情感,学会互相关心;孩子在与同辈群体的互动游戏中,扮演着各种角色,渐渐有了自我的认识,并对其他社会角色产生初步的了解。

五、急功近利的价值观过多　缺乏正确价值观引导

(一)父母急功近利,对子女要求过高

当今中国几乎所有的家长对自己的孩子都抱着殷切的期望,将教育视为子女改变命运的主要途径。我国的家长之所以对孩子抱有高度的期望,一是受到被放大了的传统“光耀门庭”文化心理的影响;二是因为社会竞争特别激烈,作为父母都希望立于不败之地的是自己的孩子。由于家庭的兴衰与子女能否成功关联密切,而社会、学校(包括家长自己)评价儿童成功与否的主要标尺是分数高低与能否“金榜题名”,因此,家长们为了让自己的孩子赢在人生的起跑线上,只能以“爱”的名义驱赶着他们向着既定的目标奔跑。

然而,家长对于孩子受过高等教育的希冀与孩子受过高等教育的情况一般都存在着落差。为了让子女达到自己的期望,有些家长大包大揽子女学习以外的事情,为子女收拾房间,为子女选择朋友,干预子女与他人的沟通,逐渐地将自己的孩子变成了学习的机器,并使其渐渐地远离了社会这个大组织;还有些家长对孩子要求极度严格,孩子达不到自己的要求时,就对孩子棍棒相加,让孩子在缺乏温馨充满暴力的环境下成长,这不利于孩子对父母的认同。久而久之,孩子会越来越远离父母,不愿同父母多说一句话;父母也会因为孩子的远离而认为孩子不理解自己的苦心,认为孩子不懂事不尊重自己,从而导致家长与子女情感上的对立、亲子关系的紧张。家长与孩子的关系由此形成了一种恶性的循环,最终导致家庭教育的失败。此外,苛刻地要求孩子,也会导致孩子心理压力过大,不利于他们的心理成长。当孩子不能在家长那里得到情感互动及情感示范时,他们的情感问题就不会得到较好的疏导,不但容易与父母间产生隔阂,也不利于同其他社会群体的交流。

(二)孩子缺乏长期的目标,容易产生迷茫

一些家长缺乏对孩子长远人生目标的规划和引导,追求短期行为。他们把提

高学习成绩、考上重点中学或是名牌大学,作为学习的目标对孩子进行灌输,而没有培养孩子建立长远的人生价值追求。当问及高中生为什么要考大学时,有三成左右的学生是因为家长要考,自己并没有什么明确的人生目标;有六成学生是为了实现家长的愿望,并拥有一份令人羡慕的高收入;只有一成的学生是为了实现自身的人生价值。这种功利性的教育行为,一方面导致家长过于关心孩子的成绩,忽视德、体、美、劳等其他方面的发展,给子女造成过大的学习压力。另一方面,则使得如今的孩子缺乏理想追求、成为"迷茫的一代"。很多孩子上了大学之后,突然失去了人生方向,心理变得迷茫和空虚,继而沉迷于武侠小说或网络世界,致使课业都无法正常完成。

(三)轻视普通劳动者

根据国内学者对上海幼儿家长的调查显示:在家长对子女的职业选择的调查中,希望子女从事脑力劳动的比例高达91.48%,希望孩子样样争第一的比例占57.8%,这说明家长对孩子的期望值和要求还是很高的。① 在功利主义价值观的影响下,很多孩子对工作有了"贵贱"之分,对简单的体力劳动和社会服务性工作产生了歧视心理,从事体力劳动被看作是丢脸的事情。很多父母在培养子女"远大"理想的同时,并没有培养其树立脚踏实地的精神,这往往会造成一些意想不到的严重后果。因为社会分工不同,个人的能力特长各异,绝大多数人将以普通劳动者或一般技术工人服务于社会。孩子在职业选择上,如果缺乏正确的人生观和价值观,不仅不利于整个社会良好风气的形成,对于个人而言,也会为其带来精神上的痛苦。

(四)盲目崇拜偶像

在青少年成长发育的过程中,我们并不否认"追星"有其存在的合理性。但一些因疯狂追星而使青少年变得失去理智的例子屡见不鲜:2002年,浙江温州的一名17岁初中生因为没有亲眼见到偶像赵薇而服毒自尽;2003年,大连一位16岁少女因为母亲没有给其买张国荣的CD而自杀;四川一位13岁的女孩在看了8遍偶像剧《流星花园》之后,离家出走,下落不明……一个社会中,人们推崇的偶像或

① 吴玉琦等:《上海地区幼儿家长家庭教育观念的调查研究报告》,《上海教育科研》1996年第5期,第27-30页。

精英,往往体现了社会中真实的主导价值观,同样,一个人的偶像观也从侧面体现了其价值观。有学者曾对青少年偶像崇拜问题进行了一系列研究,他认为“偶像崇拜是青少年时期的过渡性需求和标志性行为”①。但从各种调查数据中我们看到,中小学生崇拜的偶像大都是一些演艺明星,其对偶像的选择标准主要是依据外形,而非内在的个人品质和社会贡献。为了见到喜欢的明星,一些孩子不惜旷课,甚至骗取父母的钱财;他们在生活习惯、饮食、动作、穿着等方面也盲目地模仿自己所崇拜的明星。这些不理智的偶像崇拜现象,其形成的原因是多方面的,但其中重要的原因之一就是家长在子女的成长过程中缺乏正确的价值观引导。

六、特殊类型家庭道德教育方面存在的问题

特殊类型家庭主要指单亲家庭、重组家庭及离婚家庭。这些家庭作为一种特殊的家庭类型,在现实社会中广泛存在,在家庭道德教育方面给成长中的孩子造成了一定的影响。

(一)单亲家庭与家庭教育

单亲家庭是父亲或母亲单独与子女共同组成的家庭。当前中国社会以离异造成的单亲家庭最多。20 世纪 70 年代末以来,中国的离婚率持续上升,2000 年的粗离婚率大约是 1980 年的 3 倍,民政部发布的《2012 年社会服务发展统计公报》显示,2012 年依法办理离婚手续的有 310.4 万对。尽管众多的离婚男女可以再婚,但每年夫妻离婚形成的单亲家庭仍处于一个上升的趋势。承载亲职重负和社会世俗压力的单亲男女将面临福利水平下降、心理和社会适应困扰加剧等问题,并在不同程度上殃及孩子。已有研究表明,单亲男女的在职状况、经济收入和生活质量等都明显低于双亲家庭。② 众多研究表明,单亲家庭在子女德育方面多多少少存在偏差,影响着孩子的道德社会化。如朱玲的《单亲家庭儿童社会性发展问题的研究》一文认为,单亲家庭儿童在进行社会化时容易出现自我心理失调问题,这些孩子容易自卑孤独、敏感多疑、冷漠暴躁等。

---

① 岳晓东:《青少年偶像崇拜之心理机制探究》,《青年研究》2006 年第 12 期,第 11 - 16 页。

② 杨建军等:《单亲贫困家庭救助机制研究》,《中国妇运》2004 年第 10 期,第 30 - 34 页;徐安琪:《单亲弱势群体的社会援助》,《江苏社会科学》2003 年第 3 期,第 63 - 72 页。

在一些单亲家庭中，拥有抚养权的父亲或母亲将一切情感都倾注在孩子身上，毫无节制地满足孩子的所有要求，由于孩子在德育与约束上有所欠缺，从而使得他们具有妄自尊大、狭隘自私的性格。① 此外，还有些单亲家庭中的父亲或母亲忙于生计，无暇顾及子女的家庭教育，让孩子逐渐成为边缘人。更有甚者，将婚姻失败归罪于孩子，对孩子不是拳打就是脚踢，生活在暴力中的孩子将来成为暴力之徒的可能性很大。以下案例就是很好的说明：

案例：小 D 自爸妈摆开"内战"擂台，便给自己的未来埋下了不幸的种子：每每见到妈妈伤心落泪他就无声哭泣，感情的天平明显地偏向妈妈。可爸妈离婚时，法院将其判给了爸爸，对小 D 偏袒妈妈耿耿于怀的爸爸，将所有的怒气化成极度的憎恨转嫁到小 D 头上，常没事找事地打小 D。为避开爸爸的打骂，他常四处躲藏，后来干脆不回家。在社会上一帮"铁哥们"的带领下，他不久就走上了犯罪的道路。②

单亲家庭的教育是一种失衡的教育，单亲家庭的子女由于父爱或母爱的缺失往往会导致心理失衡，在自我意识上也会出现自我评价偏低、自我控制无力、自我体验消极等问题，同时一些单亲家庭子女性别角色也会出现诸如对自身性别的否认、对异性角色的认识错位等问题。由于单亲家庭权利关系缺乏调节力量，由父、母、子女所构成的三角形在单亲家庭中变成了直线形，家庭角色缺乏平衡机制；此外，单亲家庭功能不健全，家庭结构解体，家庭关系剧变，这些都导致了家庭无法承担其原本具有的社会化功能，导致孩子的道德社会化发生问题。③

（二）重组家庭与家庭教育

沟通问题是重组家庭碰到的首要问题，不同家庭的家庭成员的沟通方式是不同的，这些方式只有朝夕相处的人才会熟悉。同样的语言、同样的词汇，却有不同的含义。继父或继母无论多么努力，都很难得到继子或继女的承认，他们的管教也不会令子女服气。澳大利亚学者乔伊・康纳利（Joe Connery）说，在重组家庭

---

① 缪建东：《家庭教育社会学》，南京师范大学出版社 1999 年版，第 228 页。

② 万全：《婚变冲击波：孩子的灾难》，《婚育之友》1998 年第 1 期，第 15 – 19 页。

③ 王诗萌、方迎姣：《单亲家庭儿童社会化问题研究综述》，《产业与科技论坛》2014 年第 1 期，第 135 – 136 页。

中,“权威不会自动建立。对有些人,这需要付出代价才能得到,而有些人则认为,这需要坚持。对继父来说,要确立他的权威,在已形成的家庭中赢得一席之地,将是一件棘手的事”①。而亲生父亲或亲生母亲又由于补偿心理,很少管教孩子,让孩子生活在约束之外,从而养成了自私、任性的性格。这样一来,对孩子的德育在重组家庭中也受到了阻碍。以下案例说明了重组家庭很难建立起真正的亲子之爱,孩子不能获得应有的抚育。

案例一:一位再婚家庭的母亲对我说过以下的话:“3 年前我和黄结婚。其前妻死于车祸,留下一个可怜的女儿玲玲,这孩子才 5 岁,很聪明也讨喜。我开始十分喜欢她,很想将其当成自己的孩子,去年我有了自己的宝宝,我发现我最爱的还是自己的孩子,甚至嫉妒玲玲去抱我的小宝贝,是害怕她不会抱,还是担心她故意拍打孩子,我也说不清。此时我再也顾不上玲玲了。有时,我也内疚,因为我不再在玲玲身上花啥心思了,有时整天同她说不上一句话。我也怨恨,因为我总要在两个孩子间做比较,什么事都考虑能否摆平。最终我发现我无法真心地爱玲玲,尽管她总是亲热地叫我妈(亲热地三个字发音特重),我也愿意为她做些牺牲。然而真爱总无法从我的内心产生。我知道所有的孩子都需要母爱,这常常使我不安……”②

案例二:

女儿:妈妈,我们班下星期组织去肯德基过圣诞节。

继母:嗯!

女儿:老师要我们每人带 30 元钱。

继母:还要 30 元钱,就在家过吧,为什么非要参加?

女儿:我和爸爸说过,他会给我的。

继母:你找你爸爸好了,以后什么事也别烦我!

女儿:找爸爸就找爸爸!

女儿说着关门出去了。晚上生父下班回家。

继母:你也该管管你女儿了,太不像话了,简直是目中无人……

生父:我的女儿?

---

① 乔伊·康纳利:《再婚家庭》,江西高校出版社 1996 年版,第 128 页。

② 缪建东:《家庭教育社会学》,南京师范大学出版社 1999 年版,第 243 页。

继母：不是你，是你的女儿，真不知好歹，对她那么好，居然敢顶撞我，这日子没法过下去了！[①]

孩子的健康成长，需要同时汲取父爱、母爱的呵护和教导，缺少任何一方的教养，人性的发展很难健全。有些重组家庭，家庭成员间沟通存在着问题，影响了互动；又由于父亲或母亲与子女不存在血缘关系，导致父亲或母亲对于子女的教育存在着这样或那样的偏差，子女对于父亲或母亲的敬重也难以发自内心。这样"畸形"的家庭结构大多都丧失了其原本的社会化功能，父亲或母亲也难以成为子女的榜样，子女很难从这样的家庭中获得完整的道德教育。

（三）离婚家庭与道德教育

近年来，由于一些人的婚恋道德观念混乱，性道德观念滑坡，玩爱情、玩婚姻者比比皆是，"婚外恋"、"情人潮"被人们所认同并接纳，甚至被认为是成功人士的标志，这严重侵蚀了家庭道德，并使得离婚率呈上升趋势。民政部 2008 年到 2012 年的统计数据显示，粗离婚率（离婚人数与全部人口的比率值）增长了将近 40%，2012 年的离婚率（登记离婚人数与登记结婚人数的比率值）为 24%，婚姻破裂受害最大的就是子女，这会在其心理、教育、生活等方面产生不可磨灭的影响。一位打算离婚的女性讲到父母感情不和对她自己婚姻的影响时说道："我父母关系不太好，老爱打架，现在年纪大了打架少些了，可他们 40 多岁时吵架，对我有很深的影响。我变得很自卑，找对象的时候都考虑这个问题，心里就想着一定要找个能跟我好好过日子的。"[②]缪建东曾引用美国社会学家凯·埃里克松（Kay Eriksson）的话来描绘父母离婚给子女带来的伤害："幸存者还在经常讲述洪水到来那天之前人们充满生机的生活，似乎只有那一天他们才珍惜自己当时的生存方式，似乎只有那一天他们才意识到自己原来是活着的人。"[③]离婚带给孩子们的是一种与此相似的终结。美国儿童心理学家李·索克夫（Lee Sokov）说，对于子女来讲，父母离异的创伤仅仅次于死亡，婚姻的解体对子女的身心发展有着直接影响。国内外的调查反复证明，动荡、离异、破碎家庭中的青少年的越轨犯罪率远远高于健康家庭中的同龄人，2001 年，深圳市妇联对深圳市违法犯罪青少年的家庭背景

---

① 缪建东：《家庭教育社会学》，南京师范大学出版社 1999 年版，第 243 页。
② 李银河：《中国女性的感情与性》，今日中国出版社 1998 年版，第 195 页。
③ 缪建东：《家庭教育社会学》，南京师范大学出版社 1999 年版，第 252 页。

进行抽样调查,其中,家庭结构不全的占 30.5%。①

第二节 当代家庭道德教育困惑探因

当代家庭道德教育之所以出现诸多问题与困惑,这与社会转型时期"传统型家庭"向"现代型家庭"转变的家庭变迁不无关系。那么,何为家庭变迁?我们说,家庭是随着人类社会发展逐渐产生和演变的历史产物。尽管在不同的社会阶段,家庭的意义不尽相同,但是家庭作为社会的细胞和最普通的社会制度在其相应的社会系统中都占据重要地位。马克思和恩格斯认为,婚姻和血缘同时存在才能称其为家庭。他们指出:"每日都在重新生产自己生命的人们开始生产另外一些人,即繁殖。这就是夫妻之间的关系,父母和子女之间的关系,也就是家庭。"②然而,对于家庭的理解,我们却不能仅仅停留在繁殖和生育的层面。首先,家庭是一种社会关系,并且是最早的社会关系。马恩指出:"生命的生产,无论是通过劳动而达到的自己生命的生产,或是通过生育而到达的他人生命的生产,就立即表现为双重关系:一方面是自然关系,另一方面是社会关系。"③其次,从社会学角度分析,家庭是最基本的社会群体,这种社会群体是最亲密的人际关系所构成的社会群体,它反映出人们最简单、最初步的社会关系。再次,家庭亦可看成是一种社会制度,而且是被普遍公认的社会制度,包括婚姻制度、生育制度、继承制度等构成一系列行之有效的制度体系。最后,家庭亦可被视为一个历史性的范畴,"再生产、交换和消费发展的一定阶段上,就会有一定的社会制度、一定的家庭、等级或阶级组织,一句话,就会有一定的市民社会。有一定的市民社会,就会有不过是市民社会的正式表现的一定的政治国家。"④按照历史唯物主义的观点,史前蒙昧时期,人类没有"家庭"这一概念,在那时,家庭也尚未出现。随着人类社会的不断发展,人们所结成的社会关系也开始变得错综复杂,呈现出多样化的表现形式。譬

① 韩庆玲:《从社会化角度解读青少年犯罪的原因》,《社会工作》2012 年第 9 期,第 84 页。
② 《马克思恩格斯选集》第 1 卷,人民出版社 1995 年版,第 80 页。
③ 《马克思恩格斯选集》第 1 卷,人民出版社 1995 年版,第 80 – 81 页。
④ 《马克思恩格斯选集》第 27 卷,人民出版社 1995 年版,第 477 页。

如,在原始公有制向私有制过渡阶段,人们的社会关系表现为一定地域内形成的一群家庭组合;以土地共有和其他生产资料私有为特点的社会,则形成了以地缘关系和血缘关系为纽带的家庭组织形式;而随着私有制的出现,由各种经济关系、政治关系等诸多社会关系交织而成的国家开始形成,致使家庭从属于社会,反而使家庭变为最基本的社会关系属性。因此,所谓的家庭变迁,也就意味着家庭的每一次变迁都是随着社会的变迁而变迁的。它是人类社会发展中自然而然的历史性过程,亦是家庭的结构、功能的变迁。具体到我国而言,中国家庭的变化在20世纪70年代以前是比较缓慢的。但自改革开放以来,尤其是进入21世纪以来,随着社会现代化的步伐加快,家庭变迁的脚步也日益加快,无论是家庭结构还是家庭功能的改变,都给家庭和社会带来了前所未有的影响和冲击。

一、社会转型时期的家庭结构变化

在《人类学词典》中,对“家庭结构”(Family structure)(亦称为“家庭构成”)的定义比较全面,即“家庭中人与人之间相互联系的模式。家庭成员间的相互排列与组合,相互作用与影响,以及由此形成的家庭规模和类型,就是家庭结构的整体形态。家庭结构是家庭存在的社会表现形式,它同家庭职能、家庭内部人际关系是相互影响、相互制约的。家庭内部的人口流动、成员生死、角色变换等都直接影响着家庭结构形态的变化。在人类历史上,在不同的社会生产方式下,由于家庭内部各种因素的相互矛盾运动,形成了不同的家庭结构。家庭结构的不同,决定了家庭功能、家庭观念等方面的变化。”①就中国而言,社会转型时期各种因素的变化,也必然使当代家庭结构产生诸多改变。我们说,家庭结构与家庭教育紧密相连,不同的家庭结构形态通常会表现出不同的教育方式。因此,科学地分析社会转型期的家庭结构,将有助于我们更好地把握家庭道德教育的特点。目前,总体而言,我国的家庭结构呈现出以下几方面特征:

第一,家庭结构的小型化。这表现为家庭规模的逐渐缩小,我国自1982年实施计划生育政策以来,独生子女数量迅速增加。据统计,中国独生子女人数已超

① 李鑫生、蒋宝德主编:《人类学词典》,华艺出版社1990年版,第311页。

过1亿人,占总人口的8%左右。① 经过三十余年的政策宣传,以主干家庭和联合家庭为主的家庭结构已然发生改变,取而代之的是以核心家庭为主的家庭结构,"三口之家"或"四二一"(即四个老人、两个中年人和一个孩子)的家庭结构使家庭规模日趋小型化。资料显示,第六次人口普查中32个省、自治区、直辖市共有家庭户40152万户,家庭户人口124461万人,平均每个家庭户的人口为3.10人,比2000年人口普查的3.44人减少0.34人。②

第二,家庭结构的核心化。中国传统家庭是以累世同居的直系大家庭为理想模式的。在当代社会,伴随着经济发展,城市化、工业化进程加快,联合家庭已经失去了其存在的现实基础。基于2010年第六次人口普查数据而言,核心家庭逐步得到巩固和扩大。20世纪50年代核心家庭占各类家庭总数的比重为50%,70年代上升为58%,90年代则达到77.12%。③ 就2010年来看,核心家庭在市镇县均为最大家庭类型。其中,市核心家庭比例为65.30%,镇核心家庭比例为63.53%,县核心家庭比例为57.02%。与2000年相比,2010年市镇县核心家庭构成均表现为降低,县降幅最大,减少13.96%。市直系家庭稍有降低,而镇和县均为增加,其中镇增幅最大,为22.83%。④ 由此可见,家庭结构的核心化依然占据家庭结构的最大比重。

第三,家庭结构的多样性、特殊化。在社会转型时期,政治、经济和文化等诸多因素在不同程度上对家庭结构的稳定性产生了影响,从而出现了多种形式的家庭类型。其一,单亲家庭。据中国民政部门统计,1980年中国离婚对数为34.1万对,1990年为80万对,2000年为121万对,2003年为133.1万对,2005年为161.3万对。不难发现,中国离婚人数呈现出持续增加的趋势。其二,丁克家庭。这些家庭以双方均有收入和无子女为特征,目前在我国的大城市有上升趋势。其三,空巢家庭。社会老龄化和家庭规模缩小,子女与老人的异地生活状况致使空巢家庭大量增加。其四,单身家庭。受经济条件、价值观念等多种因素影响,在城市中

① 《魏孝贞委员:独生子女就业应有优惠政策》,新华网,2011年2月22日,http://www.langya.cn/lyzt/2011lh/yata/201102/t20110222_38948.html.

② 《第六次人口普查全国人口13.7亿》,《人民日报(海外版)》2011年4月29日。

③ 段成荣等:《新世纪之初的中国人口变化》,《人口研究》2006年第3期,第16-29页。

④ 王跃生:《中国城乡家庭结构变动分析——基于2010年人口普查数据》,《中国社会科学》2013年第12期,第65页。

单身独居的家庭形式呈现上升态势。其五，流动人口家庭。随着我国人口流动规模的日益扩大，一些农民工在城市里有相对稳定的工作和收入，他们将子女带到城市或留在农村，于是就出现了随迁子女入学难或留守儿童无人照看等相应的社会问题。此外，未婚同居、再婚家庭、跨国婚姻家庭等都有增多的趋势，家庭形态逐渐向多样化发展。

二、社会转型时期的家庭功能变化

家庭有其结构，就必有其功能。显而易见，家庭的结构与功能指的是家庭的两个不同的方面。一方面，结构体现的是家庭内部的关系和联系，另一方面，功能则体现家庭与外部社会环境的联系和作用。换言之，家庭结构是指家庭的存在方式，而家庭功能则是指家庭的活动方式。所谓家庭功能（Family functioning），又称之为家庭职能，是指家庭在人类生活和社会发展方面所能起到的作用，即家庭对于人类的功用和效能。具体而言，家庭功能不是单一的，而是多方面的，它能满足任何社会的各种需求，这是其他任何一个社会组织所无法比拟的。家庭作为一个动态因素，其功能会随着社会生产方式的发展变化而逐渐变化。家庭功能的正常发展，会促进社会的安定和发展。① 关于家庭的功能，美国社会学者威廉·F·奥伯格（William F. Auberger）在《变迁中的家庭》一书中将家庭功能从生物、心理、经济、政治、教育、娱乐和宗教七个方面进行了划分。笔者认为，我们不必囿于理论层面对家庭功能进行过多的阐述，而应通过对家庭功能的分析，客观评价和判断我国当代家庭功能的现状和未来发展趋势。具体来看，当前的家庭功能呈现出如下特征：

第一，家庭生育功能逐步削弱。生育功能是家庭最基本的功能之一。与传统家庭相比，尽管当代人同样承担着生育和养育子女的义务与责任，但当代家庭的生育功能却迥异于前。一方面，由于当代人生活方式和生育观念的转变，加之经济因素和人的社会职能等诸多因素的影响，从而致使家庭的生育功能逐渐退化。当代人不再以“多子多福”、“养儿防老”等观念来得到精神慰藉，这体现了当代人对于生育能力由注重数量到注重质量的变化。另一方面，受独生子女政策的影

---

① 朱强：《家庭社会学》，华中科技大学出版社2012年版，第107页。

响,城乡独生子女的数量增加。持续了三十余年的计划生育政策使我国人口增长的速度得到了有效的控制。据第六次人口普查结果显示,2010 年全国总人口约为 13.7 亿人,与 2000 年第五次全国人口普查相比,十年增加 7390 万人,与 1990 年到 2000 年的十年之间人口净增长量 1.3 亿相比,减少了约 5600 万人,年均增长率降低了 0.5 个百分点。①

第二,家庭消费功能增加。改革开放以来,中国经济持续快速发展,人均收入水平不断提高,这大大提高了居民的消费能力。当今时代,科技发展日新月异,以信息化、网络化等为代表的科技浪潮正在改变这个世界,物质文化、精神文化等不断丰富,人们的消费观念、消费水平、消费结构、消费方式等各个方面均与传统家庭形成了极大的反差。传统家庭所习惯或推崇的是以基本的衣食住行为主要内容的消费方式,而当代家庭的消费方式、消费功能则是多元化的,其消费类型除饮食、服饰之外,文化消费、娱乐消费、教育消费均占有很大的比例。

第三,家庭养老功能显现。目前,我国已经步入老龄社会,据相关数据统计,中国农村空巢家庭老人达 1632.9 万人。② 与儿女众多、子孙满堂的传统家庭相比,当代家庭的养老功能显得尤为突出。当代家庭之中,养老虽然仍以依赖家庭为主,但随着子女数量的减少,加之当代家庭结构朝着小型化、核心化发展,这在很大程度上削弱了家庭的养老功能。更进一步分析,由于家庭养老功能的缺失,促使社会保障功能需要进行适时的、相应的调整。现如今,我国的社会结构和利益格局已然发生变化,公众利益诉求越来越多样化,这就对现有社会保障体系提出了更高的要求。但是,我国覆盖城乡的社会保障体系尚不完善,医疗、养老等保险制度仍然无法完全涵盖社会的各个层面。因此,养老问题除了依靠制度性保障外,基本还要由子女承担。随着社会转型时期我国产业结构的深度调整,养老功能在家庭和社会之间转移和互补将是必然的趋势。

第四,家庭情感功能增强。据社会科学院数据显示,2010 年我国的基尼系数是 0.5 左右,已经大大超过了国际上 0.4 的平均水平。当代社会,人们生活节奏加快,社会生存竞争压力日益增大,人际关系相对淡漠,家庭就成为人们情感支持的港湾。当代家庭情感功能的增强,也就意味着现代意义上的家庭伦理对传统家庭

---

① 《第六次人口普查全国总人口 13.7 亿》,《人民日报(海外版)》2011 年 4 月 29 日。

② 《背着乡愁离乡,我们在追求什么》,《中国日报》2011 年 1 月 11 日。

伦理的继承与升华。譬如,传统孝道在当代家庭被赋予了新的内涵:一方面,传统孝道中孝顺父母、尊敬长辈的优良传统被继承下来;另一方面,尊老敬老的内涵发生了变化。从传统的"愚孝"发展到如今的"爱老"之情,这种建立在亲子人格平等基础上的子女对父母的道德义务,体现了家庭情感功能的不可或缺性质。

第五,家庭教育功能分化。传统家庭是家庭成员社会化的重要场所。众所周知,古代社会的教育场所大多是为社会地位较高的特权人士准备的,而寻常百姓家的子女大都是在家庭环境中教育成长起来的。他们通过父母或者长辈所传授的知识、技能以及生活经验来了解世界、认知世界,可以说,传统家庭是孩童接受教化的第一场所。在当代社会,随着家庭结构的变化,当代家庭教育的重心和场所也在不断转移,大部分的教育功能则被学校所替代。并且,在家庭层面的智育与德育之间,基本形成了一种双向互动的教育与影响模式,即家庭成员之间互相实施的教育,从而促进了人们智力、体力以及思想品德的形成和发展。在家庭教育过程中,父母与孩子之间也不仅仅是教育主体与客体之间的服从与被服从的关系,而是一种双向交流的平等关系。再加上家庭教育功能的不断优化,父母还要不断地更新教育观念,提高自身的知识水平和教育能力,以适应不断变化的家庭教育。

第三节　当代家庭的教育期望及影响因素

在此,我们主要以流动儿童家庭为例,从社会学及人口学的视角探讨当代家庭的教育期望及其影响因素。一般而言,中国人较为重视子女的教育问题,这似乎是具有中国特色的文化传统之一。然而,时至今日,不可否认的是,由于受到人口流动性增强等诸多因素的影响,我国流动儿童的教育问题业已成为一个重大的社会问题,并受到了包括教育学、社会学和人口学等学科领域的专家学者和社会各界的广泛关注。相关的研究主题也早已由儿童的受教育权利、受教育状况等基本权利和基础现状的讨论,扩展到了流动儿童发展的各个方面,而我们所讨论的教育期望问题即是其中的一个重要方面。

一、家长教育期望的现状

以往众多的社会调查得出的一般性结论是:家长对子女的教育期望均相对较高①,尽管不同的调查所得出的数据有所差异。这种较高的教育期望不仅受到我国特有的望子成龙的社会心理与文化传统的影响,而且也是因为家长与教师的教育期望②、儿童自身的教育期望③以及家长与子女在教育期望上的差异是儿童学业成就的重要影响因素④;同时,教育期望还会影响到家长的教育投资和儿童的成长过程⑤;在儿童学业成就的差异上,用父母的态度加以解释要比用父母所提供的物质环境以及学校因素加以解释更具有说服力。⑥ 而且,家长的教育期望在各阶层之间亦存在差异⑦。接下来的问题是:在流动儿童规模不断扩大且流动人口非常重视子女的教育问题⑧的情况下,流动人口与本地人口之间在子女的教育期望上是否存在差异? 这是笔者希望回答的第一个问题。

Pamela 曾指出,教育期望是家庭社会经济地位与学业成就之间的桥梁。⑨ 当然,家庭的社会经济地位可以扩展到包括诸如文化资本在内的家庭背景。现有的研究尽管已经充分认识到教育期望对于儿童发展的影响作用,但大部分研究只是

---

① 参见李庆丰:《中国农村家庭义务教育现状调查与分析》,《西南师范大学学报(人文社会科学版)》2001 年第 6 期,第 66 - 73 页。

② 参见李雅儒等:《北京市流动人口及其子女教育状况调查研究》,《首都师范大学学报(社会科学版)》2003 年第 1 期,第 118 - 122 页。

③ 参见茹红忠等:《关于学生期望与学业成败相关问题的研究》,《教育与教学研究》2010 年第 7 期,第 40 - 46 页。

④ 参见蔺秀云等:《流动儿童学业表现的影响因素——从教育期望、教育投入和学习投入角度分析》,《北京师范大学学报(社会科学版)》2009 年第 5 期,第 41 - 47 页。

⑤ 参见龚文娟:《教育期望、教育行为与独生子女成长——对重庆市沙坪坝区独生子女家长的调查》,《重庆大学学报(社会科学版)》2004 年第 6 期,第 185 - 187 页。

⑥ Plowden, Children and their primary schools: Report of the central Advisory Council for Education, London: *HMSO*, 1967, Volume II, Appendix 4.

⑦ 参见杨春华:《教育期望中的社会阶层差异:父母的社会地位和子女教育期望的关系》,《清华大学教育研究》2006 年第 4 期,第71 - 76 页。

⑧ 参见段成荣、周皓:《北京市流动儿童少年状况分析》,《人口与经济》2001 年第 1 期,第5 - 11 页。

⑨ Pamela E. Davis - kean, The Influence of Parent Education and Family Income on Child Achievement: The Indirect Role of Parental Expectations and the Home Environment, *Journal of Family Psychology*, 2005, Vol. 19, No. 2. 294 - 304.

将教育期望作为原因来分析,而缺少将其作为结果变量的研究。更重要的是,流动人口有着不同的社会经历及由此而形成的生活体验与社会态度。因为流动儿童家长对其子女寄予更加深切的期望,生活的经历使他们意识到知识的重要性,他们希望自己的孩子能够接受更好的教育,以便将来过更好的生活。① 因此,笔者希望回答的第二个问题就是:在控制背景因素的条件下,流动人口的生活体验与社会态度是否会影响到流动人口对其子女的教育期望?亦即我们拟将教育期望作为结果来加以讨论和分析。

为了回答上述两个问题,我们利用"人口迁移与儿童发展的跟踪研究"的基期数据,借以描述流动儿童家长的教育期望状况,进而讨论与之相关的各种影响因素。该研究的基期调查将研究对象限定在北京市某区,按照系统整群抽样方式,以班级为抽样单位,抽取了公立学校 12 所公立学校和 7 所流动儿童学校,共调查 1357 名学生,其中,男生为 737 名,女生为 619 名(1 人缺失);最小年龄为 7 岁,最大年龄为 15 岁;三年级学生共为 672 人,五年级学生共为 685 人,分别占本次调查样本的 49.5% 和 50.5%。调查过程采用学生随堂问卷调查的方式,即问卷由学生自己填写,每班有 2 名调查员指导和协助学生填写;家长问卷则采用自填的方式,即由学生带回家中,由家长填写完成后交回学校。

家长的教育期望,既可以表述为家长对子女最终所接受的教育水平的期望,也可以表述为家长对子女某一阶段学业成绩的期望。本研究以前者为测量指标,有关结果请参见表 2。

总体而言,一半以上的家长(54%)均希望子女能够达到最高学历(研究生)。只有 6% 左右的家长对子女的教育期望是在高中及以下。或者,我们可以认为 90% 以上的父母都希望子女的最高学历能够达到大学及以上。当然,这种分类的变量也可以转换成连续变量的受教育年限。如果从总体上来看,家长的教育期望为 17.83 年,相当于研究生一年级的水平。这说明大部分家长对其子女具有较高的教育期望,这一点与以往的研究结论是相同的。

① 参见许传新等:《流动人口子女教育的社会支持因素分析》,《中国青年研究》2005 年第 2 期,第 25 - 32 页。

然而,三类儿童[①]的教育期望却不尽相同。第一,从期望的受教育年限来看:三类儿童中本地常住儿童的受教育年限最高,达到了18.31年;流动儿童的年限最低,仅为17.34年。这种平均受教育年限在三类儿童之间存在着显著差异($p = .000$)。但三类儿童之间的差异主要是在于流动儿童与其他两类儿童之间,本地常住儿童与公立流动儿童之间则不存在显著差异($t = 3.8708, p = .193$)。第二,三类儿童平均受教育年限的差异主要是由最高学历所占比例的差异引起的,而这也反映出三类儿童的家长在教育期望方面的本质性差异。在下表的"比例"一栏中可以看到:作为最高学历的"研究生"一列,由本地常住儿童向流动儿童递减,即最高的是本地常住儿童(达到60.67%),而公立流动儿童的这一比例则相对较低,为57.28%;最低的是流动儿童,仅为47.19%。相应地,教育期望在"高中及以下"的比例在三类儿童之间呈现相反的状况,这说明流动儿童家长的教育期望相对低于本地儿童的家长。

表2　家长的教育期望

	比例		期望受教育年限	样本数
	高中及以下	研究生		
本地常住	1.50%	60.67%	18.31	267
公立流动	5.25%	57.28%	18.07	419
流动儿童	9.52%	47.19%	17.34	462
合计	6.10%	54.01%	17.83	1148

注:"比例"一栏中省略了"大学"部分。

二、家长教育期望的影响因素分析

(一)变量的选择与操作化

家长对子女的教育期望的影响因素一般来自于家庭、家长及子女等方面。在此,笔者之所以将"家庭"单独提取出来,是因为家庭特征与家长的个人特征是完

① 我们对此做出以下划分:(1)本地常住:北京市常住儿童,非流动儿童。(2)公立流动:在公立学校读书的流动儿童。(3)流动儿童:在流动儿童学校读书的流动儿童。有关这种分类的定义等请参见周皓:《流动儿童心理状况的比较分析》,《人口与经济》2008年第6期,第66-75页。

全不同的。本研究更关注于家庭结构与家庭条件。因此,笔者拟用家庭内部子女的人数(即儿童是否为独生子女)来表示家庭结构;家庭条件则是用父母亲各自的受教育程度与家庭总收入来加以测量。

我们将家长的性别与年龄这两个家长个体特征作为控制变量加入到分析中。需要说明的是:(1)家长的年龄只要选择父亲或母亲的一方即可,因为家庭中夫妻双方的年龄有着一定的相关性;(2)在本研究的调查过程中,究竟是由父亲还是母亲来填写问卷是随机选择的。因此,有关结果也可以反映出父亲与母亲在教育期望上的差异。

除此之外,教育期望又必然与家长本人的生活经历、对生活的感悟能力等方面密切相关。譬如,如果家长认为受教育程度会对人生的成功起到非常重要的作用,那么,他们对子女的教育期望也会相对较高;但也有的家长可能会认为,受教育程度尽管不会对人生的成功起到非常重要的作用,但却是个人发展的基础。再如,家长如果认为家庭教育对子女的学业成就的影响作用较大,那么相对来说,他们就有可能更重视子女的教育,因而教育期望也会相对较高。这些都可以看作是家长对教育的态度问题。而这种态度则有可能会影响到他们对子女的教育期望,进而影响到儿童的学业成就及其今后的发展。本研究的调查问卷设计了两个问题。一个问题是:“以下三种因素中,您认为最能决定小孩学习成绩好坏的因素是(限选一项)”:①家庭的教育方式②小孩自身的努力③家庭的经济水平;另一个问题是:“您认为在人生的成功中,学历起多大作用?”①非常起作用②比较起作用③几乎不起作用④不起作用。为了便于分析与说明问题,我们将两个变量的选项均加以修正,转换成虚拟变量。在第一个问题中,我们将选项②和③予以合并;而在第二个问题中,我们又将选项②③④予以合并。前者可以说明对教育方式的重要性的认识,而后者则是对学历的作用的认识。

儿童个体层次的控制变量包括:年龄、性别、年级以及儿童性质(三类儿童)。许多研究均将儿童的学习成绩视为最终的结果变量。但从某种意义上讲,儿童的学习成绩与教育期望之间可能是互为因果的。我们关注于家长的教育期望,因此,笔者将二者的关系设定为:以学习成绩为因,以教育期望为果。对应的操作化定义则是基期调查时流动儿童的语文成绩与数学成绩的总和。

(二)影响因素的回归分析

根据上述概念与操作化定义,我们得出了家长教育期望影响因素的分析结果。并且,按照影响因素的 3 个层次,分别给出了 3 个模型。模型 I 中仅包含了子女的个体情况;模型 II 中包含了子女及其家长的个体特征;模型Ⅲ则是在模型 II 的基础上加入了家庭特征。

在此,我们首先回答最初提出的两个问题。第一个问题:流动人口与本地人口之间在子女的教育期望上是否存在差异?尽管上述描述性分析似乎已经回答了三类儿童家长的教育期望存在着一定差异。但是,这种两个变量之间的简单描述与分析并不能说明二者的真正关系。若要真正地回答这一问题,就必须在控制了家长背景与儿童个体特征以后再来看三类儿童之间是否存在差异。模型中的儿童性质这一变量则是分析目标。

从结果来看,在第一个模型中,公立流动儿童与本地儿童之间并不存在显著差异。然而,流动儿童与本地儿童之间则存在显著差异。希望子女能够获得研究生学历的流动儿童的父母只是本地儿童父母的 67%。这个结论与上面教育期望的描述性分析的结果是相同的,即流动儿童与本地儿童、公立流动儿童之间会有显著差异。但是,这种差异只是表面现象。在控制了家长特征和家庭特征以后,即在模型 II 和模型Ⅲ中,流动儿童与本地儿童之间并不存在显著差异。相反,公立流动儿童与本地儿童在模型 II 和模型Ⅲ(控制了家长的个体特征与家庭特征后)中则表现出显著的差异。换言之,在控制了家长与家庭因素以后,流动儿童与本地儿童并无差异,但公立流动儿童家长的教育期望却显著高于本地儿童。尽管从我们的研究视角来看,似乎是公立流动儿童才导致相对较高的教育期望。然而,在事实上,这种因果关系可能是相反的:因为家长对子女的教育期望较高,所以他们才会让子女进入公立学校就读。相对来说,若流动儿童家长的教育期望较低,则他们更有可能选择流动儿童学校。尽管这是教育选择性的问题,但对于学校性质与教育期望之间的因果关系的解释则需要慎重。

第二个问题:在控制了背景因素的条件下,流动人口的生活体验与社会态度是否会影响到流动人口对其子女的教育期望?其对应的变量是:家长对家庭教育的重要性和对学历重要性的认识。根据模型结果,我们可以看到,认为家庭教育更重要的家长,他们的教育期望是“研究生”的可能性至少是参照组(认为最重要的是自身努力和经济条件)的 1.3872 倍;而且,认为学历非常重要的家长的教育期望是参照组的 1.47～1.52 倍。亦即认为家庭教育和学历越重要的家长，其教育期望也就越高，且上述两个变量在模型中均是显著的。因此，对于第二个问题的回答同样是肯定的，即在控制了各种特征以后，流动人口的生活体验与社会态度会影响到流动人口对其子女的教育期望。

除了回答了上述两个问题以外，模型结果还发现了一些有趣的现象：

（1）儿童个体的学习成绩这一变量在 3 个模型中都显著，且 3 个系数均为正值。这说明不论是否控制了家长与家庭特征（亦即家庭条件和家长的受教育程度等），子女的学习成绩一般都会影响到父母亲的教育期望；且子女的学习成绩越好，家长的教育期望就越高。

（2）儿童的性别因素在 3 个模型中均不显著。这说明从本次调查数据来看，家长对子女的教育期望不存在性别偏好。

（3）家长的性别在两个变量中同样是显著的。这说明从家长的角度来看，父亲和母亲对子女的教育期望是不同的，即父亲对子女的教育期望要相对低于母亲。父亲希望子女获得最高学历的教育期望的可能性仅为母亲的 70%，二者相差 30%。

（4）父母亲的受教育程度均呈现出显著的作用，且父母亲的受教育程度越高，其教育期望也就越高。这与以往的研究结果是可以相互验证的。①

（5）从家庭特征来看，“家庭收入”和“是否独生子女”这两个变量在模型中均不显著。亦即不论家庭条件如何，也不论家庭中兄弟姐妹人数的多少，家长对子女的教育期望均不会受到家庭经济状况的影响，家长都希望能够给予子女以足够的教育，而这也正体现了中国人传统的望子成龙的教育心态。

三、家长教育期望研究的主要结论

根据上述分析结果，可以得出以下几点主要结论：

第一，家长的教育期望在不同类型的儿童之间存在着显著差异。但是，流动儿童与本地儿童之间的差异，主要表现在公立学校的流动儿童与本地儿童上。而这种教育选择与教育期望之间的因果关系可能是由于样本（即就读于公立学校的

① 参见周皓：《流动儿童心理状况的比较分析》，《人口与经济》2008 年第 6 期，第 66－75 页。

流动儿童)的选择性而引起的。亦即家长的教育期望越高的流动儿童越有可能就读于公立学校;在相同家庭背景的条件下,公立流动儿童的教育期望不仅要高于就读于流动儿童学校的儿童,而且也要高于本地常住儿童。

第二,家庭经济地位及家庭结构并不影响家长的教育期望。亦即流动儿童家长的教育期望不受家庭经济地位的影响,不论贫富,家长都希望能够给予子女以足够的教育。

第三,影响家长教育期望的主要因素来自于子女的学习成绩、家长的受教育程度、家长的生活经历及由此形成的社会态度。因此,从某种意义上说,本研究结论有别于以往所提出的"家长的教育期望在各阶层之间存在着差异"的观点。当然,社会阶层的划分不能简单地以经济地位来衡量。

第四,父母双方对子女的教育期望不同——相对而言,父亲对子女的教育期望低于母亲。

针对上述结论,尚有以下两点需要进一步讨论:首先,以往的研究认为,家长的教育期望受到其社会经济地位的影响。然而,这一点在自古崇尚教育的中国社会却是不确定的。尽管教育具有代际的传承性,即家长的受教育程度会影响到子女的教育期望,但是这种教育期望与家庭的经济条件无关。而且在控制了家庭与家长特征以后,流动儿童与本地常住儿童之间并无显著差异,这说明这种教育期望不受地域差异等因素的影响。尽管有研究曾认为子女是否在迁入地出生对家长的教育期望有显著影响,但在本研究的模型中加入这个变量后也是不显著的,从而体现出家长的教育期望与地域因素无关。相反,除了家长的受教育程度以外,家长对于家庭教育重要性的认识程度、学历在人生成功中的作用等家庭的文化资本方面的因素,对家长的教育期望却具有显著的影响作用。这说明,希望子女能够接受更高层次的教育仍然是中国社会较为普遍的现象,它与家庭经济条件以及地域等因素无关,而与家庭的文化背景等因素有着密切的关系。

其次,尚需进行有关变量之间因果关系的讨论。上述研究结论表明:儿童的学业成绩、家长的教育选择(即流动儿童就读的学校类型等)对教育期望影响显著。但是,这种变量之间的因果关系还需要加以谨慎地验证,特别是儿童的学业成绩对家长教育期望的作用。尽管从现实来看,学业成绩越好的儿童,家长对其的教育期望也会越高。然而，我们还应注意到，家长的教育期望也可能会对子女学业成绩的优劣具有更强的解释力，这也正如 Pamela 的理论模型所提到的一个结论。① 因此，利用长期的跟踪调查数据可以更清楚、更深入地描述这种因果关系，而不仅仅是做简单的假设。

① Pamela E. Davis - kean, The Influence of Parent Education and Family Income on Child Achievement: The Indirect Role of Parental Expectations and the Home Environment, *Journal of Family Psychology*, 2005, Vol. 19, No. 2. 294 - 304.

第五章

明清家法族规中优秀德育思想的当代价值

明清家法族规中的德育思想始于家庭,其影响却并不止于家庭。从德育目标来说,明清家法族规将个人品性修为同社会、国家的命运联系在一起;从德育内容来说,明清家法族规大体是对做人和治家这两大重要问题做出规范与准则;从德育效果来说,明清家法族规在一定程度上维系了古代社会的长治久安与和谐发展。正如有学者所言:"明清家法族规作为精英文化与大众文化相结合的产物,其中所蕴含的丰富的家庭道德教育思想与道德教育方法是能够超越时代的局限为今所用的,我们应该剔除其封建性的糟粕,吸收其民主性的精华。"①

中国的现代化进程属"晚发外生型",其特点表现为传统因素过快瓦解,现代性因素缓慢成长,这种传统与现代的错位现象是诸多晚发外生型国家为之困扰的问题。② 前些年的《百家讲坛》及 2014 年春节央视特别节目"新春走基层——家风是什么"的播出,则反映了我国当代社会对家庭文化的重视。与此同时,也从一定程度上暴露出当代社会与传统文化之间的断裂现状,足以令人担忧。明清家法族规作为传统家训文化的重要组成部分,它不但真实记录了中国古代家庭道德教育的内容和方法,同时也彰显了古人修身养性、齐家治国的美德、品格与社会理想。因此,深入探讨明清家法族规中优秀德育思想的当代价值,既可以丰富当代家庭道德教育理论,又可以为当代家庭道德教育实践提供历史经验和参考范本。

---

① 费成康主编:《中国的家法族规》,上海社会科学院出版社 1998 年版,第 241 页。

② 参见孙立平:《后发外生型现代化中的错位现象再研究》,《探索》1991 年第 4 期,第 52 页。

第一节　树立以德为本的当代家庭教育理念

在世界文化发展史中，许多优秀民族及其文化都极为重视道德教育。譬如，希伯来民族把道德教育提升到十分重要的位置，并认为家庭所承担的德育职责是不容忽视的。作为智慧、文明的典范，《圣经》可以被视为人类历史上最早的道德教育读本之一，其中记载了诸如“教育孩童，使他走向正道，既是到老，也不偏离”等德育言论。同样，《圣经》中还强调父亲在道德教育中的人格力量。因此，在英语中，“father”一词既为父亲，亦为教父，即主张通过“father”在家庭、社会和宗教层面来引导家庭子女、社会公民以及宗教子民。与西方文化极为相似，中国古人同样重视道德教育，并将教育的主要方式寄予在家庭之中。所不同的是，西方的道德教育以宗教为核心，而中国人的家庭教育则以“礼”为最高标准，并以“三纲五常”为教育内容的核心。古人所遵循的传统价值观念服从于家庭、社会伦理准则，这也可以看成是传统社会道德教育的最理想的表现形式。美国社会学家帕森斯曾指出，价值观念和社会秩序之间存在着某种关联。他认为，“价值观念是一群人共享的信仰，是构成文化传统的核心。任何社会系统总是以制度化的价值体系为其特征的，对于社会系统的稳定而言，维持某种制度化的价值体系是一项最基本的前提。一个社会只有价值观念一致时，社会秩序才会趋向于稳定”①。价值观念的内化是社会个体社会化过程中的重要组成部分。换言之，个体常常是在依据自己的需求或意愿的基础上，将社会价值观念内化于心，并在这一过程中将价值观念与德育目标统一起来的。

家庭是个体接受道德教育的最初场所，它对于个体道德品质和价值观念所产生的影响是学校教育与社会教育所不可企及的。家庭亦是个体人生教育中最为基础和重要的一环。家庭的道德教育成功与否，对于个体的品质养成、家庭关系调节、社会稳定与发展发挥着至关重要的作用。可以说，家庭德育具备了学校道德教育、社会道德教育所没有的特点与优势。家庭层面的道德教育是建立在血缘

① 贾春增：《外国社会学史》，中国人民大学出版社 2000 年版，第 222 - 226 页。

与伦理关系基础之上的教育形式，这种教育形式能够在教育过程中使教育者与受教育者之间通过情感体验与亲切接触产生信任感与安全感，从而使家庭道德教育的影响更为有效与持久。而且，有别于学校统一性、规范性的道德教育，在家庭中，教育者能够根据受教育者个体特征的不同而对其进行针对性的教育与指导，从而使教育内容与教育目标都能够有的放矢。从教育内容方面来讲，家庭德育承担着培养家庭成员具有高尚的道德品质和健全人格的任务，是一种较为完备的教育形式，父母教育观念的正确与否对子女具有直接的影响力。

在上一章节中，本书已经论述了当代家庭道德教育中存在的诸多问题。对于如何解决这些问题，笔者认为，今人应学习明清家法族规中的优秀德育思想，从明清家法族规中披沙拣金，重新审视家庭在德育中的重要地位，关注家庭道德教育的重要性，这不仅有助于个体道德观念的构筑，也对解决当今家庭关系矛盾等诸多问题具有一定的启示作用和借鉴意义。

一、德育为先：家庭道德教育要注重人格养成

纵观明清时期家法族规中的优秀德育思想，其中所体现的核心内容即为道德修养与道德教育两个方面。具体而言，道德教育是一种人格养成教育，就是教诲后世子孙如何做人，在这一过程中以培育理想人格作为家庭道德教育的主要目标。在中国古代社会，受儒家思想的影响，理想人格的实现要不断地追求自身道德修养的完善，在“修身”与“齐家”的基础上实现“治国”和“平天下”的最终理想。既要拥有“莫为一身之谋，而有天下之志”（金缨：《格言联璧》）的家国胸怀，还要有“以天下人为念，为天下谋永福”（林觉民：《与妻书》）的担当意识，这种人格即是儒家“内圣外王”的要求。孙奇逢在《孝友堂家规》中写道：“古人读书，取科第犹第二事，全为明道理，做好人”；近代教育家蔡元培先生也说：“德育实为人格之本，若无德则虽体魄智力发达，适足助其为恶，无益也”①。反观明清时期的家法族规，我们可以看到古代家庭最为重要的教育理念是以德为本，即注重人的道德品质教育与理想人格的培养。理想人格以建功立业为旨归，建功立业以理想人格为基础，二者相辅相成、缺一不可。虽然随着社会的发展、时代的进步，道德教育

① 蔡元培：《蔡元培全集》第3卷，浙江教育出版社1997年版，第3页。

的内容与方法也会有所不同,但这一以人格养成为核心内容的传统家庭道德教育理念依然是值得当代家庭道德教育所继承和坚守的。

然而,反观当代家庭道德教育,却远未达到人格教育的应有效果。毋庸讳言,由于受到市场经济的影响,家庭道德教育理念在各种文化的冲击之下趋向多元化。以个体利益最大化的追求目标作为生活的直接目的和内在动力,当代的一些人便将拥有足够的金钱视为自身权利、地位的象征,从而引发全社会对于物质利益的狂热追求。传统家庭道德教育中"光宗耀祖"、"望子成龙"等观念受到不正之风的影响,在某种程度上亦出现了异化的现象。父母将子女的学习成绩作为衡量、评价子女的唯一标准,将子女所能直接占有的物质财富和所处的社会地位作为衡量其成功的唯一标准。父母片面地追求子女技能方面的所谓"全方位、多方面"发展,却忽视了对其人格与道德品质的培养。家庭教育中的道德教育被其他功利性较强的技能教育所替代,这种"重智轻德"甚至是"德育空白"的现象比比皆是。近些年,受"重智轻德"这种错误教育观的影响,社会中逐渐出现一批高分低能、智优德劣的青年。受过高等教育的"天之骄子"理应成为社会的栋梁之材,却因不能正确处理个人与他人的人际关系、利益矛盾最终走上违法犯罪的道路。譬如,2004 年,云南某大学学生马加爵在打牌时以同学"打牌作弊,人品太差"为由与其发生争执,遂起杀心,将寝室多名同学残忍杀害;2010 年,西安某音乐学院药家鑫在驾车撞人后不仅未对受害人进行及时施救,反而对其连捅 8 刀,致使受害人当场死亡;2013 年,上海某大学医学院在读研究生遭室友林森浩在饮水机内投毒,经抢救无效死亡;2013 年,南京某航空航天学院学生蒋某因未带钥匙,将未及时开门的同寝同学袁某刺伤致死。在此类事件中,犯罪分子无一不是受过高等教育的高才生,但他们在遇到人际交往障碍、利益冲突等诸多问题时却采取如此极端的解决方式,种种行径不仅暴露出了与他们知识水平不相匹配的人格缺陷,更深层次地反映了当代家庭道德教育的严重缺失。中国父母期望子女能够"成龙"、"成凤",期望子女品学兼优、才貌双全,我们试问:高分与名校真的就是"龙"、"凤"吗?当代家庭教育中,父母没能协调好德与智的关系,缺乏"为人之道"的引导,影响到子女健全人格的形成,更有甚者造成其畸形的人格心理。因此,当今家长考虑"德之塑造"之时,是否也应该考虑让德育先行、为德育让路,让子孙后代成为表里如一的人呢?

二、躬行仁义:家庭道德教育要提升主体素质

苏联教育家马卡连柯曾对家庭教育做过深刻的论述:“不要以为只有你们在与儿童谈话,或教育儿童、吩咐儿童的时候,才是在进行教育。你们是在生活的每时每刻,甚至你们不在家的时候也在教育着儿童。你们怎样穿戴,怎样同别人谈话,怎样议论别人,怎样欢乐或发愁,怎样对待敌人和朋友,怎样笑,怎样读报——这一切对儿童都有重要的意义。”①由此可见,家庭道德教育的实施过程并非仅限于父母对子女的管教与批评,而是渗透在家庭日常生活的各个方面。家庭是个人道德品质形成的最初场所,父母是子女天生的老师,是子女天然的道德榜样。一般说来,人的大多数体验是后天习得的,父母的人生观、价值观、家庭观、消费观以及言行举止、人际交往能力乃至各种情感表达等,都会对未成年人产生潜移默化的影响。未成年人在耳濡目染中将其视为行为规范,并加以认同和模仿,继而内化为自身的思想、人格与行为习惯,最终有意无意地保持终身。因此,为了增强家庭道德教育的有效性,身为施教主体的父母应首先提高自身的教育素质。

首先,提高家庭道德教育主体的道德素质。父母作为教育者,是家庭道德教育的主体。在当代家庭道德教育中,父母似乎更为重视对子女的施教过程,在方式方法上也多以“言传”为主,即将自身所承袭或体验的道德内容、社会主流价值观念等以说教灌输的方式传递给子女,却往往忽视了自身的道德缺陷对子女造成的无意识的消极影响,从而导致家庭道德教育的力度与效果大打折扣。相对于当代家庭德育方式,明清家法族规更加强调家长在家庭道德教育中的主体地位,尤其重视家长对于子孙后代潜移默化的影响,以及言传身教的教育理念。如明初的曹端在其所著《家规辑略》中说:“古人治家之道,唯以身教为先。为家长者,必先躬行仁义,谨守礼法,以身率下。”(曹端:《家规辑略》)也就是说,家长在对子女施教的过程中,自己要成为一个“躬行仁义、谨守礼法”之人,才能够对子女及家庭其他成员的道德教育产生积极的影响,使子女对父母的道德教育更为信服,从而达到道德教育的目的。

其次,提高家庭道德教育主体的智力素质。家庭道德教育理论既来源于家庭

① 马卡连柯:《马卡连柯全集》卷3,人民教育出版社1959年版,第400页。

德育实践之中,同时又指导着家庭德育的实践活动。如欲提高家庭道德教育的水平与质量,父母作为家庭道德教育的实践主体,应当适当学习相关的家庭德育理论。因为只有掌握了正确的家庭道德教育理念,才能够在子女成长发育过程中,遵循其发展的必然规律,针对子女的独特个性,因材施教、因势利导,充分调动子女的主观能动性,将家庭道德教育发展成为自愿自觉的活动,培养起子女良好的个性品质,从而提高家庭道德教育的有效性与能动性。

最后,提高家庭道德教育主体的心理素质。与道德素质不同,心理素质更着重于强调教育主体的健康心理状态,使其能从根本上树立良好的行为习惯,以便影响和熏陶受教育者。施教者可以通过丰富的情感、坚强的意志、优良的品格、广泛的兴趣这四个方面的优秀心理素质使受教育者在耳濡目染中受到熏陶,也能使施教者更好地实施家庭道德教育,从而达到道德教育的预期目标。

三、以身作则:家庭道德教育要重视榜样作用

《论语》曰:"其身正,不令则从,其身不正,虽令不从。"(《论语·子路》)在道德教育的过程中,要求教育者要以身作则,身正示范,成为孩子的表率。明清家法族规中有许多这方面的要求,譬如,"为师者,弟子之所效法。其师方正严毅,则弟子必多谨饬;其师轻扬佻达,则弟子必多轻诞。"(石天基:《训蒙辑要》)再如"为家长者,当以至诚待下。一言不可妄发,一行不可妄为,庶合古人以身教之之意。"(《郑氏规范》)又如"为父兄者必延聘名师,慎择益友,俾得朝夕渐摩,学问有所成就"(《合江李氏族规、族禁》)诸如此类。在家庭道德教育过程中,家长作为教育者,应该恰当地履行自己的教育职责,并能在潜移默化中达到对子女的德育目的。具体而言,子女所处的家庭环境以及他们所接触的长辈都会对孩子产生一定的影响。因此,家长要亲仁以进德,自身要具有优秀的道德品质、优雅的言谈举止,将律己和教子统一起来。因为"夫风化者,自上而行于下者也,自先而施于后者也。是以父不慈则子不孝,兄不友则弟不恭,夫不义则妇不顺矣"(颜之推:《颜氏家训·治家》),故"未有不能修身而能教其子孙者也"(张履祥:《示儿》)。家长的行为本身即是一种教育形式,如能为子女做出榜样,子女则会不断地调整和修改其行为方式和言行举止以符合德育的要求。所以,今人需向古人学习,当代家庭道德教育应该继承明清家法族规中所蕴含的"以身作则"、"言传身教"等教育理念,

实现教子与律己的良性互动，让子女多亲近有德之人，并将其视为模仿和学习的榜样，从而提高家庭道德教育的有效性。

四、因材施教：家庭道德教育要富含人文精神

道德教育中的人文精神主要体现于"以人为本"的价值理念上，即在充分尊重与弘扬人的价值的同时，关注人的自由与尊严，强调培养人的社会责任感、使命感与道德意识。明清家法族规在其表现形式上具有"法"的性质，但其实质归根结底是教育后世子孙如何为人的道德规范。因此，它大体属于人文教化的范畴，具有人文精神的内蕴。并且，它对于解决当代家庭道德教育"人文精神日渐缺失"的问题具有一定的启示意义。具体而言，体现在如下两个方面：

一方面，要尊重个体差异，强调实现个体价值与社会价值的统一。受儒家思想的影响，明清家法族规中强调的是群体本位的道德价值观，即将人视为"类"的人、社会的人，而非独立的、个体的人。古代家庭教育注重人的社会责任感与使命感的培养，倡导人的社会价值的实现。这种群体本位的道德价值观在相当程度上重视个人的社会价值，但却忽视了个人的独立价值。在当代社会，个体人的个性愈发鲜明，同时也会面临越来越多的自我选择和自我担当，上述群体本位的道德价值观显然已略显乏力。因此，父母在家庭道德教育的过程中，在培养子女社会责任感、使命感的同时，应对子女自我价值的实现予以充分的尊重。正如马克思所说："即使在一定的社会关系里每一个人都能成为出色的画家，但也决不排斥每一个人也成为独创的画家的可能性。"①

另一方面，要注重自律与他律教育的统一。自省本质上是自我意识能动性的表现，明清家法族规十分推崇个人的自我修养，将自律自省视为完善人格的必然选择，强调在正确的道德价值观念的引导之下，对自身的道德情感、道德行为进行评价与反思。由此可见，从明清家法族规所倡导的自律自省的主张中不难发现，古人并不是将人视为消极被动的"机器"，而是将人视为能动的具有自我主体意识的存在，从而在一定程度上表现出对于个体人的尊重。可以说，明清家法族规中的德育思想同样强调客观规律性与主观能动性的有机统一这一教育规律。明清

① 《马克思恩格斯全集》，人民出版社1960年版，第460页。

家法族规所倡导的自律、他律教育，对于当代家庭道德教育具有借鉴意义。它告诉我们：父母在遵循教育规律的同时，也要强调子女个人主观能动性的发挥。父母不仅应重视对子女进行正确的道德价值观念的引导和灌输，同时，还应鼓励子女充分发挥自身的主观能动作用，对自身的道德情感与道德行为进行省察，对自身的价值认同有所领悟，从而在完善个体人格方面有所进益。

第二节　丰富当代家庭道德教育内容

目前，虽然有相当数量的家长认识到了家庭道德教育对于子女道德品质形成的重要性，但由于缺乏正确的道德教育理论的指导，道德教育内容空洞不成体系，从而使得很多家长感到对于子女的道德教育无从下手。明清家法族规中的优秀德育思想所包含的积极内容涵盖了生活的方方面面，通过对其进行符合当今社会发展实际的重新诠释和转换，能够对于丰富当代家庭道德教育的内容起到积极作用。

一、重视孝悌教育　培养人伦观念

明清家法族规中的孝悌思想在我国家庭伦理观念中占据重要地位。其中，“孝”是指子女对父母之爱的品德，强调子女对父母的尊敬与服从，扩展开来就成为家庭内部处理长辈同晚辈间关系的道德规范；“悌”是兄弟间敬重亲爱的品德，扩展开来就成为家庭内部处理同辈间关系的道德规范。总体来说，孝悌均强调各守其道、各安其分，从而对维系家庭人际关系起到平衡与协调的作用。不可否认，明清家法族规中的孝悌思想是为封建统治阶级服务的，是其维护稳定、和谐的社会秩序所凭依的强有力的手段，因而孝悌观念不可避免地带有时代的局限性。但是，我们要同样认识到，孝悌之道作为一种传统美德，是具有普遍意义和恒常价值的。一方面，对“孝悌”观念进行合理性继承，有利于加强当代家庭美德建设，有利于正确处理家庭关系和解决家庭问题，更有利于社会的安定和谐。另一方面，对“孝悌”观念进行创造性的价值转化，进而形成新时代的“孝悌观”，有助于家庭中的子女培养自身正确的人伦观念，从而建立良好的社会人际关系。具体而言，孝

悌教育在当代社会所具有的价值和作用,主要体现在如下几个方面:

首先,重视婚姻道德,维系家庭稳固。明清家法族规倡导构建和谐的夫妻关系,虽然这种夫妻关系以夫主妻从为主,带有浓厚的夫权色彩与男尊女卑思想,但也从侧面反映出我国古人较强的婚姻家庭观念。当代家庭的夫妻关系讲求夫妻关系的平等相爱。夫妻二人需要共同承担家庭的各项义务与婚姻的道德责任,并以此来维系家庭的巩固与发展。随着当代社会价值标准的改变以及对于物质生活的狂热追求,使爱情与婚姻不可避免地带有功利主义的色彩。在对于婚姻对象的选择中,人们愈加重视对方的经济实力,而将感情基础放在次要位置,这无疑增加了婚姻关系的不稳定性。同时,当代人对于婚姻生活品质的期望逐渐提高,使得"柴米油盐酱醋茶"的平淡生活难以满足其要求,再加之个别家庭的家庭暴力频发、离婚手续的简化以及各种外因的诱惑,使得当代社会离婚现象陡然增多,家庭稳定面临严峻的挑战。我们说,提高家庭的稳定性不仅需要法律约束和心理调节,更需要家庭道德的制约。可以说,夫妻间感情的稳固程度同彼此的道德水平是分不开的。夫妻间在寻求感情需求的同时,更要重视自身家庭责任感的培养,做到相互感恩、相互信任、相互尊重,从而为建立和谐美满的家庭关系奠定稳固的基础。

其次,力行尊老敬老,浓化代际亲情。明清家法族规认为,理想的长幼关系是"父慈子孝"、"尊老爱幼",具体可以解释为长辈对于晚辈爱护有加,晚辈对于长辈敬重孝顺,即属于一种双向扶养模式。这种家庭模式对于浓化代际亲情、促进家庭和睦、减轻社会负担具有重要作用。反观当代家庭,由于家庭结构与家庭功能的逐渐改变,加之受到西方核心家庭私有化观念的影响,老人在家庭中的地位逐步缺失。部分家庭视老人为生活负担,遗弃老人的现象也时有发生,这已成为日益严峻的社会问题。我国于2012年12月修订了《中华人民共和国老年人权益保障法》相关细则,其中将"经常看望或者问候老年人"列入了法条之中。不难发现,这一举动虽然体现了对老年人的关注,但也从另一个侧面体现出我国当代社会家庭道德业已滑坡至底线的悲剧。爱老、敬老是中华民族的传统美德,我们不能仅仅将其遗留在历史文献和国人的记忆之中。当代家庭美德建设应当传承"尊老爱幼"的良好社会风尚,为老年人的晚年生活与子女的日常教育创造一个和睦、温馨的家庭环境。在身体力行回报父母的养育之恩以行孝敬的同时,还要将感恩父母的思想在潜移默化中传递给子女，这也是当代家庭所应承担的责任和义务。

最后，提升人伦价值，融洽邻里关系。众所周知，中国传统文化十分重视邻里关系的和谐。邻里是比屋相连、守望相助的基层社会组织，良好的邻里关系对于人的成长和社会的稳定具有极其重要的作用。概览明清时期的家法族规，其中多有与邻为善、亲善邻里的规定，亦即在处理邻里人际关系时，提倡互敬、互爱、互助的道德要求。反观当代社会，人际关系强调的是经济化与效率化，高效率的生活节奏把人规划在"二点一线"之间，邻里关系被高楼大厦所阻隔，诸如古人"远亲不如近邻"的生活感悟当代人则无从体验。殊不知，邻里关系的淡漠、基层社会组织的不健全，不仅不利于当代人精神需求的满足，同时也增加了社会的不稳定因素。因此，借鉴传统家法族规中"和睦乡里"的道德教育内容，重建当代社会中的新型邻里关系，既是家庭道德建设的需要，也是社会稳定和谐的保障。

二、重视自立教育　培养坚韧意志

明清家法族规中十分重视对于后世子孙的自立教育，将自立自强视为成人成事的根本。古人认为，人生在世应该志存高远，有所作为，因而要不断砥砺和完善自身，以求成就一番事业并达到理想的道德人格。晚清名臣曾国藩十分重视对于子弟自强自立、自我奋斗精神的培养，他强调"仕宦之家，不蓄积银钱，使子弟自觉一无可恃，一日不勤，则将有饥寒之患，则子弟渐渐勤劳，知某所以自立矣"①。他认为，遗德遗志于子孙比遗财遗业更为有益，因此极力主张通过不积钱财田庐来完成子弟的自立教育。康熙皇帝在《庭训格言》里亦写道："若如此娇养，长大成人，不至痴呆无知"，"为人上者，教子必自幼严饬之始善"，强调立志成人的重要作用。

在当代社会，受生活水平和生育政策的双重影响，当代家庭结构发生了巨大的变化。在家庭生活中，子女逐步转变成为家庭的中心。部分家长对于子女的期望值过高，过分强调竞争意识。部分父母注重为孩子提供良好的物质生活环境，在生活的各个方面给予子女以关照和保护，使孩子在成长过程中不但过度依赖父母，还滋长了骄纵、任性、蛮横等不良性格特征。部分家长重智轻德，重分数轻能

---

① 曾国藩：《曾国藩治家全书》，岳麓书社 1997 年版，第 103 页。

力,致使子女缺乏自强自立意识,缺少必要的独立生活、独立学习和人际交往等综合能力。譬如,当今社会的“官二代”与“富二代”成为时下舆论的热门话题。他们占有社会更多的物质生活资料,享有的教育环境与教育资源也明显优于同龄人。但是,这一群体中的一部分人,由于缺乏正确的价值观念引导,逐渐成为以炫耀攀比“门第”与财富为荣,倚仗父母权势胡作非为,享受着优越的生活条件的同时又自甘堕落的群体,不断被社会舆论所诟病。当今社会中还存在另外一个特殊群体,他们是有一定社会劳动能力的成年人,离开学校后由于种种原因而无法在经济上自立,需要依靠父母的资助来维持自身生存的群体,被人们称为“啃老族”。他们其中一部分人拥有高学历,或是在求职过程中自恃过高,选择工作挑剔,抑或是欠缺工作技能与基本的人际交往能力,抑或是意志薄弱、不能正视生活中所面临的种种挫折而选择逃避社会,被父母所供养。虽然“啃老族”的出现同整个社会就业压力大、就业形势严峻、人才竞争激烈等因素不无关系,但其更深层次地反映出现今家庭中,父母对于子女自立自强精神教育的相对不足,也进一步印证了我国当代家庭道德教育中所出现的盲区。

在当代家庭道德教育的过程中,适度借鉴明清家法族规中的自立教育思想,其目的是将自立自强的精神一以贯之地发扬和继承下去。当代家庭的父母只有培养子女的独立意识和坚韧意志,才能使子女形成完善人格,进而实现人的生存意义和社会价值。

三、重视勤俭教育　培养节约意识

我国明清家法族规中的勤俭思想强调克制自身不合理的欲望,培养节俭的生活方式,并主张通过节俭的生活提高自身的道德修养,从而促进身心的和谐与发展。明清家法族规不仅将节俭视为一种生活方式,更以节俭为美德,倡导简约朴素的生活。孙奇逢在《孝友堂家规》中就对“勤”与“俭”进行了讨论:“谓诸子曰:居家勤俭,孰为居要?博雅曰:勤,非俭。终年劳瘁,不当一日之奢靡。《书》曰:慎乃俭德,惟怀永图。子曰:礼与奢也,宁俭,似俭尤要。望雅曰:一生之计在于勤;一年之计在春;一日之计在寅。治家,治国,治身,治心,道岂有先于此者乎?似勤尤要。曰:二者皆要。尤要在克勤克俭之人耳。”朱伯庐也曾道:“一粥一饭,当思来处不易,半丝半缕,恒念物力维艰。”(《治家格言》)

在当今社会之所以还要强调勤俭节约教育是因为,在当前我国社会主义市场经济不断发展完善的状态下,快速发展的物质生产力扭转了我国社会长久以来物质匮乏的状态,在这种背景之下,传统的节俭观受到了质疑。人们认为,节俭对于消费产生了抑制作用,已不再适应当代社会需求导向型经济的需要。但是,伴随着消费主义大行其道,我们却发现曾经的物质贫困转而成为心理贫瘠,人们内心的愉悦满足需要通过不断消费来获得自身心理的满足。这一现象导致了对于物质资料与生态资源的普遍浪费,同时对于社会的可持续发展也产生了严重的负面效应。家庭作为道德教育的主阵地,理应承担起扭转此种不良社会风气的职责。传统思想中的节俭意识作为反对浪费、提倡节约的观念,便成为帮助当代人在自身欲望与需求之间达成平衡、在资源攫取与环境保护之间达成平衡的最佳选择方式。为此,当代人应该努力做到如下几个方面:

首先,理性消费,树立正确的价值观念和消费观念。伴随着社会经济的飞速发展,人们的生活质量、生活方式与消费观念发生了巨大的变化,对于物质生活的欲望也愈加强烈。虽然消费本身并无好坏的评价标准,但若缺乏正确的道德价值观念的引导,势必会导致社会生活的混乱。我们应当认识到,现实中的生活消费绝不仅仅是纯粹地消耗物质资料的过程,更是一种包涵道德理念、伦理关系、精神境界的行为方式和生活方式。社会中的青少年群体,在其心智水平尚未成熟、消费心理尚未稳定、自控能力相对较弱之时,若不加以正确消费价值观念的引导,便容易使之受到外界的不良诱导,引发盲目消费、奢侈消费的行为。在家庭道德教育过程中,应当杜绝盲目消费、奢侈消费等不良消费观念与消费行为。在保持与收入水平相符合的生活质量前提之下,做到适度消费与适度节俭相结合,做好健康、理智的消费教育、节俭教育,纠正不良消费倾向。

第二,以俭养德,倡导精神需求的满足。当代人将心灵的慰藉寄托于对于物质消费的基础之上,反而忽视了对于精神世界的追求。一般来说,人的精神层面的满足必然要以一定的物质生活为基础,但过度追求物质生活的享受,过度沉溺于物质世界之中,便会消磨自身的意志,丧失精神追求。譬如,社会中的一些青少年群体,通过物质攀比来实现自我虚荣心的满足,甚至沉迷于其中而不能自拔,最终玩物丧志。因此,父母在施教过程中应注意引导子女合理消费习惯的养成,提倡物质需求同精神需求的统一。此外,培养良好的生活方式与生活理念,不仅要教之以“俭”,同时也要晓之以“勤”。“勤”与“俭”从来都是相伴而生的,“勤”教育我们要热爱劳动,“俭”教育我们要珍惜劳动成果;勤劳能够创造财富,节俭能够积累财富。因此,父母在对子女进行道德教育的过程中,不仅要教育子女养成节俭的生活方式,也要对其施以劳动教育,以使之通过自身的辛勤劳动获得劳动成果,并由此形成来之不易的价值理念与勤俭的生活方式。

第三,重视生态文明,形成节约生态资源的环保意识。人所共知,我国人口众多,人均资源相对匮乏。改革开放以来,我国经济的快速发展在一定程度上是以自然资源的高消耗与生态环境的严重污染为代价的。党的十八大提出将生态文明建设纳入到社会主义现代化建设的总体布局之中,将生态文明建设融入经济建设、政治建设、文化建设、社会建设各个方面和全过程。会议还首次提出要推进绿色发展、低碳发展、循环发展,要努力建设美丽中国,实现中华民族永续发展。可见,要实现社会经济的可持续发展,通过节约资源与提高资源利用率的方式实现社会经济的稳步增长,建设节约型社会是我国发展的必经之路。这种节约意识不应仅仅停留在国家政策与战略层面,更应成为每一位社会成员的共同观念。因此,在当代家庭,父母在对子女进行道德教育的过程中,应将勤俭节约观念与环境保护意识纳入到教育内容之中,鼓励子女从节水、节电等生活小事做起,从而树立起生态文明理念。

第三节　优化当代家庭道德教育方法

众所周知,父母是子女的第一任老师。父母自身的教育素质、对于教育理论的掌握与教育方法的选择直接影响到家庭道德教育的成败。父母若能在家庭道德教育过程中选择并运用正确的教育方法,则能够使家庭道德教育产生事半功倍的效果。明清家法族规中所蕴含的道德教育方法,是我国古代先贤在家庭道德教育的探索与实践中所积累的思想精华和智慧结晶,其中的一些原则与方法至今仍然适用。

一、把握教育时机——早期教育　培养习惯

当代家庭物质生活条件的极大改善与主流家庭结构的改变,使父母愿意将更

多的精力与金钱投入到对子女的早期教育中。在望子成龙或望女成凤心理的驱使下,父母常常有意识或无意识地将自身的主观意愿强加到子女身上,而忽略了子女是一个具有独立人格的个体。父母以良好的动机投入到对于子女的早期教育活动之中,但是其中的某些做法却未必是正确、科学的,甚至是存在一定风险的。当代家庭早期教育的主要问题和困惑主要表现在:首先,不遵循儿童身心成长规律,儿童早期教育的时机过早、内容过多;其次,将大量的精力与金钱投入到儿童早期智力开发中,而忽视了其道德习惯的培养,使越来越多的儿童出现了"有知识、没涵养"的现象等等。对于家庭早期教育所存在的上述误区,明清家法族规中的早教、德教思想能够为我们解决此类问题提供有益的启示。

第一,家庭道德教育应把握教育时机。我国明清时期家法族规中所蕴含的一项重要的家庭道德教育方法即是"教子婴稚、养正于蒙",即主张在孩童婴稚时期,就对其施以正确的价值导向教育与行为习惯的引导,从而使之建立符合自身发展需求与社会发展要求的道德品质。古人认为,人在幼稚之时,自然精神专一,心思纯净,注意力集中,也没有过多的物质欲望。但伴随着年龄的增长,所受到的诱惑逐渐增多,心思则变得动荡不安,精力也难以集中。因此,婴稚之时是培养一个人良好的道德习惯的最佳时期。清人孙奇逢曾发出这样的感叹:"孩提知爱,稍长知敬,此生性之良也。知识开而习操其权,性失初矣。古人重蒙养正,以慎所习,使不漓其性耳。今日儒子转盼便皆长成,次日蒙养不端,待习惯成性,始思补救,晚矣!"(《孝友堂家训》)可见,儿童若在婴稚之时就形成了不良的道德习惯,则其便会在某种程度上自然定型,待儿童长大成人之后再试图对其加以管教与纠正,却只能是"亡羊补牢"之举,已为时过晚矣。而当代家庭教育却恰恰陷入了这一误区,虽然重视儿童的早期教育,但教育内容却过于重视儿童早期的智力开发而忽视了其道德习惯的养成。笔者认为,父母在家庭早期教育中,在对子女进行适度的智力开发与文化教育的同时,应同样注重对于子女道德习惯的养成教育,以遵循儿童身心发展规律为前提,把握好家庭道德教育的有效时机,运用正确的道德教育方法,从而达到良好的道德教育效果。

第二,家庭道德教育应注重培养道德习惯。道德习惯是指符合一定道德规范、蕴含一定道德内容、具有一定道德价值的习惯,强调的是行为动作或感情表达中所蕴含的道德内容以及反映的道德价值。道德习惯的本质特征是自主性,即是行为者自觉自愿的活动,而非那种客观上符合社会道德规范,但行为者自身并不理解或仅仅是由于受到外界约束而表现出来的行为习惯、情感活动。儿童道德习惯的形成是需要经历相应的发展过程的。在道德习惯养成的萌芽阶段,由于儿童本身缺乏认知基础,因此对于某种行为规范或道德准则表现为被动性地顺从,而本身并不理解自身行为的道德意义。但随着个体的成熟与发展,儿童会逐渐将这种道德依从转化为自身的道德意识与道德行为,从而形成了真正的道德习惯。基于儿童道德习惯形成的规律,笔者认为,可以从生活细节入手,培养儿童良好的行为习惯,以使之积习成性。父母在儿童认知水平不高的道德习惯萌芽阶段,应避免空洞的道德说教,而将道德行为同儿童的日常生活紧密、有机地联系起来,如游戏、简单的家务劳动等,力求在其认知水平成熟发展之前能够受到正确的行为习惯的培养。待儿童的认知水平有了一定程度的提高,能够正确地认识、理解一定的道德规范、行为准则之时,再对儿童进行正确的道德行为与道德情感的引导,鼓励儿童发挥自身的主观能动性,真正理解自己应该如何行动、如何思考等,将道德规范真正内化为自身的道德认知,进而养成真正的道德习惯。

二、秉持教育原则——理性施爱　适度惩罚

明清家法族规中倡导"严慈相济"、"奖惩结合"的家庭道德教育方法,即在施教过程中,为家长者需要慈爱与严厉并济,人伦关爱与严格要求并行,并通过一定的奖励或惩罚措施对子孙的道德行为加以引导。明清家法族规中对于子女的一些惩罚手段在今天看来过于残忍,有失偏颇,对于当代家庭道德教育已不再适用。但是,明清家法族规中关于理性施爱的思想对于解决现今社会父母过于溺爱子女的不良现象则具有一定的启示意义。同时,将其中的奖惩思想合理化,并赋予其以符合当代道德教育规律的新的诠释,笔者相信,这对于强化家庭道德教育的效果同样会产生积极的影响。为此,这就要求现今家庭中的父母至少应该做到以下两个方面:

第一,理性施爱。苏联教育家马卡连柯曾说:"当一个孩子从幼年时代就开始成为家庭中心的时候,当父母经常为他的命运惴惴不安的时候,当他们仅仅为了使他不受任何困难而在各方面对他让步的时候,那么,几乎都会在这个孩子身上发展到个人中心主义和对周围环境无动于衷的地步,也就是,会发展所有那些跟

新的、社会主义的人在本质上相反的性格特点。”①这种思想同我国明清时期家法族规中的“理性施爱”的思想是相契合的。对于子女的过度保护、溺爱与纵容往往并不会对子女产生积极的人生影响，反而会造成其价值观混乱，使之缺乏关爱意识、独立意识，缺乏正常的人际交往能力、自理能力等。在当代社会，家庭物质生活条件得到了极大的改善，加之计划生育政策促生了一个中国社会所特有的现象——独生子女现象。独生子女家庭迅速增加，父母往往不能妥善处理爱与教之间的矛盾，对子女的过分溺爱反而不利于子女的身心成长。因此，为了实现家庭道德教育的目的，培养子女完善的人格，父母必须克服对于子女的溺爱，做到爱而有节，严而有度，亦即理性施爱。

第二，适度惩罚。明清家法族规中明确规定，对于家庭成员的“不法”行为要施以惩罚。虽然其惩罚方式已不再适用于当代家庭道德教育，但不可否认这种“惩罚教育”对于明清时期的家庭道德教育起到了一定的积极作用。在当代家庭中，家庭惩罚成为一个敏感的话题。因为不适当的惩罚方式不仅不能够正确引导子女的行为，反而会造成子女的逆反，甚至表现出很强的攻击性和对抗性。但笔者认为，若能掌握好惩罚的“度”，针对子女的错误思想与行为进行适度惩罚对于家庭道德教育仍然是必要的，因为不是所有的理性说服对于子女都是有效的。当代家庭道德教育应借鉴明清家法族规有关“惩罚教育”的合理内核，并对其予以现代诠释，从而使之服务于当代家庭道德教育。笔者认为，家庭道德教育过程中的适度惩罚要遵循以下原则：首先，要明确家庭道德教育中的“适度惩罚”的目的，不是为了造成子女精神上的压抑与肉体上的痛苦，而是在尊重和爱护子女的前提下，通过惩罚的过程和手段，使子女从内心深处认识到自身的不足或错误，从而规范自身的行为，完善自身的道德品质。因此，“适度惩罚”的方式不能具有压抑的性质，更不能采用体罚的方式，可以选择语言批评、表情、手势等；其次，家长必须慎重对待惩罚，而不可滥用惩罚，惩罚的行为必须是通过惩罚过程能够得以纠正的行为；最后，适度的惩罚后要及时进行沟通疏导，使子女能够正视自身的不良思想或不良行为，明白父母的惩罚方式是公平合理的，从而对自身的错误加以有效、及时的修正。

---

① 马卡连柯：《马卡连柯全集》卷3，人民教育出版社1959年版，第275页。

除此而外,学校规范教育的内容也要做相应的调整,校规与家规要注意有机衔接。二者可以适当增加一些惩罚内容,但是惩罚与体罚并不等同,惩罚应该是温婉的,其目的是为了让孩子意识到社会道德规范的存在并能尊重社会道德规范,这有助于他们养成遵守社会道德并形成演好自己社会角色的意识。家长在运用惩罚手段时,不要用过激的态度及生硬的语言,这只会将孩子置于极度窘迫的境地,他们也会因此而产生逆反的情绪。家长要用慈爱来稀释惩罚的严苛,让孩子感受到惩罚背后的关怀与脉脉温情,并能意识到自己的问题所在,自觉地接受惩罚并能主动改正错误。①

法国社会学家涂尔干认为,人可以通过自身的努力来控制自己的行为,但这种控制并不是永久有效的,人们需要借助外在规范的约束。"如果缺乏这样一些必要的限度,如果我们周围的道德力再也不能制约或裁抑我们的激情,那么人类无拘无束的行为就会迷失于空虚中,而无限性这个似是而非的华丽标签,则会被用来掩盖和装饰行为的这种空洞性。"②家庭成员之间通过礼仪性的活动取得联系,同时也接受家庭的集体约束。在这一层面,家规犹如家庭纲领,指导和规训着每一位家庭成员的生活和行为。笔者认为,现代家规的制订大体可以体现以下三方面内容:第一,生活之规,也就是说饮食起居要有一定的规矩,不能让孩子养成懒惰的习惯;第二,劳动之规,要让孩子积极参与家务劳动,有机会还要让他们参加一些社会劳动;第三,礼节之规,让孩子懂得对家长、对邻里、对伙伴应有的礼貌。新型家规的订立,有助于家庭内部关系的调整,有助于遏制当今社会的一些不良现象。法律让人不敢越矩,制度让人不能越矩,而完善的家规文化,则可以让人不愿越矩。订立符合当今时代的家规,一方面对古之优秀文化有所传承,另一方面可以培育出更加接近于社会期望的人。

三、优化教育环境——建设家风 传承美德

孔子倡导"里仁为美"(《论语·里仁》),他认为,与讲究仁义和有德行的人为

---

① 宁娴:《从道德教育角度出发看惩罚的应用——涂尔干惩罚观的评析》,《天津师范大学学报(基础教育版)》2011年第2期,第59-62页。

② 埃米尔·涂尔干著、陈光金等译:《道德教育》,世纪出版集团、上海人民出版社2006年版,第39页。

邻居是明智的选择。“孟母三迁”的故事亦告诉我们,生活环境对于人的成长的重要意义。荀子曰:“君子居必择乡,游必就士,所以防邪辟而近中正。”(《荀子·劝学》)古往今来,人们均强调环境对于一个人成长的重要性。从家庭环境角度出发,颜之推描述分析得更为生动形象:“与善人居,如入芝兰之室,久而自芳也;与恶人居,如入鲍鱼之肆,久而自臭也。”(《颜氏家训》)由此可知,在家族内部创建良好的生活和学习环境就显得尤为重要。

古人极为重视家族的门风,醇正的家风来源于相沿成习的家庭道德风貌和家庭行为传统。家风又称门风,是指一个家庭或家族的传统风尚或作风。家风同民风、社风(社会风气)共同组成一种社会的文化风尚,它们都是中华民族传统价值观的重要体现。在家庭内部,家风代表的是先辈对后世子孙进行道德教化的规范尺度,其中所包含的内容不仅涵盖长辈对晚辈、晚辈对长辈以及同辈间的礼仪,还包括每个人在与家族之外的人打交道时所展现的良好家教氛围。概览明清时期的家法族规,可以说每一部家法族规都是一个家庭、一个家族的家风“教科书”。它们将勤劳简朴、尊师重道、扶厄济困、正直廉洁、舍身成仁等阖族共同遵守的善良风俗、优良品德通过书面形式世代相传,这对于良好家风的传承、家族的延续与发展起到了积极的作用。然而,在当代社会,家法族规失去了其赖以存在的土壤。在我国的一些农村地区,虽然某些宗族重新订立了家法族规,但并不能改变家法族规整体式微甚至消失殆尽的结局,家法族规的自然消亡已然不可避免。近些年来,由于人们头脑中的宗族观念的没落以及小的家庭单元逐渐取代了家族等原因,当今“家风”也似乎淡出了人们的视野。我们说“家风”一词受到今人的冷落,但并不意味着“家风”不复存在了。从社会学的角度出发,笔者认为,当代社会被分割成一个个小的家庭单位,而越是在这样的“小家庭时代”,越需要“家风”的熏陶、规范和引导。我们应该认识到家法族规的合理内核,即营造良好的家庭道德教育氛围,继而进行优良品德的传承与良好家风的建设,这对于当代家庭道德体系的建设与社会主义精神文明建设仍然具有积极的意义。

构建当代家庭道德教育体系,不仅需要在理论与实践上进行积极探索,同时也需要对中国传统道德文化中的合理内核加以继承和弘扬。明清家法族规中所蕴含的德育思想是传统教育思想的重要组成部分,它可以随时代的变迁而有所发展。因此,笔者认为,当代人可以结合当今社会的需求,有选择性地对这种德育思想给予传承,并将其纳入到社会德育资源中。著名学者费孝通所提出的“文化自觉”的概念,实际上就是希望人们对自己的文化有“自知之明”,能够对文化的来历、形成过程、所具有的特色及发展趋向有较好的认识和理解,并在文化面前能“有所作为”。① 同样,当代人如欲在道德教育中“有所作为”,就需要继承和弘扬明清家法族规中的优秀德育思想,并使之与时俱进,这是构建中国当代家风的必由之路。

值得一提的是,当代家风形成的关键因素是家庭成员的德行素养,而无关乎家庭的物质生活条件与家庭成员的文化程度。父母在对子女施加道德影响的过程中,能够发挥“过滤器”的作用,即将自身所承袭或体验的道德内容传递给子女及家庭其他成员。待子女长大成人后,在养育其下一代的过程中,他们也会重复此种传递行为。长此以往,在一个家庭或家族中,便形成了足以影响家庭成员精神、品德、行为且为家庭成员引以为傲并世代传承的优良家风。在此基础上,亿万家庭的朴素家风融合到一起,就成为中华民族家庭文化的生动写照。笔者认为,在对于中华民族传统美德与优良家风的传承过程中,应充分发挥家庭组织的桥梁作用,将家庭道德教育的重点放在与当代社会相适应的公民道德培育上。并且,还要通过优良家风弘扬社会主义核心价值观,同时警惕功利主义思想在社会中的渗透与蔓延,尽可能避免由于家庭结构变化所造成的传统家风资源的散失。

总之,家风是家庭成员的共同意识,它具有深刻的历史文化渊源。其本身蕴含着一定的时代精神与特色,是对一个家庭或家族德行的传承,并在无形中培养着家庭成员的品格与意志。优秀家风的传承不仅折射出社风、民风,同时也是中国家庭文化的写照与投影。优良家风的世代相传,不仅能够对家庭的和谐和社会的发展产生深刻的影响,同时又对家庭美德构建与社会精神文明建设起到积极的推动作用。

四、拓展教育资源——面向社会　重拾经典

美国社会学家沙伯特(Chabert)提出了家庭人际关系结构公式:(n2 - n)/2 = 家庭人际关系结构总数(n 为家庭人口数),以此来论证家庭成员的构成决定了家

① 参见中国民主同盟中央委员会、中华炎黄文化研究会编:《费孝通论文化与文化自觉》,群言出版社 2005 年版,前言第 2 页。

庭人际关系的构成。依据公式显示，当代中国家庭中人口数较少，其家庭人际关系的总数也会相应较少，因而家庭人际关系结构的复杂程度也会随之降低。一些专家学者认为，家庭人际关系结构过于简单，不利于子女智育、德育的发展。因为在人口较少、家庭关系较为单一的家庭中，子女所要充当的家庭角色较少，这在某种程度上影响到孩子为人处世、知人交际等综合能力的发展。所以，在这种情形下，家长和子女可以一起走出家庭、迈入社会，通过社会交往方式来扩充孩子的教育场所。丰富的社会教育资源不但为孩子们提供各种各样的活动场所，同时也能够促进孩子道德品质和价值观念的养成。此外，我们在强调家庭的道德教育的同时，还要认识到社会与学校的道德教育同等重要，只有三者合力，才能达到预期的教育目标。具体来讲，可以试从以下几方面入手：

第一，积极参与社区、社会公益活动，让家长与子女充分体验并融入社会人际交往之中。例如，家长可以和孩子一起充当环保志愿者，让他们从小就懂得保护环境的重要性，因此能切实做到热爱生活，热爱地球，并从中学习到生态伦理观念；父母也可以同孩子一起参加义务劳动，利用节假日时间为养老院的老人做力所能及的事情。为这些孤独的老人带去欢声笑语的同时，也能使孩子从中体验与学习尽孝之道。在活动结束之后，家长要向社会组织机构了解孩子的表现，以便为今后进一步引导孩子提供参考。

第二，充分利用现代信息技术和媒体网络平台，为家长提供大量的道德教育资源与素材。社区、社会相关组织可以利用便捷条件为家长提供沟通场所，组织相关讲座、交流会，从而使家庭能够掌握家庭德育的方法与技巧，使教育效率得到明显提高，并取得令人满意的教育效果。

第三，重拾经典，普及读物，以古代齐家治国的嘉言懿行作为当代道德教育的经验借鉴。古人非常重视家庭教育，其经验范本着重记录在家法族规等传统家训文献之中。这些经典虽有些已经不符合当今社会的价值取向和观点，但其能够留传至今也必有其可取之处。古代的蒙学读物种类繁多，诸如《三字经》、《百家姓》、《小学》、《童蒙须知》和《增广贤文》等等，这些蒙学读物将儒家思想表述得深入浅出，言简意赅，且寓教于乐。其中有侧重于教育蒙童日常行为规范的，也有侧重于灌输儒家道德规范的，还有其他诸多方面。不难发现，古代蒙学读物同样具有“化民成俗”的社会功能，也是古人进行德育教化的重要方式。古人通过蒙学教化,使儿童自幼受到伦理纲常的浸泽与熏陶,在日常生活中注重行为习惯和道德品性的养成,进而使其道德行为内化为主体自身的德行。笔者认为,这一教育方法和传播理念同样适用于当今时代,现今的儿童在学习之余,有必要对我国传统的国学经典进行诵读。根据这一阶段少年儿童思维发展的阶段性特点,我们不必苛求他们对原著能逐字逐句的掌握与理解,只需要通过师长的引导和教育,学习具有优良品质的古人之一言一行,使这些少年儿童能够认同古往今来人们所基本遵循的道德理念,进而形成良好的道德规范。

第六章

明清家法族规中优秀德育思想的现代转化

文化复兴是中华民族为之奋斗的伟大目标。党的十八大深刻地把握了我国文化建设的实际情况和发展趋势,进一步明确了建设社会主义文化强国的战略目标——实现中华民族伟大复兴的"中国梦"。并且,还将用社会主义核心价值体系引领文化思潮、凝聚社会共识,从而为建设中华民族共有的精神家园,为人类文明进步做出更大的贡献。

习近平同志强调指出:"文化的力量,或者我们称之为构成综合竞争力的文化软实力,总是'润物细无声'地融入经济力量、政治力量和社会力量之中,成为经济发展的'助推器'、政治文明的'导航灯'、社会和谐的'黏合剂'。"①审视我国文化的现有形态,应逐步建立与完善具有中国特色的社会主义文化发展道路。这既是一个重大的理论问题,更是一项艰巨的战略实践。纵观人类文明发展史,每一种文化都在其发展历程中形成了独具特色的文化品质与民族精神。中国传统文化历经上下五千年的沧桑巨变,经由众多朝代与民族的凝聚与积累、会通与交融、提炼与更新,形成了灿烂的博大精深的民族文化,并独立于世界文化之林。如今,中华民族的文化复兴既是向中国文化精神之魂注入了一剂"兴奋剂",同时也为建设中国特色社会主义文化事业吹响了"集结号"。我们说,传统文化在中国历史发展与社会进步的进程中起到了中流砥柱的作用。这是因为:一方面,传统文化体现了历史文化的衍生与流变,它早已深深地熔铸于中华民族的生命力、创造力和凝聚力之中,成为"活"的文化生命的一部分。另一方面,传统文化承载着过往历史

① 习近平:《之江新语》,浙江人民出版社 2013 年版,第 149 页。

发展而成的道德标准与价值系统,它是民族精神的集中体现与延续,是民族精神鲜活的生命载体。“抛弃传统、丢掉根本,就等于割断了自己的精神命脉。博大精深的中华优秀传统文化是我们在世界文化激荡中站稳脚跟的根基。”①因此,为了建设具有中国特色的社会主义文化,进而实现中华民族的伟大复兴,我们不能脱离甚至抛却中国传统文化这一立根之基。这既需要当代人以古为今用、继承创新的态度从内容层面进行革新与突破,亦需要当代人以去粗取精、去伪存真的方式从精神层面加以传承与弘扬。在此过程中,中国传统文化的现代转化必然要经历一番“蜕变”与“阵痛”,并最终在中华民族这一共同体中达成传统与现代的统一。总而言之,实现中国传统文化的现代转化,使之以新的面貌和内涵在当代社会“华丽转身”且熠熠生辉,这才是中国传统文化的当代价值之所在。

第一节　明清家法族规中优秀德育思想的现代转化何以可能

如前文所述,我们不仅从历史与现实、传统与现代的双重视域对明清家法族规中的优秀德育思想进行了一番价值分析和理论阐述,并且还从家庭和社会、个体与整体的角度进行了相应的静态描述和理论分析,这对于进一步丰富和深化当代家庭伦理重构与道德教育的研究具有一定的理论价值。行文至此,我们终于可以适时地提出此项研究的点睛之笔——明清家法族规中优秀德育思想的现代转化何以可能?对这一理论问题的研究与具体实践乃是本书全部内容的最终落脚点。

众所周知,“现代性”(Modernity)成为社会科学的“显学”由来已久,对“现代性”含义的理解也一向是众说纷纭、错综复杂。黑格尔认为,现代性从本质上说,体现在主体性的确立,“说到底,现代性的原则就是主体性的自由,也就是说,精神总体性中关键的方方面面都应得到充分的发挥”②。而社会学家或是人类学家对现代性的阐释,更倾向于将其理解成一种社会与心理结构,这个结构主要体现在

① 习近平:《青年要自觉践行社会主义核心价值观——在北京大学师生座谈会上的讲话》,《中国高等教育》2014 年第 10 期,第 4 – 7 页。

② 哈贝马斯著、曹卫东等译:《现代性的哲学话语》,译林出版社 2004 年版,第 20 页。

将科学技术应用于生产与日常生活之中。笔者认为，我们不应囿于对现代性所进行的诸多诠释与分析，而是应将现代性的核心内涵概述为一种结合当代经济、政治、社会、文化和价值等多种形态的统一体与集合体。就中国而言，社会的现代性经历了从被动接受到主动转变的过程。直至今日，中国社会仍然处于现代性建构的基本进程之中。我国从传统社会向现代社会的转型，并不是指社会性质的转型，而是指社会秩序的转型，它意味着社会经济基础和上层建筑的深刻变化。随着我国社会经济、政治和文化的转型，道德文化体系也已进入到一个转型期。人们的思想与价值观念发生了重大变化，旧道德体系的瓦解与新道德体系的重建成为历史发展的必然趋向。

接下来，我们再将研究视野拉回到家庭文化和道德教育这一具体领域。一方面，明清家法族规无疑是封建社会发展的历史产物，它与当代社会具有异质性；另一方面，任何文明都不可能割断古与今的“亲缘”关系，因而只有兼收并蓄地接纳明清家法族规中优秀德育思想的精髓，才能使当代家庭伦理道德体系获得生存的根基和发展的动力。总之，“家庭是社会的细胞，随着社会的进步、时代的变化，家庭的作用、组成或功能也将不断地变化、发展，这是必然的；但是作为社会组成的细胞，家庭在人类发展的历史长河中所具有的亲情联系和生养、教育子女的功能，仍将得到延续和发展。社会愈发展愈进步，就愈需要赋予——家庭，这个细胞以新的职能和新的活力”①。

一、明清家法族规的历史地位与作用

传统家训文化是我国古代社会一种特殊的文化现象，而明清时期的家法族规则是传统家训文化的具体表现形式之一。在这一时期，各个家庭、宗族制订家法族规的数量明显增多，其内容和形式也日渐成熟，这是家法族规走向繁荣与鼎盛阶段的重要标志。那么，究竟应该如何评定明清家法族规的历史地位和作用呢？笔者以为，欲以“历史解剖式”的研究方法来分析这一时期的家法族规，首先应从总体上勾勒出我国家法族规在其发展过程中的共性特征，在此基础上，方能对以明清家法族规为典型代表的我国传统家训文化进行合理性剖析和历史性反思，进

① 陈延斌、徐少锦：《中国家训史》，陕西人民出版社 2003 年版，第 2 页。

而也才能使之后的现代转化研究趋于科学、系统、客观与公正。

第一，与狭义的家训文化最显著的不同在于，家法族规具有准法律的性质和功能，因而可以将其视为一种家庭或家族的法律工具。究其实质而言，家法族规是为了调整家族内部的各种血缘、伦理关系，维系家族内部秩序而制订的一系列道德规范的总称。在中国传统社会，家族制度存在的时间最长，家族形式分布最为普遍。此外，它的民众基础也是其他社会组织形式所无法比拟的。可以说，家族成员之间的关系、家族与家族之间的关系被看成是最主要的社会关系。正因如此，在家族内部实施家庭成员之间的自我管理与自我教育，这就带有了一定的"自治"性质。而家法族规的实效性和实用性均得到了国家官方的认可，并具有了法律层面的规范效力，成为具有强制力的规范准则。从这个意义上说，家法族规在中国古代法律文化中就成为具有独特性质的家族法文化现象。费成康主编的《中国的家法族规》即从法律的规范性角度对家法族规进行了五个方面特征的界定：由国家立法机构制定；体现统治阶级意志；经某种立法程序；强制力的保证执行以及具有一定的文字形式。对照上述五个方面特征，家法族规基本与后四项内容相符。① 这样，以封建伦理为核心内容的家法族规便使"家法"与国家的"王法"相辅相成，互为表里。可见，将家法族规定性为一种家庭或家族的准法律工具是恰如其分的。而从法律实践性的角度分析，明清时期的家法族规同样具有法律的实质。具体而言，一方面，这种家庭或家族式的准法律，其主要功能体现在调节家庭内部成员之间的矛盾。譬如，家庭成员"临事之际，一以为是，一以为非；一以为当先，一以为当后；一以为宜急，一以为宜缓"（袁采：《袁氏世范》）。通过依循诸如此类的规范与原则，来消解因秉性差异或认识不同而引起的家庭矛盾，从而使家庭内部成员之间和睦相处，这无疑是家法族规的重要功能。另一方面，家法族规中对家族事务的管理也表现出诸多法律性质。家法族规的范围涵盖个人行为、家庭事务、宗族事务以及其他一些和家族相关的家事等事宜，特别是很多在今日看来属于个体的私事也要在家法族规中加以限定，譬如，婚丧嫁娶、修身立业、经营理财等方面。在中国传统社会中，个人命运是绝对隶属于整个家族的。因而为了保持大家族的兴盛和血脉传承，必须有一部家庭式的"法典"对家族事务进行翔实

① 参见费成康主编：《中国的家法族规》，上海社会科学院出版社 2002 年版，第 167 – 170 页。

的规定和要求。换言之,如果一个家族没有形成与之相应的管理规划,没有对财产进行妥善经营界定,其家业倾颓则为期不远矣。因此,在传统家庭中,类似于家法族规这种高效率地管理家庭事务的法规和准绳,就被众多的家庭或宗族(特别明清时期的)所广泛使用了。

明清家法族规与国家法律是大体接轨的,制订家法族规的根本目的是为了借以维持家族秩序,使得家族繁荣兴盛,长治久安。因此,家法族规在制订之初大多力求避免与国法相冲突,特别是在清代,从中央到地方政府都以家法族规的形式对国法进行合理性补充,并对家法族规多采取宽容的态度。国有国法,家有家规,二者的差异也是客观存在的,其中某些部分的差异会引起较为激烈的冲突与对抗。不过,家法族规与国法的相一致性仍是主要方面,其差异与冲突是次要方面。总而言之,明清家法族规的特点或作用表现为,在"以罚辅教"这一原则的指导下,将强制性的规范和准则渗透于家庭日常生活的每个角落。在这一过程中,家法治家与国法治国之间相互支持、协调并举,二者在治国与治家层面共同发挥规范和威慑作用。

第二,明清家法族规是中国传统文化、传统家训文化的一种表现形式。一提及中国传统文化,往往聚焦于"儒墨道法"等众多思想流派及其典籍,却很少有人想到家庭文化,这无疑是一种缺憾。在社会转型时期,我们急需构建符合当代社会发展实际的新型家庭伦理和家庭道德教育的规范体系。近些年,家庭伦理、家庭德育和家风建设等问题受到更多学者的关注,这可以看作是对忽视家庭文化这一缺憾的某种程度上的弥补。实际上,我国的家训文化作为中国传统文化的一种形态,其本身具有较为突出的文化表现形式和较强的文化功能。

具体而言,明清家法族规的文化功能表现在:一方面,它是一种通俗性文化,即在其传播过程中,能够将儒家玄奥典籍中的思想以通俗易懂的家训形式在家庭内部展现出来,这体现了文化传播与文化普及的力量。中国传统文化的精神内核集中体现在以儒家经典为代表的文化载体上,但这些文献和著作大多囿于高雅艺术的表现形式,具有玄奥和深刻的思想特点,超越了一般社会成员领悟和诵读的能力,而真正具有普及性的教化形式应体现于具体的、真实的百姓"俗事"之中。家法族规则是传播这种文化精神的极具特点的通俗化形式,它以家常化的语言等诸多特点,对儒家思想进行深入浅出的阐释,使之普及于千家万户,使"不通文墨"

的家庭成员亦可形成自下而上的改变。为此,中国历朝历代的众多家庭和宗族大都撰写和制订了各种家训、家诫、家规、族规等,卷帙浩繁、数不胜数。正所谓“发虑宪,求善良,足以謏闻,不足以动众;就贤体远,足以动众,未足以化民。君子如欲化民成俗,其必由学乎。”(《礼记·学记》)事实证明,这种文化传播途径是行之有效的,它避免了伦理和道德说教的抽象与空谈,而是从具体的人和家庭出发,真正地做到了“化民成俗”。也正因如此,家法族规促使儒家文化从社会精英层面向大众层面的宣传与推广,从宏观领域向微观领域的渗入和细化,使得儒家文化精神真正浸入普通百姓的骨髓之中,影响中国家庭上千年之久,从此一点便足见中国传统家训文化的巨大能量与魅力。

另一方面,家法族规还表现为一种伦理性文化的功能。它在传播过程中将“仁义礼智信”等传统核心价值观融入到人伦纲常之中,使家庭成员自觉地接受传统文化中伦理道德等价值观念。在“家国同构”的传统社会,千万个家庭的生活样态已然构成整个社会的全貌,可以说,整个社会生活就是家庭生活的放大,社会关系即是家庭关系的社会化。与当今社会、学校和家庭的教育不同,传统家庭的教育方式以血亲伦常为纽带,以超乎寻常的伦理力量将社会政治、经济、人际关系缔结在一起,具象化于“父慈子孝”、“夫唱妇随”、“兄友弟恭”的家庭交往关系之中、“移孝作忠”的君臣关系之中,以及“老吾老以及人之老,幼吾幼以及人之幼”(《孟子·梁惠王上》)的社会人际关系等诸多方面。通过家法族规的教化,使社会意识向家庭化转变,在这一过程中,又将个人修养同社会发展、国家命运融为一体,使每个家庭成员尽可能自觉地遵循传统文化精神来磨砺自我、完善人格。因此,家法族规这种具有朴实、亲切等特点的文化具有“民胞物与”(张载语)的血亲性伦理意义。

第三,明清家法族规也表现为一种教育形式。教育性亦是家法族规的重要属性之一,这种教育功能在于它将道德和教育结合起来,将修身养性和道德教育纳入伦理纲常的范畴之中,其本质是为了达成对人的伦理教育和人格塑造这一最终目的。中国自古以来就极其重视家庭层面的道德教化,“古之教者,家有塾,党有庠,术有序,国有学”(《礼记·学记》)。这是因为,从我国古代社会的社会性质和社会结构特点来分析,学校教育往往是针对少数人的教育场所,寻常百姓是无法接受这种教育的,因而学校教育对于整个社会来说,其作用并不十分明显。而“家学”的兴起与普及则成为中国古代最为广泛的大众教育方式。另一原因在于，由于受家族本位的社会结构影响，家庭成员从出生那一刻起就在家族的范围内成长，社会概念对于个体来说并不十分重要。这种“家族首位，社会次之”的观念将人的成长经历、活动范围和受教育程度限定在“家”的视域之内，社会教育对于个体来说则十分陌生。正如民国时期学者麦惠庭所言：“以前在大家庭主义最盛行的时候，所有生下来的人，直接是属于大家庭，而不是属于社会，因为这时社会是以家庭作单位，人人对于家庭的关系是直接的，而对于社会是间接的。”①因此，教育普通民众的重任自然落在家庭及家庭教育上。许多古人认为，对家庭成员特别是对子孙后代的教育乃是“家庭第一关系事”（孙奇逢：《孝友堂家训》），“蒙以养正，圣功也”（许相卿：《许云邨贻谋》）等等，中国古代家庭对于子孙进行教育的重视程度由此可见一斑。显而易见，家法族规具有其他教育所不可替代的重要历史地位和作用，并可为后世所传承和借鉴。

纵览古代家法族规这本“教科书”，我们亦可从古人家庭教育的优良传统中寻找到诸多共同属性和内在规律。首先，家法族规强调教育内容的丰富性。在“贵和”与“重礼”的传统家庭伦理主导精神的引领下，力求在修身、齐家、读书、交友、节俭等各个方面修德进业。譬如，强调学习和读书的重要性：“学贵变化气质，岂为猎章句、干利禄哉；随其性之所偏，而约之使归于正，乃见学问之功大。以古人为鉴，莫先于读书。”（庞尚鹏：《庞氏家训》）又如，强调持家节俭之道：“一粥一饭，当思来处不易；半丝半缕，恒念物力维艰。”（朱柏庐：《治家格言》）。其次，家法族规强调教育过程的感染性。这种教育方式建立在具有血缘关系的大家庭之中，代际之间联系极为密切，这就使得家庭成员之间更容易在情感上接受和信服彼此的教导和忠告。这种教育形式朴实生动，无须虚浮套语和泛泛的凭空说教，更具有晓之以理、动之以情的效果。通过家法族规的教育，使父辈对子辈的教育更具有感染性，也更容易产生感情共鸣。最后，家法族规更强调教育方式的强制性。为了保证家族的安定有序，为了达到奖罚分明、惩恶扬善的目的，家法族规中通常设立关于奖惩分明的条规，诸如在家礼、行为、起居、理财等各个方面规定了很多具有强制性的要求，譬如，《郑氏规范》指出：“小儿五岁者，每朔望参祠讲书，及忌日

① 麦惠庭：《中国家庭改造问题》，商务印书馆 1935 年版，第 18 页。

奉祭,可令学礼"、"子侄虽年至六十者,亦不许与伯叔连坐"。自明朝中后期以降,家法族规的惩罚力度不断加强,个别家法族规中对违反者的惩罚手段明显加重,甚至出现涉及个人财产和剥夺生命权的惩罚方式。总之,以家法族规来治家反映了古人对齐家的重视以及对法规威慑作用的倚重。

二、明清家法族规现代转化的历史性探究

本书探讨明清家法族规中优秀德育思想的现代转化问题,其核心部分依然聚焦于"道德"这一核心概念,归根到底是要辨析道德"变"与"不变"的关系问题。从伦理学角度出发,道德既可以被视为事实存在和价值存在,又可以将其理解为与人的认知和人的实践相关联。笔者试从道德价值论的角度来考察道德:一方面,道德中所谓"变"的成分,指的是道德规范和道德价值的有效性是有条件、是具有一定期限的。这是因为,马克思主义哲学强调经济基础决定上层建筑,道德存在与生产方式、生活方式或宗教信仰有很大的关联性。恩格斯指出:"历史思想家(历史在这里只是政治的、法律的、哲学的、神学的——总之,一切属于社会而不仅仅属于自然界的领域的集合名词)在每一科学部分中都有一定的材料,这些材料是从以前的各代人的思维中独立形成的,并且在这些世代相继的人们的头脑中经过了自己的独立的发展道路。"①更进一步讲,道德的这种相对性还同人们的世界观、人生观、价值观以及人的经济利益有着密切的关联。如此来说,考虑明清家法族规中的道德思想,同样具有相对可变性,它亦属于社会的上层建筑,具有相对的独立性和自身发展的空间与形式,因而,它也能传承下来相对独立、各具风格的形式与内容。"当一种历史因素一旦被其他的、归根到底是经济的原因造成的时候,它也影响周围的环境,甚至能够对它的原因发生反作用。"②这种历史的传承不会是被动地接受,而是采取与时俱进的主动接受。因此,在由传统社会向现代社会跃迁的过程中,反映家庭生活的传统道德也能不断地改变自身的存在形式,完成自身的蜕变与重构。

另一方面,承认道德存在的相对性不等于否定了道德的绝对性。这表现为在不同的地域、民族或不同的时代同样存在着共同的道德观念。与此同时,强调道

① 《马克思恩格斯选集》第四卷,人民出版社 1972 年版,第 501 页。

② 《马克思恩格斯选集》第四卷,人民出版社 1972 年版,第 500 页。

德的绝对性还要承认道德的正确性,它在适用范围和条件下,其作为善与恶、合理与不合理等价值的评判标准是确定的,也不会因为少数人的否定与质疑而改变标准。正如冯友兰所说:"有些道德是跟着社会来的,只要有社会,就得有那种道德,如果没有,社会就根本组织不起来,最后也要土崩瓦解。有些道德是跟着某种社会的,只有这一种社会才需要,如果不是这种社会,就不需要它。前者我称之为'不变的道德',后者我称之为'可变的道德'。"①可以说,这种"不变的道德"存在于人类社会的始终,是源于人性及人类社会内在要求的、在不同的历史时期和社会中不断延续的道德。因此,挖掘明清家法族规中传统德育思想的当代价值之所以能够成为可能,正是因为存在着"不变的道德"。这种"共时性"的文化积淀被唐凯麟先生称之为"古今共理",应对其做出符合当今时代要求的新的诠释,并熔铸于当代家庭美德之中,唯其如此,才能完成传统家庭伦理道德当代价值的再创造。

(一)错位与对接:家庭结构与社会转型变迁

古往今来,家庭是构成社会的最基本要素,社会的经济、政治与文化缔造了家庭的形式、结构等诸多方面,同样,家庭反过来又促进和影响了社会的形成与发展。

对家庭发展史略作考察,我们即可得出这样一个基本的认识,那就是家庭是社会发展到一定阶段的历史产物——从原始血缘家庭到普那路亚家庭,再到对偶家庭,最后到一夫一妻制家庭。尽管在不同社会发展阶段,家庭的形态、结构、意义都不尽相同,但家庭作为社会的细胞和最普通的社会制度在相应的社会系统中占据重要地位。恩格斯指出,人类的家庭自一开始就表现为双重关系:"一方面是通过劳动维持自己生命的生产和通过两性的结合进行种族的繁衍,这是人与自然的关系;另一方面是通过许多个人的合作以保持和推动上述两种生产的发展,这是人与人的关系,即夫妻之间的关系和父母与子女之间的关系"②。可以说,家庭就是基于人与人之间建立在婚姻和血缘关系基础之上所形成的共同生活的小型群体。更进一步讲,家庭结构、形式的变化,家庭伦理道德的发展亦是在与社会变迁的互动与同步之中逐步达成共识的动态演变过程。因此,考察社会转型时期的

① 冯友兰:《三松堂自序》,三联书店1984年版,第290页。
② 恩格斯:《家庭、私有制和国家的起源》,人民出版社1972年版,第3页。

家庭伦理道德,即是在“传统社会”向“现代社会”过渡的大背景下,考察家庭结构与社会变迁从冲突走向融合的具体过程。

社会转型是当今学术界普遍使用的学术术语。广义的社会转型是指社会形态整体性和结构性的改变和转换。在这一过程中,同时涵盖了包括社会政治形态、经济形态和社会文化形态等诸多领域的转换。譬如,从古代农业社会向近代工业社会、从封建社会向资本主义社会的转换等。社会转型的另一层含义则是指特定历史时期的具体性和一次性的社会转型。马克思依据主体的人的生存发展状况,将人类社会的依次更替分为三大形态,即人的依赖性社会、物的依赖性社会、个人全面自由发展的社会。① 可以说,无论是哪一种类型的社会转型,其本质依然是人类以不断变革的方式去适应社会的深刻变化,通过对旧秩序的打破与新秩序的建立,去寻求从一种平衡态过渡到另一种平衡态的过程。参照这一框架并具体结合我国社会转型的实际情况来进行分析,亦即从传统型社会(指以“人的依赖关系”为特征的社会——“人的生产能力只是在狭窄的范围内和孤立的地点上发展着”)向现代型社会(指“以物的依赖性为基础的人的独立性社会”——“形成普遍的社会物质交换,全面的关系,多方面的需要以及全面的能力的体系”)的转变和过渡。② 而在这一过程中的家庭变迁,则不仅仅是一种自然而然的历史演进过程,还指明了人类发展和社会进步的必由之路。也就是说,家庭的结构、功能的每一次变迁都被社会的跃迁深深地影响着。正如美国未来学者阿尔温·托夫勒(Alvin Toffler)所形容的这一改变:“新奇事物的洪流汹涌澎湃,势不可挡……这股洪流正深深地渗进我们的私人生活,它将给家庭本身带来过去绝对不曾有过的严峻考验。”③

在中国社会转型的大背景下,我国的家庭也正经历着由传统型家庭向现代型家庭的演变阶段。随着社会现代化、工业化和城市化的推进,我国经济环境、政治环境和文化环境的巨大变化,促使中国家庭无论是在实体层面还是在观念层面都处于深刻的变革之中,这就促使中国家庭由“传统型家庭”向“现代型家庭”的转

---

① 《马克思恩格斯全集》第46卷,人民出版社1979年版,第104页。

② 参见《马克思恩格斯全集》第46卷,人民出版社1979年版,第104页。

③ 阿尔温·托夫勒著、任小明译:《未来的震荡》,生活·读书·新知三联书店1983年版,第264页。

型,包括家庭的结构与形态、家庭功能与作用,以及家庭成员关系,甚至家庭价值观念和伦理道德也发生巨大改变。具体而言,从实体层面分析,我国家庭结构变化的主要特点表现为:其一,家庭结构由紧密转变为松散;其二,家庭规模逐渐缩小,家庭人口数量减少,家庭整体数量增多;其三,主干家庭保持相对稳定,核心家庭逐步巩固和扩大。其四,家庭类型多样化,由单一形式转变成多元化;其五,家庭功能由家庭走向社会。从观念层面分析,当代家庭的变迁则表现为对家庭伦理与家庭教育需要进行重新地诠释。在这一转型时期,传统家庭伦理道德遭遇近现代以来思想变革的猛烈撞击,致使传统家庭伦道德观念被迫退位。一方面传统道德权威地位的丧失殆尽,另一方面符合当代社会的道德观念和价值体系却没有形成。传统社会与当代社会的不同范式,必然导致家庭关系的急剧变化和家庭伦理道德的失范。在这种社会变迁与家庭结构长期错位的阶段,传统观念与现代观念交替叠加,迫使当代人处于变革时代的迷茫之中,徘徊于传统与现代之间,遭遇诸多传统与现代的冲击和矛盾。在这种情形下,如何寻求社会和家庭的对接?我们说,传统与现代之间没有不可逾越的鸿沟,社会与家庭的转型也并非需要"大破大立"。事实上,社会转型应是传统因素与现代因素此消彼长的渐进过程。正是由于这一过程的渐进性,为当代家庭模式的构建提供了充足的时间,也为家庭伦理道德的形成和完善家庭德育的路径提供了诸多机遇和选择。这种新的家庭体制和伦理道德的构建,也正是当代学者孜孜以求的。在这种新型伦理道德体系的"调停"下,家庭和社会之间的错位与矛盾最终必然走向对接与融合。

(二)辩证与中和:对待家法族规的思维向度

明清家法族规无疑属于中国传统文化的范畴,其中所蕴含的优秀德育思想同样是中华民族的传统美德。它所涵盖的人生哲理、处世之道等,不仅对家庭与社会的和谐、稳定起到了至关重要的作用,同时也在一定程度上陶冶了我们的民族性格,铸就了中国人独特的民族传统。然而,由于受到时代和历史环境的限制,明清家法族规中不可避免地带有些许历史性的缺憾。不过瑕不掩瑜,一点缺憾甚或缺失无法掩盖其自身的重要历史价值。对待明清家法族规,我们同样可以采用与自己民族相符合的思维方式来予以审视其文化特征。这是因为,一个民族所固有的思维方式影响着民族的集体意识和实践行为,进而影响民族文化的创造力,而文化作为创造性产物,其相对独立性的特点又同时影响着一个民族文化的再创造。因此,采用适合中华民族的思维方式来审视传统家训文化,是对明清家法族规最为翔实、全面的了解和省察。

一方面,运用辩证思维来分析明清家法族规的两重性。罗国杰先生在《中国家训史》一书的序言中指出:"我们在继承'家训'这一古代道德'遗产'时,一定要以马克思主义的基本立场、观点和方法,按照'批判继承、弃糟取精、综合创新、古为今用'的原则,抛弃其糟粕,吸取其精华。……古为今用,就是要使这些古老的'家训'能够'与时偕行',能够与新时期家庭教育的实际相衔接,解决当前家庭教育所需要解决的问题。"①就明清家法族规而言,所谓"精华",即是指蕴含于其中值得今人或后人去弘扬的思想或精神。大体而言,这种思想或精神是对理想人格的教育,包涵家庭和睦、与人为善、慎独省思、勤俭持家等诸多方面。而在其特定的历史时期和社会环境下,强调上下尊卑、重农轻商、封建迷信、男尊女卑等"糟粕"内容则是我们应该予以摒弃的。对待明清家法族规的现代诠释,就是要运用辩证性思维,从时代和实践的要求出发,将其中的优秀德育思想运用到当代家庭伦理道德建设上来,并赋予其时代性和科学性的新理解。这种"扬弃"本身,即体现了对家法族规否定之否定的思维过程。

另一方面,运用"中和"思维将明清家法族规的历史价值与现代价值相结合。中国传统的"中和"思想在儒家学派中得到发展和深化,它的实质是主张分析事物时要把握"度"以及掌握事物转变的关键点,这有助于克服"非此即彼"的片面思想。因此,在对待明清家法族规的现代转化问题上,在我们对家法族规进行价值整合之前,必须要以尊重历史为前提,并在现有材料的基础上,对明清时期的社会、经济和文化背景进行分析。唯其如此,才能客观、适度地挖掘其德育思想的丰富内涵,并取得令人信服且科学的结论。当代家庭道德观念的形成,既渊源于家庭伦理教育的传统,同时又植根于现实的社会关系、经济关系和家庭关系等方面。换言之,形成一种当代家庭道德教育理念,不仅要继承传统德育思想精华,更应当立足于现实,以当今家庭变革和发展的方向为依据。通过"中和"思维的运用和发挥,我们要将明清家法族规的历史价值与现代价值融会贯通,赋予那些具有普遍意义的优秀德育思想以新的时代内涵,进而达成思想道德体系古今通融的和谐状

① 陈延斌、徐少锦:《中国家训史》,陕西人民出版社 2003 年版,第 2 页。

态。这也正如毛泽东所指出的:“从孔夫子到孙中山,我们应当给予总结,承继这一份珍贵的遗产。”①从传统道德教化资源中汲取丰富的理论资源,在此基础上再按照这个时代的适时之需,将这份珍贵的遗产融入当今社会生活。

本书对明清家法族规中优秀德育思想的审思,既是对当代中国家庭伦理与道德体系构建的思考,也是对符合当今社会核心价值观念的德育方法与方式的探究。正如朱贻庭先生所言:“科学的态度是,从现实出发,基于时代的要求,着力发掘蕴涵于传统家庭伦理中的人文资源,对之进行现代价值的再创造,从而实现传统与时代的整合。”②中国当代家庭道德体系的构建,绝对不能脱离中国传统道德而产生,只有用民族的语言、民族的形式和民族的思维继承和发展优秀传统道德教化的形式和内容,才能形成符合当代社会家庭伦理教育再造的定位与范式。

(三)传统与现代:德育思想的现代性转化略论

美国社会学家爱德华·希尔斯(Edward Shils)在《论传统》一书中指出了“传统”的三个特征,即“世代相传的事物或是惯例、制度;相传事物实体、信仰和制度等的统一性;传统特征的持续性”这三个方面。③ 通过对“传统”特征的表述,我们认为,传统不是一个抽象的定义抑或是简单静止的结构,传统更不是泯灭在历史洪流中的回忆抑或是尘封在岁月中的遗迹。传统应该是在人类社会文明的形成和发展进程中所一直延续的、并在时间的积淀下存在于现实之中的“历史全息镜像图”。而与传统相比,现代则是传统的延续和发展,或者是传统的转换和再生。因此,传统与现代的相互关系也可以表述成:一方面,传统就是过去某一时期的现代,而现代将在未来某一时期变为传统;另一方面,传统存在于现实之中,是对历史的传承与存在。不言而喻,中国传统文化的现代转化则体现了文化传统性与现代性的统一。中华民族在历史发展进程中逐步形成的思想文化和价值体系,则体现出中国传统文化在当代鲜活的“生命价值”。

如前所述,家庭伦理道德和德育问题仍然是一个历久而弥新的话题。将“传统与现在”这一问题具体到“明清家法族规中优秀德育思想现代转化”的视域中,

---

① 《毛泽东选集》第2卷,人民出版社1991年版,第533－534页。

② 朱贻庭:《现代家庭伦理与传统亲子、夫妻伦理的现代价值》,《华东师范大学学报(哲学社会科学版)》1998年第2期,第20－24页。

③ 希尔斯著、傅铿等译:《论传统》,上海人民出版社1991年版,第15－17页。

则充分体现了中国传统文化在“传统与现在”之间相互转换与传承的双重作用。我们说,现代转化要进行两方面的深入分析:第一,优秀德育思想的“转化”是否标志着包括明清家法族规在内的传统家训文化的衰落与过时?第二,优秀德育思想的“传承”需要怎样变化以及如何变化?我们认为,对于众多形式的传统家训文化不能简单地使用衰退或衰落等词语来进行泛泛的概括,因为这样的描述与历史事实并不相符。通过对比和分析中国历朝历代的家训文化,我们不难发现,在中国近现代之前,各个时期的家训较之以往均发生了不同程度的变化。这种变化可称之为继承性变化,即在原有家训文化特征的基础上所进行的增补与发展,特别是在明清时期,以家法族规为代表的家训文化其影响的范围与深度均达到发展的顶峰。而在近现代之后,家训文化则出现了断层性变化,即前后家训特征的联系性甚微。造成这一现象的根本原因已在上文中提及,即社会转型和家庭结构的变迁使得近现代前后的家训文化差异明显,但这并不足以证明传统家训文化在近现代社会的消失殆尽。既然家训文化依然存在,我们便可以回答第二个问题。在此之前,需要梳理一下以家法族规为代表的传统家训文化这一断层性变化的特征:首先,家法族规在文化形式上发生了诸多变化。这种变化与时代的脉搏是相符合的,一方面受近现代“家庭革命”风暴的影响,以家法族规为代表的传统家训形式在人们的视野中几乎已经销声匿迹;另一方面,由于通信工具的日益发达,家书这一形式也逐渐悄然消失,取而代之的则是现当代家庭简单明快的家训格言,或是直接通过家风规范来代替家法族规的教育作用。其次,家法族规的内容也发生了改变,构建符合当今社会和谐与发展的主流核心价值观,应是当代家庭道德建设的主要目标之所在。最后,家法族规的教育空间与范围也发生了显著变化。传统家训文化的教化作用主要适用于家庭乃至整个族群成员的道德品质和言行规范。而如今的家庭教育作用则局限于核心化或小型化的三口之家。行文至此,不难看出,由于社会的转型和时代的巨变,家法族规的功能与作用和古代相比早已不能同日而语,故此,我们将这一特殊性变化称之为“转化”。[①] 现代转化的目的就是实现对传统的改造,从而完成对传统的思想观念、道德观念、思维方式、行为方式、心理意识等的转变。通过这种形式的变化,使明清家法族规中的优秀德育思想在

① 参见朱明勋:《中国传统家训研究》,四川大学博士学位论文,2004年。

当代社会仍然能够发挥家庭道德规范与教育的重要作用。因此,传统向现代的转化是一个现实的创造性过程,从这个意义上讲,现代转化即是架构起传统与现代的桥梁,使传统的历史遗存"活化"为具有生命力的现实资源。总而言之,明清家法族规也只有经过这种现代性的改造和转化,才能在当代社会以新的面貌得以重生。

(四)冲突与融合:当代家庭伦理的定位与重构

从20世纪初期开始,对于传统伦理文化(包括家庭伦理文化)所进行的反省和审视,大体可分为两个重要的历史阶段。其一是五四新文化运动时期,在这一时期对待传统伦理文化问题主要形成了"传统主义"和"反传统主义"两种截然不同的态度。其二是20世纪80年代改革开放后的一段时期。伴随着文化热潮和现代新儒学的兴起,众多学者从各个角度对中国传统文化和西方文化进行了研究、比对和选择,并对中国传统伦理文化现代转化这一问题的研究逐步形成了"总体否定论"、"继承创新论"和"超越创新论"等几种代表性观点。

纵观中国百年以来的思想文化领域,新文化运动的两大阵营与新儒学的众多学者都未能打通传统与现代伦理道德续接之通途。因此,解决传统与现代之间的冲突与断裂问题,迄今为止仍是尚未完成的历史重任。众所周知,中国传统文化大体属于伦理型文化,由于中国社会所具有的"家国同构"的特殊社会结构,在传统与现代发生矛盾、冲突时候,斗争锋芒必然指向家庭伦理道德。虽然经过多次摧枯拉朽的道德革命,但传统家庭伦理仍然在很大程度上植根于中国民众的日常生活和道德心理之中。由此可见,传统家庭伦理是有其存在的充分理由和社会需求的。再者,中国社会是以家庭关系为原型的人伦关系模式,通过由血缘亲情和家庭情感上升为一般社会交往的内在逻辑,并将一切社会关系准则顺理成章地依照家庭关系及亲情原则的扩展形式来进行处理和执行。因此,实现当代家庭伦理的定位与再造,就要通过传统家庭伦理的现代转化打通已然错位的家庭道德伦理体系。在确立当代家庭伦理定位的同时,实现古今道德伦理的融合与重构,才是重拾传统道德思想的最终目的与价值归宿。

当代家庭伦理的特征大体可以概括为以下几方面:首先,当代家庭伦理应具有开放性。费孝通先生曾以"投石荡波"来比喻中国传统社会人与人之间封闭的

“伦理圈子”。其局限性在于中国人对圈子靠近中心的人表现出情感眷顾和伦理关怀，而对于圈子外围的他人则缺乏应有的人际交往，这也是近代学者常常提及的“私德”与“公德”不匹配问题。当代社会是一个开放性的社会体系，个体在社会中以公民的身份存在，当代家庭交往形式趋向于开放式，当代家庭伦理模式也已突破了以家庭为单位的交往圈，将伦理关系延伸至社会成员之中。实际上，当代家庭已经加入到整个社会的大循环之中，家庭的生产、消费、教育和娱乐等功能都与社会不可分割。在家庭内部，亲子关系趋于民主平等化，女性地位不断提高。在家庭成员个体向社会化过渡的过程中，个体的独立人格和竞争意识不断加强，种种家庭特征必然要求家庭伦理进行与之相适应的开放性转变。其次，当代家庭伦理具有理性化特征。传统社会的家庭伦理是一种人情伦理，宗法社会的结构造成了家庭伦理的单一性和同质性。而当代家庭的伦理构建则体现出多元性特点，这不仅是因为社会现代化使得社会群体组织出现高度分化，还因为不同地域、不同阶层、不同领域都有其固有的价值体系和道德秩序标准，这就意味着当代家庭伦理应具有理性和相对独立的一面。因此，当代家庭伦理的定位应在尊重家庭成员的人格和个性的基础上强调权利和义务的双向性，强调情感与道德规范自律与他律的统一，进而可以避免情感泛滥情况下的家庭伦理秩序的混乱、个体道德的狭隘与自私。诚然，家庭伦理的理性化并不是一味忽视感情因素在伦理道德中的作用，家庭依然是人们获得心灵慰藉和精神依恋的港湾，这种价值是不可替代的。因此，当代家庭的伦理重构在保留传统人情预设的同时，又要以理性精神规范人情运作，使伦理在情与法之间达成统一。最后，当代家庭伦理应具有民族性和时代性。《易传》有云：“有天地然后有万物，有万物然后有男女，有男女然后有夫妇，有夫妇然后有父子，有父子然后有君臣，有君臣然后有上下，有上下然后礼仪有所错。”可以看出，家庭伦理在人类社会发展中的重要地位。正是在这样的文化背景下，中国传统社会形成了深厚的中国家庭伦理道德传统。当代家庭伦理的构建应从传统家庭伦理中汲取合理的内容要素，笔者在上文中已进行了翔实的分析与论述，故在此不必赘述。更值得一提的是，家庭伦理的建构要从当代社会现实的生活实际和生活实践出发，只有将家庭伦理植根于现实生活之中，才可能真正建构起符合当今时代要求的伦理道德规范。因此，当代家庭伦理的目标定位要符合社会主义社会的价值取向，应能够满足社会主义核心价值观的发展要求。实现家庭伦理与社会伦理的重新整合与价值重构，这是家庭伦理由传统向现代转变过程中不可避免的趋势，也是传统与现代家庭伦理从冲突走向融合的必然要求。①

中国是受到传统伦理道德资源浸润的国家，即便是在当代社会，中华民族依然承继着传统的基因和遗传因素。只有基于传统，改造传统，再认识传统，才能使今天的道德体系构建有了根基。正如朱贻庭所说："探讨传统家庭伦理的现代价值应该注重现代家庭伦理的'原源之辨'。'原'即本质、根基，指现实社会的经济关系、社会结构、政治状况及其变革并具有现实的社会道德体系的性质、价值导向和时代特点；而'源'即渊源、资源，指历史地形成的传统伦理文化（也包括外来的伦理文化影响）。它不仅规定和影响着这种社会道德包括道德语言的民族形式和民族特点，而且还为这种道德体系提供了可供选择的伦理文化资源，从而丰富了现实道德体系的内容。与此同时，'源'又必须接受'原'的检验和筛选，从而决定了'源'的嬗变以实现二者的整合，创造出具有时代特色和民族特点的社会伦理结构，这是伦理文化演进的一般规律。"②我们在对待明清家法族规中优秀德育思想现代转化这一问题时，也要以"原"的角度去看待"源"，即正确理解传统，分解传统，扬弃传统，将历史文化遗产古为今用，并做到去芜存菁。也正是这种"原"与"源"的整合，才能使当代家庭伦理的重构实现传统与现代的统一、辩证与中和的统一、冲突与融合的统一。换言之，将明清家法族规这份丰富的文化遗产进行价值认同和合理评价，做出符合时代要求的理论诠释，并将其熔铸于当代家庭美德之中时，也就完成了传统家庭伦理向当代家庭伦理的再创造与再转化过程。

综上所述，在传统社会向现代社会的转型时期，只有重新审视与思考包括明清家法族规在内的传统家训文化中的家庭伦理思想精髓，建立起适合于社会主义核心价值体系的当代家庭伦理文化，促进家庭和谐、社会稳定，乃至整个国家的文化繁荣，这才是传统家训文化中优秀德育思想现代转化的应有之义。

三、明清家法族规中的德育思想变迁举要

以儒家思想为核心的传统伦理道德在中国人以往的道德生活中发挥过重要

① 参见李桂梅：《冲突与融合——传统家庭伦理的现代转向及现代价值》，湖南师范大学博士论文，2002 年。

② 朱贻庭：《现代家庭伦理与传统亲子、夫妻伦理的现代价值》，《华东师范大学学报》1998 年第 2 期，第 20－24 页。

的作用,其主导精神是相对稳定并深入人心的。借助于传统社会生活“家庭本位”、“家族至上”的特点,道德规范的具体运作则以中国传统家庭为基础,并通过血缘人伦关系来进行道德教育。它使人能够明确读书治学之目的,掌握待人接物之方法,最终以达成儒家所崇尚的光明伟岸的理想人格。可以说,古人的生活实践证明,家庭生活不仅成为人们生活的价值取向,更成为社会关系的理想模式。而家庭德育以传统家庭伦理为依托,实践证明的确亦是行之有效的。因此,“在儒家的伦理观念中,家族既是人伦的原则和出发点,又是人伦的归宿;既是人格的生长点,又是人格的最高理想。这种家族精神正是儒家的伦理精神的本质”①。明清家法族规中的德育思想可以被视为儒家思想在家庭生活层面的具体体现,亦可以被视为对以往传统家训文化的承接与延续。正因如此,明清家法族规中的德育思想与传统家庭教育应该具有一般性和共相性的特征。

众所周知,古代家庭教育是以“孝”为根基的伦理教育,并以此为核心,表现为“重礼”、“贵和”等其他伦理教育形式。其目的是以“礼”为基础和准则,在人们“安伦尽分”的前提下极力推崇道德实践层面的“中庸之道”,从而达到家庭成员之间协调、和谐的旨归。我们可以通过对明清家法族规中德育思想的个例分析,试图寻求优秀德育思想、德育方法在家庭变迁过程中的继承与转化的规律,并结合当代中国的世情、国情与民情,有选择性地对优秀德育思想加以接受和继承。

(一)“孝”文化的伦理关系与转化

“孝”乃人伦之本,道德之源。作为中国传统道德的核心内容之一,孝德一直备受推崇。追溯历史,至少在殷商时代就有了“孝”字。西周时期“孝”作为伦理规范已经形成。到春秋战国时期,“孝”已成为中华民族伦理意识的核心范畴。至秦汉后,孝道已然超越出家庭伦理范畴,成为中国传统社会具有统领性的意识形态。

明清家法族规中对“孝”德的教化主要体现在如下几个方面:首先,在德育的理论层面,强调孝道在为人立品中的重要地位。明代的曹端在《夜行烛》中指出:“孝乃百行之原,万善之首。上足以感天,下足以感地,明足以感人,幽足以感鬼神,所以古之君子自生至死顷步而不敢忘孝。”姚舜牧在《药言》中说:“圣贤开口

---

① 林存阳、刘中建:《中国之伦理精神》,四川人民出版社 2000 年版,第 72 页。

便说孝弟，孝弟是人之本，不孝不弟便不成人。”其次，在孝道的实践层面，强调敬爱父母，赡养父母。孝不但要求子女对父母尽各种孝养的义务，保证父母衣食无忧，更重要的是要求子女对父母有敬爱之心。譬如，明代的温璜之母在《温氏母训》中说：“凡子弟每事一禀命于所尊，便是孝梯。”清代的张履祥在《训子语》中说：“古者父母在，不有私财。盖私财有无，所系孝弟之道不小。无则不欺于亲，不欺于兄弟，大段已是和顺。”此外，子女遵循孝道，还要顺从父母。所谓大孝，其根本就在于“顺亲”，即不违拗长辈的意愿，听从长辈的吩咐，“父母之年，不可不知也。一则以喜，一则以惧”（《论语·里仁》），遵从父辈的志向和爱好，即使父母不爱己，孝子仍不改变其孝心孝情。康熙帝在《庭训格言》中说：“凡人尽孝道，欲得父母之欢心者，不在衣食之奉养也。惟持善心，行合道理，以慰父母而得其欢心，斯可谓真孝者也。”最后，还有一类是以条规形式作教诫，这种尽孝的方式具有一定的强制性，尤其表现在祭祀先辈祖先之时。所谓孝子事亲大体分为两个方面，长辈在世时，晚辈要心存爱敬，侍奉长辈；长辈去世后，则要按礼之要求去“葬”与“祭”，诸如“哭不哀，礼无容，言不文，服美不安，闻乐不乐，食旨不甘”（《孝经》）等要求。在明清时期这一要求更加复杂化、烦琐化，子女的一言一行都是在礼的规定下，方可达到“养老送终”的孝道要求，凡此种种，不胜枚举。

从上述对孝的分析，我们不难发现，明清家法族规对我国传统“孝”的意义做出了通俗化的诠释，并在日常生活中对其进行了具体性的补充和强化。孝道在中国传统社会被推崇，被普通民众所熟知和践履，从而被视为中华民族传统美德之标榜。然而，孝道被目的性地置于至高无上的本体论地位，一味地被强化、泛化，甚至被曲解，则必然失去孝的原本之义。孝道作为封建伦理道德的基石，具有明显的封建主义色彩。其一，将孝绝对化和极端化。具体表现为“移孝作忠”、“以孝治天下”。中国社会是建立在父家长制基础上的封建宗法专制社会，这使得统治阶级非常看重等级秩序和对长辈的敬畏。因此，将孝从家庭伦理上升为政治伦理，即所谓的“父为子纲、君为臣纲”，从而导致愚忠、愚孝。将孝片面化、绝对化，只强调子孝而根本不讲父慈，只讲臣忠于君，而不讲君主仁惠。所谓君臣之理“无逃于天地之间”（《庄子·人间世》）、“天下无不是的君父”（程允升：《幼学琼林》），使得孝成为维护封建宗法等级制的工具。其二，将孝形式化和虚伪化。譬如古代社会采用“举孝廉”这一制度，在全国各地推举有孝亲之名和有廉洁之名的人物，由朝廷任命官职。于是，假孝就成为当官发财、跻身官宦之列的重要途径。在明清时期，厚葬之风仍盛行之际，诸如“造寿屋”、“雇人代哭”等形式化的假孝礼俗，其虚伪性更流于言表。其三，使孝的内容泛化和矛盾化。譬如《孝经》有言：“身体发肤受之父母，不敢毁伤。”而《二十四孝》中却有“啮指痛心”和“卖身葬父”等故事来论述如何尽孝。这类前后矛盾的尽孝说辞比比皆是。其四，将孝复杂化和烦琐化。这一点突出表现在丧礼上，诸如亲死后多日不进食、终身不食荤，更有甚者列出终身不娶嫁等不近情理的孝道规定。①

梁漱溟先生曾言：“中国文化是‘孝’的文化，自是没错。”②但“孝”作为封建社会的道德本原，传统孝道的瓦解坍塌与社会、家庭的演变具有直接的关联和影响。由于社会制度的更迭，封建专制和父权家长制遭到了毁灭性的打击，尤其是五四运动时期把对封建孝道的抨击与对封建专制制度的批判相结合，代际之间的强权关系和等级关系逐渐被民主平等关系所取代，家庭在社会中所起的表率作用被大大削弱了。在当代家庭伦理关系中，人们将至尊于伦理道德核心地位的孝，充斥于古人全部人生价值中的孝，还原其最本质、最基本、最平实的最初本义，即尊老、爱老、敬老。孝之本义是孝敬父母，报答父母的养育之恩。这种建立在感性且直观基础上的人之本性的情感流露，才具有合理性和说服性。更进一步讲，这种孝道更体现出家庭成员之间爱的交换，即子女对父母的敬爱，以及父母对子女的慈爱，二者的爱从基于血脉相通转化成为一种伦理道德的爱，进而达到双向度的爱的平衡。孝文化的现代转化，偏重的是道德调节的作用，强调的是家庭德育的力量，通过正确的价值导向教育人、引导人，进而使整个社会形成敬爱父母的社会环境。正所谓“夫孝，德之本也，教之所由生也。”（《孝经》）道德培养需要循序渐进的过程，只有家庭内部的孝道得以实现，敬老爱老的品德才能由亲人及他人、由近人及远人。这种“亲亲”的过程才能由少数到大众，即孟子所言的“老吾老以及人之老，幼吾幼以及人之幼”（《孟子·梁惠王上》）。总之，“孝悌也者，其为仁之本”（《论语·学而》），孝文化既是维系家庭和睦必不可或缺的道德内核，亦是当代社会应发扬光大的传统美德。当今社会依然应该弘扬孝德，唯其如此，才能

① 参见李桂梅：《冲突与融合——传统家庭伦理的现代转向及现代价值》，湖南师范大学博士论文，2002 年。

② 梁漱溟：《中国文化要义》，学林出版社 1987 年版，第 307 - 308 页。

使人们由孝生仁，并将孝之精神扩充到当代国人的精神境界之中。

（二）“礼”文化的形式消解与整合

在世界文明史上，中国素以“礼仪之邦”而著称，礼在中国传统道德中占有十分重要的地位。中国古代家庭强调整体主义的伦理精神必然要引申出重秩序的观念，因此，重礼无疑也是整体主义演绎出来的传统道德精神之一，具体体现在传统家庭伦理中，就是要求家庭成员别贵贱、明人伦，并安于自身所处的等级地位、不许躐等诸多方面。

众所周知，中国古代社会是典型的等级制社会，它所维护的必然是封建等级秩序，“礼”在其中则承担了协调和规范等级秩序的重任。在中国古代，“礼”又有广义和狭义之分。最广义的“礼”泛指典章制度、一切社会规范以及相应的仪式节文；狭义的“礼”主要是指礼仪、礼貌等。然而无论广义抑或狭义之礼，其根本精神都是“分”、“别”、“序”。具体而言，儒家理想的社会秩序就是一种遵循封建等级制度、严守尊卑等级地位的伦理秩序。在统治者看来，“礼”的功用就是明人伦、别贵贱进而使等级关系程式化、有序化。与此同时，“礼”也会被统治者装扮成调整人与人之间各种社会关系的最基本的规范和准则，因而使得“礼”的等级要求遍及社会生活的方方面面。尤其是在传统家庭的日常之“礼”中，从人们的衣食住行、婚丧嫁娶、生老病死，直到待人接物都有一套严格的等级标准和秩序规则，轻易不得逾越。提及传统家法族规中的礼仪规范，朱熹等人所谓的“家礼”无疑是其中最重要的内涵之一。作为传统家庭之“礼”，其基本精神是——尊卑有等、长幼有序、男女有别、父子有亲、夫妇有义等。具体来说，族长、家长与族众、家属，男子与妇女之间，都有严密的家庭内部之“礼”。譬如，长幼尊卑之间所遵循的日常之“礼”即包括：若长者坐，子女、幼者须侍立一旁；即使吃饭，座次也要按既定的次序安排和落座；长者说话，子女、幼者不可插言。并且，古代“家礼”还强调男女有别。古代“家礼”要求亲友邻里间的交往也要尽“礼”，强调彼此间的礼尚往来，因而人们在日常交往中均依礼办事，唯恐失礼、违礼，等等。诸如此类，不可谓不繁。由上述可见，“礼”作为中国古代一种制度化的生活规范历来备受推崇，具有鲜明的等级色彩，即所谓“定亲疏，决嫌疑，别同异，明是非”（《礼记·曲礼上》）。实则是旨在别贵贱、明人伦的传统“家礼”所涉及和规范的内容。总之，等级观念一直在中国古代社会中居于主导地位，并渗透于社会生活和日常生活的每一个角落，从而对传统中国人的生活世界产生着重大影响。①

我们认为,礼文化在中国不但起源最早,其特征也是其他文化形式所不及的。"孔子将礼仪制度从外在的强制性的规范,改变为内在的主动性欲求,他(孔子)不是把人情感、观念、仪式引向外在的崇拜对象或神秘境界,相反,而是把这三者引导和消融在以亲子血缘为基础的世间关系和现实生活之中,使情感不导向异化了的神学大厦和偶像符号,而将其抒发和满足在日常心理—伦理的社会人生行为中。"②可以说,礼的本质应归属为一种行为模式,"礼,履也"(许慎:《说文解字》),这种井然有序的行为模式从家庭延伸到社会,通过礼的方式一以贯之。我们暂且不提"制礼作乐"在其后所演变为的国家制度,仅从家庭和社会民间层面出发,"礼"在民间生活中则被视为费孝通先生所说的一种"小传统"。"乡土社会是'礼治'的社会。礼是社会公认合适的行为规范。合于礼就是说这些行为规范是做得对的,对是合适的意思。如果单从行为规范一点说,本和法律无异,法律也是一种行为规范。礼和法不同的地方是维持规范的力量。法律是靠国家的权力来推行的。'国家'是指政治的权力,在现代国家没有形成前,部落也是政治权力。而礼却不需要这有形的权力机构来。维持礼这种规范的是传统。"③这种礼俗在社会交往层面(包括邻里、朋友、熟人、同乡等)同样具有很强的行为制约力。因此,不难发现,社会层面的礼俗类似于家法族规,具有很强的行为制约力量,这种礼的秩序正是费孝通先生认为的中国"差序格局"社会基本结构之中的"人情磁力场"的辐射领域,即各种礼仪活动都处于熟人社会,血缘、地缘、业缘都对人的活动产生重要影响。传统社会的"重礼"是通过儒家学说的熏陶在家族、家庭和乡绅阶层的逐渐渗透和影响中不断形成和演变的过程,从而逐步实现了家、国和社会的统一与整合。

古代社会"重礼"的诸多形式在当代社会早已消解,而礼文化本身所具有的等级观念和不平等因素在追求自由、平等的当代社会无疑是应当予以批判的。然而我们不能忽视礼仪、礼貌在道德层面对于稳定社会秩序,以及保证社会正

---

① 参见杨威、李培志:《论中国传统伦理家庭的主导精神》,《道德与文明》2007 年第 6 期,第 47 – 51 页。

② 李泽厚:《美的历程》,中国社会科学出版社 1984 年版,第 61 页。

③ 费孝通:《乡土中国　生育制度》,北京大学出版社 1998 年版,第 27 页。

常运转的过程中所起到的作用是不应忽视的。并且,从微观角度而言,它对于协调人际关系、促进家庭伦理道德建设,进而提高整个社会的文明程度,客观上也起到了一定的积极作用。礼文化在家庭的小共同体中能够借助于亲情等因素,实现礼仪规范与道德教育的整合,进而实现一种和谐的自治。这种理念与中国传统的礼治强调的和谐统一是一脉相承的。因此,出于确立有序、和谐的社会价值目标的需要,儒家所极力主张的"重礼"精神显然不乏值得称道的闪光点。尽管其中的礼仪规范的内涵业已随着时代的变迁发生了某些历史性的偏离,但其所具有的恒常价值和带有普遍意义的人之为人的伦理规范,仍将成为当代中国人道德生活中所必须遵循的行为准则,正所谓"道德仁义,非礼不成"(《礼记·曲礼上》)。

(三)"和"思想的价值继承与升华

所谓"欲治其国者,先齐其家"(《礼记·大学》),家庭和睦乃是社会稳定的基础,同时也反映出"家齐"对于"国治"的重要意义。毋庸置疑,和谐与秩序密不可分。在中国传统社会,儒家始终将维持良好的社会秩序作为其立言和道德实践的旨归,因此它必然要大力提倡"贵和"。孔子的弟子有子说:"礼之用,和为贵"(《论语·学而》);孟子亦云:"天时不如地利,地利不如人和"(《孟子·公孙丑下》);《中庸》又指出:"和也者,天下之达道也",其目的无非是为了首先实现人际关系的协调与和谐,进而实现整个社会的和谐。

所谓"和",从狭义角度而言,是指讲求人际关系的和谐、统一,注重协调个人与社会的关系。这既是中国传统伦理道德的基本精神,当然也是传统家庭伦理的主导精神之一(在传统的家庭生活中,为了保持和谐,古人提倡子对父母、妻对夫的谏诤。但是他们也强调要注意谏诤的方式,即所谓"几谏",这也是为了保持家庭和谐)。实际上,"和"字本身作为中国古代哲学的一个基本范畴,很早即已受到中国先哲的高度重视。由于在哲学思维上追求和谐,所以相应地在伦理道德方面也形成了中国人注重秩序、讲求人际和谐的伦理精神。中国古代思想家尤其是儒家,要求人们注重人际关系的和谐,并以"和"作为其遵循的原则和评判一切的最高价值尺度。所以如此,主要是因为和谐的事物符合主体利益最大化的需要。关于"和"的多重内涵,概括而言,主要包括三方面。第一,人与自然应保持和谐(即天人和谐),这首先是一个生态伦理问题,人类只有尊重和爱护自然,并与自然界和谐共处,才能创建现今所谓的“环境友好型社会”;而天人和谐所展现的则是儒家所追求的“天人合一”的崇高境界,这时的“天”就是一种带有伦理色彩的“道德之天”。当然,古人所谓的“天人合一”毕竟是一种原始的对自在的天人关系的体悟,它与后工业社会建基于科技理性之上的人与自然的协调统一不能相提并论。第二,人与人之间(即人际和谐,古人称之为“人和”)、个人与社会之间(即群己和谐,扩展开来也包括家国和谐)要保持和谐,唯其如此,社会群体才有可能与外界的客观自然“合一”,才能谈得上与自然界和谐共处。因此,相比之下,中国古人(主要是儒家)似乎更注重“人和”,在此意义上的“和谐”是人与人之间和衷共济、相互扶助的一种协调状态,由人际关系的和谐而达到社会秩序的稳定、安宁,是其所追求的目标。甚至在一定意义上可以说,人类社会的发展趋势和理想诉求就是为了实现社会成员的全面和谐,从而构建一个协调、有序的和谐社会。第三,人自身的和谐(即身心和谐),这主要是指人的心理健康以及物质欲望与道德理性的和谐,等等。

“和”文化蕴涵了中国传统伦理的基本精神,而具体到中国传统家庭伦理的基本原则和具体规范来说,其最终目的都是为了求得“人和”。具体来说,就家庭关系而言,它告诫人们“家和人旺”,“内睦家昌、外睦相济”并主张治家贵和;就人际关系而言,中国人讲求“亲仁善邻”(《左传·隐公六年》),要求人们和睦相处、力求关系融洽;就国家治理而言,它渴盼同心同德、“政通人和”;等等。可见,中国人总是把“和气致祥”看作是最有价值、最可宝贵的因素,因为在中国人看来,幸福、祥和之气乃是人世间最美好的理想生活氛围,而“家和”无疑是其中的一个重要方面。一般而言,“家和”乃是“人和”的基础,故俗语有所谓“家和万事兴”(指良好的家庭伦理道德环境和氛围)之说。传统家庭追求合爨共财、数世同堂,因此必然以追求和谐为治家之要,换言之,对和谐的追求乃是传统家庭伦理不断完备的动力之源。《郑氏规范》中指出:对待乡亲邻里,要“宁我容人,毋使人容我”。明代的庞尚鹏曰:“处宗族、乡党、亲友,须言顺而气和,宁人负我,无我负人”。(庞尚鹏:《庞氏家训》)清代的蒋伊在《蒋氏家训》中强调:谦恭谦慎,“遇事须平和处之”。在古人看来,只有“家和”,才能家道昌盛;也只有家庭内部成员做到和谐相处,“讲信修睦”(《礼记·礼运》),才能实现“人和”,并最终促进和保持社会的和谐与稳定。正如台湾著名学者韦政通先生所指出的那样,“和,是由一种特殊的社会格局造成的,假如我们的祖先不是长期生活在家族中心和没有陌生人的小世界里,这种伦理特色是无从产生的"①。因此,和谐乃是中国传统家庭能够存在和生生不息的价值核心所在,只有家庭和谐才是家庭生活中至真、至善和至美的。此外,还须强调的就是在传统家庭生活中,家庭的和谐与血缘亲情密切相关。家族的血缘亲情具有极强的凝聚力,它能将血脉相连的人们连接成一个群体。因而,家庭中的亲情乃是维系和稳固家庭的感情纽带。一般而言,越是贫困落后的地区,血缘关系越重;越是注重血缘关系的社会,人们越重视亲情,而亲情对家庭的凝聚力也就越大。②

如前所述,中国传统文化中的"和"是在古代特殊的历史文化背景中孕育而生,并在漫长的岁月中不断发展、演变而来的。它的内容源于对不同朝代、不同地域、不同民族的文化汲取与融合。今天,我们以当代人眼光来审视与评判"和"文化时,对其庞大而丰富内涵为之惊叹之余,也不禁思考这样的问题:由于古今社会的巨大差异,古时的思想如何在当今发挥作用并体现其价值?毛泽东曾说:"一定的文化是一定社会的政治和经济在观念形态上的反映。"③因此,一个国家或民族在特定的社会发展阶段时所产生的文化,不仅可以反映其经济的发展程度,反映出它对自然的认知能力和改造能力,还反映出这个民族或国家的政治形态、思想状况、文化素养和精神面貌等诸多方面。"和"是以中国自给自足的自然经济为基础,强调礼制和德治政治支持,在家族为本位的宗法社会的背景之中,重视血缘关系和伦理关系的前提下,得以不断地丰富和发展的。众所周知,中国古代社会乃是不平等的等级制社会,这就决定了其本身是难以"和谐"的。它所强调的是以人们的安伦尽分为前提的"和谐",实质上是一种无序中的有序、纷乱中的和谐。儒家首先维护的是等级制的不平等,然后再试图实现人际关系的相对和谐。所以,它所向往和追求的"和",始终是以"礼"为基础和准则的。儒家的和谐论实则是在不平等的人际关系中求和,"贵和"也是勉强在不"和"中求"和",因而这种"和"是难以真正实现的。而在当代社会,无论是经济基础、生产关系抑或是政治制度、

① 韦政通:《伦理思想的突破》,四川人民出版社 1988 年版,第 10 页。

② 参见杨威、李培志:《论中国传统伦理家庭的主导精神》,《道德与文明》2007 年第 6 期,第 47－51 页。

③ 毛泽东:《毛泽东选集》第二卷,人民出版社 1991 年版,第 694 页。

社会状况均不可与古代同日而语，因此，传统“和”文化的现代转化自然而然地要遵循当今社会经济基础决定上层建筑这一规律。我们说，对于“和”文化的继承与弘扬应以是否符合中国当代社会的发展要求、是否符合现代化建设的需要、是否符合社会主义核心价值体系等标准加以衡量，进而来检验传统“和”的内涵与精神实质，具体内容与形式，方能决定取舍、转换与利用。我们不可否认的是，“和”对于协调人际关系，促进和维持社会的稳定，的确具有积极的作用。而以今天的视角观之，“和谐”既是优秀文化传统与时代精神的契合与统一，也是我国构建和谐社会、实现中国梦的根本要求。“和”是中国文化或中国伦理文化努力追求的价值目标，从家庭层面来诠释，家庭是社会的基本单位，保持浓厚的家庭观念，创造和谐的家庭氛围，维护和谐的家庭关系，是构建现代家庭伦理文化的重要内容。家和万事兴，重塑家庭伦理，建立和美家庭，才是“和”在当代家庭的目的和价值之所在。

第二节　当代家风“场域—惯习”的运作逻辑

优秀传统家风以中国传统家训文化为载体，表现为“一家或一族世代相传的道德准则和处事方法”①。在传统社会，中国家庭的生活空间呈现出耕读传家、家教训育和家风续存等家庭文化事象。从家庭层面来说，优秀传统家风表现为家庭成员代际之间长辈对晚辈的鼓励与教导，通过潜移默化的方式培养家庭成员行为处世、安身立命的道德品质和价值观念。从社会层面来说，优秀家风强调修身、齐家、治国、平天下的统一。家庭成员所接受的家庭道德教育使个人修为与社会责任达成一致。在这一过程中，人们所遵循的社会核心价值观发挥了重要作用，它影响着社会中的每个个体成员的一言一行。正如习近平同志所指出的：“一种价值观要真正发挥作用，必须融入社会生活，让人们在实践中感知它、领悟它。要注

① 中国社会科学院语言研究所词典编纂室：《现代汉语词典（第六版）》，商务印书馆 2012 年版，第 621 页。

意把我们所提倡的与人们日常生活紧密联系起来，在落细、落小、落实上下功夫。"①毫无疑问，以家风及其建设为切入点，就是在家庭层面将社会核心价值观与日常生活紧密相连，使道德规范和价值观念融入人们日常生活的方方面面。可见，构建符合社会主义核心价值观的当代家风具有重要的现实意义。为此，我们拟将"场域—惯习"论运用到中国当代家风构建的宏观视域中，旨在突破传统意义上对家风的定义和理解，从而使其更加符合当今社会的时代要求。

一、布迪厄的"场域—惯习"论述要

"场域"与"惯习"是法国当代著名社会学家布迪厄(Pierre Bourdieu)所提出的社会实践理论中的核心概念。他在《实践理论大纲》正文开篇就引用了马克思《关于费尔巴哈的提纲》中的第一条："从前的一切唯物主义——包括费尔巴哈的唯物主义——的主要缺点是：对事物、现实、感性，只是从客体的或者直观的形式去理解，而不是把它们当作人的感性活动，当作实践去理解，不是从主观方面去理解。"②由此可见，受马克思思想的影响，布迪厄将实践作为其阐发社会学理论的出发点。而与马克思的实践唯物主义哲学略有不同，布迪厄对实践的理解更倾向于"实践活动"——具体是指一般的生产劳动、经济、政治和文化生活等日常性活动。

所谓"场域"(field)，即"位置间客观关系的一个网络或一个形构"③。在布迪厄的社会实践理论中，"场域"是处于统摄性地位的核心概念。正如他本人所言："场域才是首要的，必须作为研究和操作的焦点。"④布迪厄之所以提出场域概念，是为了避免传统实践观中以实体论和本质主义来解释社会的倾向。他主张用一种关系性原则对社会做出客观解释，并以此来揭示社会真实性的联系。具体而言，场域的关系性不是行动者个体之间主观意义上的交往与互动，而是基于马克

① 《习近平在中共中央政治局第十三次集体学习时强调：把培育和弘扬社会主义核心价值观作为凝魂聚气强基固本的基础工程》，《党建》2014 年第 3 期，第 2 页。

② 《马克思恩格斯选集》第 1 卷，人民出版社 1995 年版，第 54 页。

③ Robbins. D, *The work of Pierre Bourdieu: Recognizing Society*, Boulder and San Francisco: Westiview Press, 1991, p. 87.

④ Pierre Boudieu and Loic Wacquant: *An Invitation to Reflexive Sociology.*, Chicago: The University of Chicago Press, 1997, p. 107.

思的“独立于个人意识和个人意志而存在的客观关系”①。这种关系性的网络架构将社会按功能、性质结构化和具体化（如布迪厄将社会场域细化为文化场域、教育场域和权力场域等），并遵循各自的逻辑原则来运行。与“场域”相对应，“惯习”（habitus）也是一个十分重要的概念。“习惯”与“惯习”的相似之处在于，它们都强调行动者在活动中所获得的长期积累的经验性因素，但二者又存在本质性的差异。具体表现为，惯习具有构建性和创新性等特征，它在历史实践活动中积累和复制社会客观因素的同时，不断发展并进行新的结构性创造。而习惯则表现为惰性和相对机械的重复性等特点，也不具备惯习那种可以改变并重建的主动性动力。布迪厄早期将“惯习”解释为“认知能力”，之后又解释为“实践特征”，最终，他将其解释成为“性情倾向系统”（disposition）。这种性情倾向描述的是行动者内心固有的心理状态，其存在方式表现为一种身体上的习惯性倾向、习性抑或是某种爱好。布迪厄称其为“属于人的心智结构的一部分，它来自于社会客观结构，是‘一种社会化了的主观性’”②。布迪厄认为，场域与惯习之间的关系与日常生活世界密不可分。在特定的场域空间内，由行动者长期所积累的实践经验就会内化成意识和思维方式，并储存于人的头脑之中。这种深层次的思维架构无以察觉，却能潜在地影响和调动行动者的行为策略，即生成了行动者的惯习。也就是说，“一个场域由附着于某种权利（或资本）形式的各种位置空间的一系列客观关系所构成，而惯习则由‘积淀’于个人身体内的一系列历史的关系所构成”③。可见，惯习既可以理解成行动者内在的主观精神状态，又可以理解成外化的社会活动。行动者的道德观念、生活方式以及价值取向通过惯习得以表现出来。因此，惯习与场域的关系是社会活动两个维度之间的关系性互动，这种互动使行动者主观心态与客观社会结构形成关联。

诚然，以“场域—惯习”的视角来看待社会问题虽具有独到之处，但布迪厄所提出的这一观点也曾遭到一些质疑。美国学者理查德·詹肯斯（Richard Jenkins）

---

① 皮埃尔·布迪厄：《实践与反思——反思社会学引论》，中央编译出版社 2004 年版，第 133 页。

② 皮埃尔·布迪厄：《实践与反思——反思社会学引论》，中央编译出版社 2004 年版，第 17 页。

③ 皮埃尔·布迪厄：《实践与反思——反思社会学引论》，中央编译出版社 2004 年版，第 170 页。

在其《皮埃尔·布迪厄》一书中就批评布迪厄没有明确场域是如何形成和被认同的。他指出:在布迪厄的场域理论中,缺乏对于体制的理论模式的描述,这样,体制的运作逻辑与个体行动者的运作逻辑似乎就没有区别了。"①而美国学者史华兹(Schwarcz)则从场域结构同源关系角度提出了同源场域的群体却未必处于相同场域这样的疑问。他指出:"许多占据场上同源位置的不同群体并未形成同盟。为什么有些群体而非另一些群体形成了策略联盟?"②类似上述的质疑不无道理,但笔者认为,布迪厄的"场域—惯习"论所关注的不是具体学科领域中的实体性内容,它只是作为一种分析性工具在社会实践领域中发挥作用。"场域—惯习"论是以关系主义的视角将其理论集中于各个领域的关键性问题本身,用兼具包容性的学术话语来构建其特定领域的理论框架。将"场域—惯习"论运用到中国当代家风构建的宏观视域中,借以构建内在与外在双向交互的家庭交往关系和教育模式,从而使当代家风与社会主义核心价值观乃至"中国梦"相一致。

二、当代家风"场域—惯习"的运作逻辑

(一)传统家风场域及家风弱场域探因

传统家风场域是基于中国古代社会结构,在基本遵循儒家家庭伦理和道德规范的前提下所形成的家族或家庭成员之间的关系性网络构型。可以说,家风场域虽不具有实体性倾向,但在其有限空间内,家庭成员之间需要按照一定的伦理关系和伦理秩序来行动,以建立和维护良好的家庭风气和氛围。在这一过程中,家庭成员将道德规范、行为方式和价值取向内化于心,并生成适应家风场域的惯习,从而达到古代家庭道德教育的目标。

在当代中国社会,家风对于家庭的影响已远不及从前,通过家风形式进行家庭道德教育和规范的作用正在走向衰微。人们慨叹"古风不再",这不仅预示着家庭德育出现了问题,同时也反映出更为深刻的社会原因。因此,我们试图另辟蹊径以"建构的结构主义"视角来看待社会与家庭的问题,以"场域—惯习"论对弱家风场域进行较为深层次的探源。本书认为,首先,传统家风场域以中国传统社

① Richard Jenkins, *Pierre Bourdieu*, New York: Routledge, 1992, pp89 - 90.

② David Swartz, *Culture and Power*, Chicago: University of Chicago Press, 1998, pp135 - 136.

会结构和社会制度为依托。恩格斯指出:“家庭制度完全受所有制的支配。”①传统家风产生于以自然经济为基础的封建社会、依附于宗法等级制度以及“家国同构”的社会结构。随着封建社会的终结,传统社会向现代社会过渡,传统家庭也随之向现代家庭转变。传统家风场域提倡的崇儒重文、耕读传家的道德价值取向与现代家庭模式相背离。因为传统家风所依附的社会结构和社会制度已经荡然无存,所以就必然导致传统家风场域与当代社会和家庭出现矛盾。其次,传统家风场域以家学文化资本为载体,家学文化资本具有潜在维护或改变家风场域空间格局的“力量”。换言之,家风场域的作用取决于家庭成员对家庭文化资本的认同程度。在当代社会,传统家学文化资本的日渐式微使家风场域在家庭道德规范与教育中的作用与地位逐步缺失与退位,致使支撑传统家风场域的影响力难以维系。最后,传统家风场域虽然注重对家庭成员整体的道德规范,却往往忽视个体的心理因素。在传统家风场域中,家庭成员的行为方式和道德准则既受家风场域强弱的影响,也取决于其个体心理素质的差异。正所谓“龙生九子不成龙,各有所好”(徐应秋:《玉芝堂谈荟·龙生九子》),家风虽同,而家庭成员的思想言行和心理品质却不尽相同,这种泛化的家庭道德教育也就削弱了家庭成员对家风场域的认同度。通过审视传统家风场域的退场以及当代家风场域的相对空疏,我们不难发现,当代中国家庭伦理道德体系尚未完善,家庭伦理道德教育同样令人担忧,这也就使得构建符合中国当代社会的家风场域成为当前家庭道德建设迫在眉睫的任务。

(二)家风惯习的运作机制和作用

家风惯习是家庭成员在家风场域下对客观环境进行主观调适所形成的性情倾向。它的生成既是社会因素、文化因素与家庭成员心理因素相互建构的过程,同时,也是对家风场域加以维系和改造的过程。因此,家风惯习的运行逻辑是在“结构—构建”层面达成“外在到内化”与“内在到外化”的双向统一的。

首先,“外在到内化”的运作方式表现在惯习对于“前意识”和“定势心理”的把握与运用上。弗洛伊德在精神分析理论中提出的“前意识”,指的是介于“意识”和“潜意识”之间的一种意识。“前意识”在认知心理学中是指储存在长时记

① 《马克思恩格斯选集》第4卷,人民出版社1972年版,第2页。

忆中的信息以一种前反思的状态存在,它只有在必要情境下进行回忆才会产生意识。无独有偶,这与宣传心理学中的"定势理论"有异曲同工之处。"心理定势"被认为是在一定外部因素促进下所形成的具有心理倾向性的准备状态,它在一定程度上可影响后继活动的发展趋势。由此而论,在家风场域下,家风惯习规定并且预设了家庭成员行动的可能性,并在潜移默化中引导家庭成员的性情倾向,形成符合家风场域道德规范和行为准则的惯习。正如布迪厄所指出的:"无论何时,一旦我们的惯习适应了我们所涉入的场域,这种内聚力就将引导我们驾轻就熟地应付这个世界。"①亦即在家庭道德教育中,要充分发挥家风惯习的优势。这是因为家风惯习是非强迫性的道德说教,它在日常生活中通过不被人们所察觉的感染和同化,使家庭成员在家风场域下形成不以个体意志为转移的道德认同。换言之,家风惯习之所以能够发挥其德育功效,关键在于它在意识和思维运作之前就已经生成了符合家风场域的性情倾向,从而使家庭成员的"一举一动,一语一默,人皆化之以成风气"(曾国藩:《曾文正公全集·文集》,《求阙斋日记类钞》卷上)。

其次,"内在到外化"的运作方式体现在惯习对家风场域的作用和影响上。家风惯习在运作过程中对家风场域既发挥着结构性作用,同时也对其起到建构性作用。一方面,从家风惯习的结构性作用来看,家庭成员在家风场域下逐步形成一套"前提设定"。这种设定经由惯习使家庭成员的心理状态和认知结构外化于家风场域,并在特定的家庭情境中自发地认同家风场域。可以说,"内在的外化"是家庭成员从心理和行为两个维度对家风场域进行相对持久的维系,进而促使家风场域的结构体系更加明确和具体;另一方面,从家风惯习的建构性作用来看,家风惯习促进家风场域的构建,其本身具有开放性和能动性的特征。家庭成员在日常生活中不断总结和积累实践经验,其惯习也会随之不断强化或调整。家庭成员在深刻理解和洞察社会的基础上,对家风场域进行反思与重构。正因为如此,本书拟通过发挥家风惯习的结构性和建构性作用,试图探究和构建超越传统家风的当代家风场域。

最后,"外在到内化"和"内在到外化"的双向运作表现在对传统儒家思想的历史性审视和传承上。惯习的历史性"是在作为社会塑造的生物个体性的惯习与

① 皮埃尔·布迪厄:《实践与反思——反思社会学引论》,中央编译出版社 2004 年版,第 172 页。

历史遗留的客观结构之间的关系中确定自身的"①。家风惯习处于以儒家伦理道德观念为核心的社会历史之中,亦可视为是在中国传统社会特定场域中不断积累并形成的道德价值取向与认同。中国自古以来极其重视道德教化,"古之教者,家有塾,党有庠,术有序,国有学"(《礼记·学记》),家庭层面的德育更是古代教化的重中之重。醇正家风场域有赖于道德惯习的有效生成。在家风场域下,家风惯习的生成亦可视作历史实践的产物,它保证既往德育教化经验的有效在场,同时也使承袭的家庭道德和行为规范影响到每个家庭成员,使其思维方式和心理结构与家风场域保持一致。当家庭成员处在不同家庭交往关系之中时,它能够依据家风惯习,依靠预设的和固有的实践逻辑来行动,进而确保家风惯习在家风场域下的有效运行。

(三)家风场域与惯习的生成性分析

根据上文所述,我们分别对家风场域和惯习的生成和运作进行了逻辑分析。由此可知,场域和惯习是双向性的互动关系,只有将二者放至彼此的关系之中,它们才能生成并有效地运作。因此,为了维系家风场域与惯习之间的运作关系,其关键在于"本体论的对应与契合",而"实践感"则是达成这一契合的桥梁。布迪厄将"实践感"解释为:"行动者对整体社会结构的实际把握与控制,这种控制通过行动者在场域结构中将所占据位置的感觉表现出来。"②具体来说,家风场域与惯习之间的"本体论对应"是本体论层面的契合关系,而非传统家庭教育中所倡导的教育者与被教育者之间机械的因果联系。在家风范畴内,场域与惯习的生成与运作要通过家风的实践感得以实现。具体来说,所谓"家风的实践感",即家庭成员在学习认知之前所形成的实践倾向或认知意向,它能够根据家庭情境的变化,随时被激发出相应的行动实践。

实践感能使家风场域和惯习之间形成截然不同的两种关系形式。具体而言,第一种关系形式表现为家风场域与惯习之间的有效运作。因为实践感内隐于心,在前意识中即已影响家庭成员的行为举止,它可以驾轻就熟地应对家风场域并自发地配合家风场域,从而做出"即兴式"且"合情合理"的行为方式。家庭成员的

---

① 苏国勋、刘小枫:《社会理论的政治分化》,三联书店 2005 年版,第 362 页。

② 皮埃尔·布迪厄:《实践与反思——反思社会学引论》,中央编译出版社 2004 年版,第 172 页。

惯习一旦适应了他们所熟悉的家风场域，就能自然地、主动地与场域进行调试。这种契合的原因在于，从家风场域角度分析，家庭成员对社会文化和家族历史的认同使他们在日常生活中自然而然地接受了伦理道德观念。在此条件下，家庭成员的惯习能融洽地契合于家风场域的情境之中。从家风惯习角度分析，受家风场域影响的前意识引导家庭成员的性情倾向，使道德规范和行为准则与家风惯习相一致，也就形成了家风场域与惯习之间双向互动的运作关系。这种关系既存在于家风场域之中，又存在于家风惯习之中，即显于家庭成员之外，又存于家庭成员内心，充分体现了家风场域与惯习的契合与同步。第二种关系形式表现为家风场域与惯习的不匹配和相脱离。当家庭成员无法把握和控制家庭环境的时候，自身的惯习与家风场域就会存在差异，并出现"不匹配"或"脱节"现象。这种"不匹配"可以是暂时性的，其原因在于家风惯习的生成性和创造性发挥了作用。它们对家风场域的影响以反思性的方式达成对家庭成员的自我认知，从而调整了原有的思维、判断和行动方式，进而调整到适合当下家风场域的生活习惯，最终促成了家风惯习与场域之间的平衡。然而，另一种情形是，当家风场域发生显著变化时，家庭成员的惯习仍旧维持着固有的倾向性，这便导致家风场域和惯习之间长时间的冲突和不协调。譬如，在中国传统社会向现代社会转型之际，由于社会和家庭结构的变迁，传统家风场域已然发生巨变，而人们却缺乏对社会和家庭整体把握和掌控的实践感，甚至迷失于时代转折的洪流之中。并且，由以往社会历史结构所形成的惯习未能跟上场域转变的脚步，从而导致家风惯习调适的失败，以致无法达到与当代家风场域的匹配与契合。因此，在社会转型期间，当代家风场域与惯习之间的长期"脱节"所诱发的当代家庭伦理道德问题以及家庭教育问题便显而易见了。

三、社会主义核心价值观与当代家风"场域—惯习"的构建

所谓"社会主义核心价值观"，单从字面意义上来理解，是指在社会主义价值观中居于主导地位的价值观念。众所周知，党的"十八大"明确提出了"三个倡导"，即从国家、社会和个人三个基本层面对社会主义核心价值观进行了阐述。"富强、民主、文明、和谐、自由、平等、公正、法制、爱国、敬业、诚信、友善"正是对上述三个层面要求的高度凝练和概括。

在社会主义核心价值观的引领下，本书尝试构建当代家风场域与惯习。可以说，这既是在社会宏观层面对社会主义核心价值观的弘扬与升华，也是在个人微观层面对社会主义核心价值观的传播与践行。重拾日渐式微甚至趋于断裂的传统家风，并以新的视角审视当代家风，对于社会主义核心价值观的培育和弘扬具有重要意义。因此，当代家风场域的构建，是将社会主义核心价值观融入在日常生活之中，使之落细、落小和落实的有效途径。

首先，构建当代家风“场域—惯习”，始终要以社会主义核心价值观为导向。如前所述，社会主义核心价值观是社会主义核心价值体系的内核，它对社会主义价值观念的根本性质和基本特征进行了明确的界定。同时，它也是衡量个人道德品行与事物是非善恶的评判标准。家庭是社会最基本的生活单位，也是社会最重要的一种制度和群体形式，而家风则是社会风气中最基本的组成要素。千千万万的优秀家风凝聚在一起，社会风气才会有发展的根基。社会场域由人的行动场域组成，是同行动者在各个场域中的社会实践活动紧密联系的。这种关联“一方面表现为社会结构为行动者的具体实践提供客观制约性条件，另一方面又表现为社会结构本身仰赖于行动者的整个实践过程”①。可以说，在社会主义核心价值观的引领下，构建当代家风场域与惯习是将国家发展、社会进步和个人成长的价值观念合为一体，通过家庭道德的教育实践得以实现。进一步讲，只有在社会主义核心价值观的引领下，家风场域与惯习所倡导的道德价值观念才能植根于普通民众的日常生活中，才能成为引领社会发展与进步的时代风尚，并转化为广大人民所普遍遵循和崇尚的家国情怀。诚然，从某种意义上说，家风虽然不能涵盖社会主义核心价值观的全部内容，但却可以通过家风形式塑造以社会主义核心价值观为目标的道德人格，并将个人的道德品质、个性修为和理想追求同国家命运和社会发展联结起来，这也是构建当代家风场域与惯习的最终目标之所在。因此，在社会主义核心价值观的引领下，构建当代家风场域与惯习，这既是个人价值观形成的基点，也是社会和国家价值观形成和发展的关键。

其次，当代家风场域要将传统文化与社会主义核心价值观相衔接。场域作为社会关系网络结构，它“不是固定不变的架构或形式，而是历史的和现实的、实际

① 高宣扬：《布迪厄的社会理论》，同济大学出版社 2004 年版，第 136 页。

的和可能的、有形的和无形的、固定下来的和正在发生的,以及物质性的和精神性的各种因素的结合"①,这是场域构成的基本特点。从价值观层面上说,一个社会的核心价值观不能脱离其所属的历史文化传统而存在。中国传统价值观的精华成分始终扎根于民族文化的土壤之中,因此,依据场域的构成特点,在构建当代家风场域的过程中亦不能脱离传统文化而"另起炉灶"。正如习近平同志所明确指出的:"培育和弘扬社会主义核心价值观必须立足中华优秀传统文化。牢固的核心价值观,都有其固有的根本。抛弃传统、丢掉根本,就等于割断了自己的精神命脉。"②因此,如欲构建当代家风场域,必须要打通社会主义核心价值观与传统文化之间联结的血脉。传统家风所倡导的诸如尚中贵和、明礼廉耻、孝慈仁爱等伦理道德观念经过数千年的沉淀,已经融入到中国人的血液和灵魂之中。将这些传统美德与社会主义核心价值观相结合,并在构建当代家风场域的过程中赋予其以新的时代内涵。同时,还要将传统家风的精神内核高度凝练,使之成为当代社会普遍遵循的价值理念和道德规范。可以断言,基于优秀传统文化,力促当代家风场域发生时代转化与升华,在潜移默化之中实现对日常人伦价值观的超越,这对于培育和弘扬社会主义核心价值观是大有裨益的。

最后,当代家风惯习要认同和契合于社会主义核心价值观,并与实现中华民族伟大复兴的"中国梦"这一奋斗目标保持一致。马克思认为:"人以其需要的广泛性和无限性区别于其他一切动物。"③在此基础上,马克思又进一步指出:"有完整的人的生命表现的人,在这样的人身上,他自己的实现表现为内在的必然性、需要。"④由此可见,这种需要是价值观认同的基本动力,价值观能否被认同和接受,从根本上而言,取决于价值观能否满足于个体或社会的需要。毫无疑问,社会主义核心价值观是当今中国的主流价值观,它集中体现了社会大多数成员的精神追求和行为认同。因此,在家庭层面,构建当代家风必须要引导家庭成员接受和认同社会主义核心价值观,从而使得家风与社会主义核心价值观相联系,并与中华

① 高宣扬:《布迪厄的社会理论》,同济大学出版社 2004 年版,第 138 页。
② 习近平:《在中共中央政治局第十三次集体学习时强调:把培育和弘扬社会主义核心价值观作为凝魂气强基固本的基础工程》,《党建》2014 年第 3 期,第 2 页。
③ 《马克思恩格斯选集》第 1 卷,人民出版社 1979 年版,第 139 页。
④ 《马克思恩格斯选集》第 1 卷,人民出版社 1979 年版,第 129 页。

民族伟大复兴的“中国梦”保持一致。在家风场域下，通过惯习的养成使得家庭成员的心理状态和认知结构趋同于社会主义核心价值观；而实现中华民族的伟大复兴的“中国梦”，其具体表现则是国家富强、民族振兴和人民幸福。这种“预设前提”一旦形成，便会将核心价值观与“中国梦”转化为新的认知结构并将情感意志融入其中——既可内化为人们的精神追求，又可外化为其自觉的行动实践。总之，个体对社会主义核心价值观与“中国梦”的认同表现为对它的自觉接受和遵从。一个人只有融入社会主流价值观之中，才能得到社会的接纳与尊重，才能满足自身的精神需求乃至最高层次的自我实现需求。

总而言之，讨论家风建设不可泛泛而论，中国当代家风构建的实践亦不可浅尝辄止。优秀家风是中华儿女世世代代融于血脉之中的精神内核和民族骄傲。正如习近平同志所指出的：“家庭是社会的基本细胞，是人生的第一所学校。不论时代发生多大变化，不论生活格局发生多大变化，我们都要重视家庭建设，注重家庭、注重家教、注重家风……使千千万万个家庭成为国家发展、民族进步、社会和谐的重要基点。”①有“国”才有“家”，有“家”才有“风”，家国兴盛、社会发展才能促使家风起到感化人心、教育后人的积极作用。因此，在这一意义上说，由众多优秀家风促成的优良民风和国风的基本定型，乃是弘扬和践行社会主义核心价值观的重要一环，亦是实现中华民族伟大复兴的“中国梦”所要迈出的坚实一步。

第三节　中国当代家风构建的新范式探究

一般认为，家风（又称“门风”）形成于中国传统家庭或家族世代繁衍的进程中，它以古代“家学”（家训、家规和族谱等）为载体，以塑造家庭成员的道德品质和人格修养为目标，将人们日常生活中的实践经验、生活智慧和行为规范加以外显。而中国传统家风的本质内涵则表现为在基本遵循儒家家庭伦理规范的基础上，为追求丰家成业、代际和谐等美好夙愿，对家庭伦理秩序、道德观念所引发的伦理审思与诉求。

---

① 习近平：《在2015年春节年拜会上的讲话》，《人民日报》2015年2月18日。.

一、构建当代家风场域何以可能

在当代社会,优秀家风所涵养和展现的伦理精神与道德风貌仍旧是夯实社会伦理道德大厦之根基。正如习近平同志所指出的:"家庭是社会的基本细胞,是人生的第一所学校。不论时代发生多大变化,不论生活格局发生多大变化,我们都要重视家庭建设,注重家庭、注重家教、注重家风。"①由此可见,家庭、家教与家风乃是相辅相成的统一整体,通过优秀家风的传承使得家教成效得以外显。因此,构建当代优秀家风即是实现家庭和睦的关键所在,也是营造和谐、安定社会环境的先决条件。

"场域"与"惯习"是法国当代著名社会学家布迪厄所提出的社会实践理论中的核心概念。他在《实践理论大纲》正文开篇就引用了马克思《关于费尔巴哈的提纲》中的第一条:"从前的一切唯物主义——包括费尔巴哈的唯物主义——的主要缺点是:对事物、现实、感性,只是从客体的或者直观的形式去理解,而不是把它们当作人的感性活动,当作实践去理解,不是从主观方面去理解。"②由此可见,受马克思思想的影响,布迪厄将实践作为其阐发社会学理论的出发点。而与马克思的实践唯物主义哲学略有不同,布迪厄对实践的理解更倾向于"实践活动"——具体是指一般的生产劳动、经济、政治和文化生活等日常性活动。他在长期从事社会实践调查中发现,行动者(行为人)的行动往往是趋于自发且未经缜密思考的行为方式,但结果却能在其所处的社会环境中达到"恰如其分"的效果。这一现象表明,行动者的行为方式并不像结构主义者所认为的那样完全取决于社会环境和社会结构,也有悖于唯智主义者所主张的由纯粹主观意愿所决定的观点。布迪厄认为,在行动者的社会实践中存在着"双重转化"的社会生成运动,他用"场域"和"惯习"这对概念来解释该生成性运动。具体而言,一方面,布迪厄用"场域"来诠释行动者的群体、阶级等划分标准是由"社会结构"(structures socials)所影响的;另一方面,他又用"惯习"来表述人们思想和行为的"感知模式"(des schèmes de prception)。这种理论的构建既可以抑制结构主义过于强调社会环境和社会结构的稳定性和不变性,也可以弥补对行动者自身心态等主动性因素的忽略。

---

① 习近平:《在2015年春节年拜会上的讲话》,《人民日报》2015年2月18日。

② 《马克思恩格斯选集》第1卷,人民出版社1995年版,第54页。

笔者认为,当下,将布迪厄的“场域—惯习”论应用于当代家风的构建中是十分必要的和可能的。这是因为:首先,构建家风场域具有反思性。亦即能够在客观审视传统家风的基础上,辩证分析和正视传统家风中存在的问题与缺陷,从而构建符合当代社会发展实际的家风新范式。其次,构建家风场域强调关系性。亦即将家风置于社会历史发展的动态变化之中,强调社会与个体的密切联系和双向互动,从而能够在一定程度上为当代家风的构建提供新的动力和支撑。最后,构建家风场域具有实践性。在扬弃传统家庭伦理规范的基础上,强调个人惯习在道德的教育与践行之间达成一致。并且,通过家风场域与惯习的统一性研究,旨在达到完善家庭乃至社会的伦理规范与道德教育的现实目的。鉴此,我们可以将“场域—惯习”论运用到中国当代家风构建这一实践领域,使当代家风在继承优秀传统文化的同时,既体现出宏观社会和微观家庭之间的密切联系,又充分考虑到家庭成员个体心理的人文关怀;既能显现家庭伦理文化之全貌,又可赓续家庭道德规范传承之途径等等。在此意义上,这也体现出布迪厄“场域—惯习”论的应用价值之所在。

二、实现当代家风场域和惯习的多重统一

古人云:“无乎不在之谓道,自其所得之谓德。道者,人之所共由;德者,人之所自得也。”(焦竑:《老子翼·卷七引》)从伦理学意义上讲,家风是承载中国传统文化的道德之维与伦理之维,且呈现出较为稳定的生活方式、家族氛围和风俗礼仪等精神文化风貌的总和。而究其根本而言,家风应在重视家庭道德教育的同时回归于人,强调“内得于己”的道德要求以及“外施于人”的行为准则。总之,以“场域—惯习”论来寻求构建当代家风的新模式和新方法,意在借助“场域—惯习”论的特点,实现当代家风场域和惯习“历时性与共时性”、“宏观(整体)与微观(个体)”、“内化与外化”的统一,进而达到当代家庭道德教育之目的。

(一)凝练传统家学文化资本,实现当代家风场域和惯习历时性与共时性的统一

传统家学文化的承续可视为中国传统文化范畴内以儒家思想为依托的家庭道德发展史,抑或是家庭道德传承史。家风扎根于社会历史文化的“土壤”之中,将家学文化与道德教育紧密相连,“之所以说家庭成立之根据于性本能之超化以

使其道德自我实现者，盖家庭之成立，乃处处根据于性本能之规范以实践道德"①。一方面，从历时性角度分析，家庭伦理道德本身并非独立存在或纯粹的实体之物，它"内嵌"于日常生活之中，附着于家学文化资本载体之上。如《孔子家语》、《颜氏家训》、《温公家范》、《袁氏世范》等经典家训文化中所蕴含的德育思想以家风形式得以呈现，这些优秀家风可以绵延数百年甚至上千年之久。由此，传统家学文化资本在家风场域下得到保存和传承，而家学文化中所蕴含的德育要求则内化于家风惯习之中，进而达到对家庭成员的教育目的。另一方面，从共时性角度分析，传统家学文化强调的家庭伦理秩序，要求家庭成员在日常交往过程中按照一定的伦理关系及其相应的伦理准则来行事，而家风场域的主要作用则是维系家庭成员之间"浑然不觉"的客观秩序。譬如，类似于强调"百善孝为先"这样的传统家风千百年来备受推崇。传统家学文化将"孝"视为立德之本与行为准则之首，将"仁"视为处理人伦关系时所应尽的责任和义务。二者以礼法（家礼）或与之相适应的习俗进行道德规范，从而达到"仁"与"礼"在"孝治"中的统一，而家风场域则是该伦理秩序参鉴的外在形式与空间。

毫无疑问，传统伦理道德既是历史性的也是现实性的存在。随着社会的发展与进步，在诸如经济和政治等影响因素的作用下，其自身也在不断地进行着自我更新，并力图与时俱进。因此，在对待中国传统家风的问题上，我们应首先将传统家学文化伦理精神的内核高度凝练，同时以前人的家学典范为后人树起道德理性的标杆。在此基础上，再以家风场域的当代构建为途径来继承传统家学文化资源，并在这一过程中达成家风场域和惯习历时性与共时性的统一。

（二）承续优秀传统道德观念，实现当代家风场域和惯习宏观与微观视域的统一

构建当代家风场域，能够使道德的稳定性和继承性在家庭范围内得以彰显。家风场域承续了家庭道德价值观念并对其根本阈限做出规定，使经由历史演变而被继承的道德观念和价值体系能够存续和发展，进而促使家庭成员形成符合当代道德观念的家风惯习（当下即符合社会主义核心价值观的价值认同和家风惯习）。可以说，由于家风场域与社会环境、社会结构关系紧密。因此，通过家风场域，家

① 唐君毅：《文化意识与道德理性》，中国社会科学出版社2005年版，第42页。

庭成员能够对社会价值观念加以理解和判断,并通过家风惯习对价值观念进行认知与认同。换言之,当代家风场域的构建与社会核心价值观越趋于同步,家庭成员的惯习就愈发认同于社会价值观。除此而外,家风场域对道德价值观念和道德行为还具有定性功能。价值观念是人的行为方式和道德选择的主要动机之一,家风场域可以明确衡量价值观念的评判标准和体系,也可以对道德行为的是非优劣进行价值判定。在此基础上,家风场域亦可对道德价值观念发挥引领和导向的作用。因此,在家庭范围内,醇正家风既是价值选择的尺度,也是价值取向的参鉴范本。它在引导家庭成员形成正确价值观的同时,也使得家庭道德教育与当代社会主义核心价值观相一致。

古人云:“修身齐家治国平天下”(《大学》),欲治其国者必先“齐家”,欲治其家者必先“修身”。由此可见,整饬家风场域是维系安定、有序的社会环境的前提,亦是家庭成员形成“修身”惯习的必要条件。“太上有立德,其次有立功,其次有立言”(《左传·襄公二十四年》),家风场域将“立德”、“立功”与“立言”一以贯之,从而构建出对道德价值观认同、生成与践行不可或缺的现实境域。而与此相应,当下构建家风场域与惯习,则可以从宏观层面强调家庭道德教育与社会核心价值观的有效对接,从微观层面强调家庭成员对社会价值观体系的认同,进而在道德价值观层面实现宏观与微观、整体与个体的统一。

(三)提升传统家庭育人目标,实现当代家风场域和惯习外显性与内隐性的统一

一般来说,道德教育的目的和意义主要在于培养具有完整人格的社会人,并通过教育力量将人格的应然性转变为实然性。具体而言,家风与德育具有诸多相似性。从目的论角度出发,“人们通常把道德理解为个人德行的完成或者价值目的的达成”①,在德与行上欲做到成己、成物与成人,而家风的目的也在于此。从主体功能上分析,家风与德育最终均指向于人的维度。人是道德的主体,“道德与人同在,就是人之为人的生活方式,是人之为人的内在规定性”②。古今中外学者对伦理道德的理解多有争执,但其主体终归于人的视角却都不谋而合。“在价值世界中人是主体,人是这个世界的中心,价值和意义都是向人展现的,没有人也就

① 万俊人:《寻求普世伦理》,北京大学出版社 2009 年版,第 65 页。

② 高兆明:《“道德”探幽》,《伦理学研究》2002 年第 2 期,第 95 页。

无所谓价值和意义，价值世界并不是一个可以描述的物理世界，它不过是围绕着‘人’产生的意义‘场’而已，人消失了，这个‘场’也随之消失。”①因此，可以说家风中所反映的风俗礼仪、道德规范和行为方式等，从根本上都是为了完善人而存在的。

康德将人的本质分成动物性、人性和人格三个部分。马克思说：“动物和自己的生命活动是直接同一的，而人则使自己的生命活动本身变成自己意志的和自己意识的对象。”②从某种意义上说，当代家风场域的德育目标是在肯定人性的基础上与人格达成交融，进而以人格形式体现人的存在方式，这是对人的本质更高层次的要求。家风场域对人格品性的审视与考量，使人格不应停滞在本然的状态，而应在超越个体道德价值修为的同时，以超然性的标准来评判自身，使其“诚于心而形于外”（《大学》）。具体而言，“成于心”表现在从“前意识”层面对道德价值观进行合理构建，通过对家庭成员人格的积极引导和规范，达到人格品性的至真状态和道德品质的超然境界。而“形于外”则表现在通过德育的“实践感”达成家风场域与惯习的契合，进而实现人格的“内圣”与“外王”。总而言之，构建当代家风场域，将人置于宏阔的社会现实境域以及微观的个体内心之中，在人格由外而内的认知和由内而外的践行过程中，实现家庭道德教育外显性与内隐性的统一。

三、构建当代家风场域的现实意义

如前所述，布迪厄用关系性思维方式对社会进行了理解和描述，他用场域来解释和划分社会结构，用惯习来替代个体心理主义的主观意志。换言之，场域以宏观且整体的视角来审视客观社会，而惯习则以微观视角来理解个体行动者的主观心理和行为范式。通过“场域—惯习”论，布迪厄试图在“主观与客观”、“宏观与微观”以及“整体与个体”之间寻求一条“超越二元对立的思维模式”。除此而外，与其他西方学者不同，布迪厄的“场域—惯习”论还从“历史与现代”的双重视角，试图通过寻求跨越历史的“恒定因素”来揭示统摄各场域运作中的“普遍法则”，进而达到历时性与共时性的统一。

本书无意拘泥于对于家风的传统理解，而是试图将家风置于“场域—惯习”论

---

① 兰久富：《社会转型时期的价值观念》，北京师范大学出版社 1999 年版，第 7 页。

② 《马克思恩格斯选集》第 1 卷，人民出版社 1995 年版，第 46 页。

之中予以诠释。毋庸置疑,家风场域是社会性因素的产物,它不仅作用于家庭成员个体,同时也嵌入在中国社会的情境之中。“社会现实不仅存在于个体之间、也存在于个体之外,既存在于心理中、也存在于事物中。在社会学研究中必须坚持社会现实的两重性。”①因此,从某种意义上说,家风场域具有个体性和社会性的双重属性,家风场域始终随着社会的发展呈现出新的内涵与意蕴。场域所具有的历时性与共时性这一“共变互构”的特点,也赋予了当代家风新的生成性动力。有鉴于此,我们可以从“场域—惯习”论的分析视角,将其应用于中国当代家风构建的具体实践中,以期为家庭伦理建设过程中所遇到的道德教育困境找到新的解释框架。“场域—惯习”论强调行动者的日常生活实践与社会的关联,这为诸多学科领域提供了富有启迪意义的理论资源。正如布迪厄本人所言:“通过类比推理,可以实现移植工作,发掘出大批置身其中的各专业领域的成果。”②因此,我们拟将“场域—惯习”论运用到中国当代家风构建的过程中,也是意在突破传统意义上对家风的定义和理解,试图改变家庭道德教育层面仅仅囿于代际之间教育与被教育的单一模式。并且,力求在重视中国传统家学文化的基础上,对家庭伦理道德进行多层次、多角度的探索和检视,借以构建内在与外在双向交互的家庭交往关系和教育模式,从而使家庭道德价值观念符合社会主义核心价值观的时代要求。

孟子曰:“天下之本在国,国之本在家,家之本在身。”(《孟子·离娄上》)借助于良好的家风来砥砺德行,这不仅是传统家庭道德教化的主要方式,也是其所传承的伦理精神的集中体现,二者均在家庭成员的日用人伦之中得以体现和延续。任凭时代更迭,社会更新,家风的文化价值和精神内涵却未曾中绝和泯灭,醇正的优秀家风依然世代相传。并且,诚如习近平同志所指出的:“千千万万个家庭成为国家发展、民族进步、社会和谐的重要基点”③。因此,在这一意义上可以说,由众多优秀家风而促成的优良民风和国风的基本定型,乃是实现中华民族伟大复兴中国梦的重要一环。正所谓千万家庭“汇”家风,家风互传“染”民风,民风兴盛“促”

---

① 戴维·斯沃茨:《文化与权力——布尔迪厄的社会学》,上海译文出版社 2006 年版,第 111 页。

② 皮埃尔·布迪厄:《实践与反思——反思社会学引论》,中央编译出版社 2004 年版,第 133 页。

③ 习近平:《在 2015 年春节年拜会上的讲话》,《人民日报》2015 年 2 月 18 日。

国风。家风、民风、国风三者一脉相承，它们共同凝聚起中华民族不可或缺的精神血脉与民族之魂。我们坚信：在并不遥远的将来，醇正家风如若蔚然成风，优良国风自然水到渠成——这无疑是探索和构建中国当代家风新范式的根本目标之所在。

参考文献

古籍类

[1]《周易》

[2]《论语》

[3]《孟子》

[4]《礼记 · 大学》

[5]《老子》

[6]《墨子》

[7]《白苧朱氏奉先公家规》

[8]《海城尚氏先王定训》

[9]《汉阳姚氏宗谱》

[10]《纪氏敌义堂世次录》

[11]《立禁池议据》

[12]《龙江岳氏家规》

[13]《南海荷溪乡何垂裕堂族谱 · 族规》

[14]《宁乡熊氏祠规》

[15]《毗陵长沟朱氏祠规》

[16]《润州姚氏宗谱》

[17]《上湘龚氏支谱 · 族规类》

[18]《寿州龙氏家规》

[19]《魏氏宗谱 · 宗式》

[20]《武陵熊氏四修族谱》

[21]《湘阴狄氏家规》

[22]《永兴张氏合族禁约》
[23]《余姚江南徐氏宗范》
[24]《镇海柏墅方氏师范义塾规则》
[25]曹端:《家规辑略》
[26]程颢:《伊川易传》
[27]高攀龙:《高子遗书》
[28]洪应明:《菜根谭》
[29]霍韬:《霍渭厓家训》
[30]江端友:《自然庵集·家训》
[31]蒋伊:《蒋氏家训》
[32]康熙:《庭训格言》
[33]李鸿章:《李鸿章全集·家书》
[34]李起琼:《合江李氏族规、族禁》
[35]林则徐:《林则徐家书》
[36]刘德新:《余庆堂十二戒》
[37]庞尚鹏:《庞氏家训》
[38]石成金:《天基遗言》
[39]石天基:《训蒙辑要》
[40]司马光:《涑水家仪》
[41]郑太和:《浦江郑氏义门规范》
[42]孙奇逢:《孝友堂家规》
[43]汤斌:《汤潜菴语录》
[44]王夫之:《姜斋诗剩稿·示侄孙生蕃》
[45]许汝霖:《德星堂家订》
[46]徐媛:《训子》
[47]颜之推:《颜氏家训》
[48]杨继盛:《杨忠愍文集》
[49]袁采:《袁氏世范》
[50]曾国藩:《曾文正公全集·家书》
[51]张履祥:《张杨园训子语》
[52]张英:《聪训斋语》
[53]张之洞:《张文襄公全集·复子书》

[54]郑板桥:《郑板桥集·潍县署中寄舍弟墨第一书》

[55]朱柏庐:《治家格言》

[56]朱熹:《朱子语类》

[57]左宗棠:《左宗棠全集·家书》

今人著作图书文献

[58]班华:《现代德育论》,安徽人民出版社2001年版。

[59]包筠雅著、杜正贞等译:《功过格:明清社会的道德秩序》,浙江人民出版社1992年版。

[60]车炜坚:《社会转型与少年犯罪》,台湾巨流图书1986年版。

[61]陈瑛等:《中国伦理思想史》,贵州人民出版社1985年版。

[62]陈章龙:《当代中国思想道德体系论》,南京师范大学出版社2006年版。

[63]成晓军等:《帝王家训》,湖北人民出版社1994年版。

[64]费成康主编:《中国的家法族规》,上海社会科学院出版社2003年版。

[65]郭景萍:《情感社会学(理论·历史·现实)》,上海三联书店2008年版。

[66]黄明理:《社会主义道德信仰研究》,人民出版社2006年版。

[67]黄钊:《中国道德文化》,湖北人民出版社2000年版。

[68]贾春增:《外国社会学史》,中国人民大学出版社2000年版。

[69]鞠春彦:《教化与惩戒——从清代家训和家法族规看传统乡土社会控制》,黑龙江教育出版社2008年版。

[70]李桂梅:《冲突与融合——中国传统家庭伦理的现代转向及现代价值》,中南大学出版社2002年版。

[71]李银河:《中国女性的感情与性》,今日中国出版社1998年版。

[72]林少菊:《家庭伦理与犯罪研究》,中国人民公安大学出版社2005年版。

[73]刘海鸥:《从传统到启蒙:中国传统家庭伦理的近代嬗变》,中国社会科学出版社2005年版。

[74]鲁洁:《教育社会学》,人民教育出版社2001年版。

[75]罗国杰主编:《中国传统道德》,中国人民大学出版社1995年版。

[76]马和民:《新编教育社会学》,华东师范大学出版社2001年版。

[77]马镛:《中国家庭教育史》,湖南教育出版社1998年版。

[78]毛策:《浙江浦江郑氏家族考略(谱牒学研究第二辑)》,浙江大学出版社2009年版。

[79]门马:《菜根谭与当下生活》,中国长安出版社 2013 年版。

[80]缪建东:《家庭教育社会学》,南京师范大学出版社 1999 年版。

[81]钱广荣:《中国道德国情论纲》,安徽人民出版社 2002 年版。

[82]檀传宝:《网络环境与青少年德育》,福建教育出版社 2007 年版。

[83]史仲文:《家庭文化,虎! 虎! 虎!》,中华工商联合出版社 1997 年版。

[84]唐凯麟、曹刚:《重释传统——儒家思想的现代价值评估》,华东师范大学出版社 2000 年版。

[85]陶圣希:《婚姻与家族》,气象出版社 1992 年版。

[86]王本陆:《教育崇善论》,广东教育出版社 2001 年版。

[87]王长金:《传统家训思想通论》,吉林人民出版社 2006 年版。

[88]行政院文化建设委员会、联合报文化基金会国学文献馆:《族谱家训集粹》,(台湾)台北联经出版事业公司 1984 年版。

[89]谢宝联:《中国家训精华》,上海社会科学院出版社 1997 年版。

[90]徐少锦、陈延斌:《中国家训史》,陕西人民出版社 2003 年版。

[91]杨威、孙永贺 . :《返本与开新——中国传统家训文化中的优秀德育思想研究》,黑龙江人民出版社 2012 年版。

[92]杨威:《中国传统家庭伦理的历史阐释与现代转换》,黑龙江人民出版社 2011 年版。

[93]张岂之主编:《中国历史 · 元明清卷》,高等教育出版社 2005 年版。

[94]张澍军:《德育哲学引论》,人民出版社 2002 年版。

[95]张艳国:《家训选读》,湖北教育出版社 2006 年版。

[96]张艳国:《家训辑览》,武汉大学出版社 2007 年版。

[97]赵忠心:《家庭教育学》,人民教育出版社 1994 年版。

[98]郑杭生:《社会学概论新修(第三版)》,中国人民大学出版社 2003 年版。

[99]中国蔡元培研究会编:《蔡元培全集》,浙江教育出版社 1997 年版。

[100]中国民主同盟中央委员会、中华炎黄文化研究会编:《费孝通论文化与文化自觉》,群言出版社 2005 年版。

[101]朱贻庭主编:《中国传统伦理思想史》,华东师范大学出版社 1989 年版。

学术刊物文献

[102]艾晶:《论近代家法族规对女性性越轨的制约》,《求索》2012 年第 3 期。

[103]陈延斌、孟凡拼:《儒家传统家训中的生态伦理教化研究》,《东南大学学报(哲学社会科学版)》2010 年第 2 期。

[104]丁鼎、王聪:《中国古代的"礼法合治"思想及其当代价值》,《孔子研究》2015年第5期。

[105]方小芬:《家法族规的发展历史和时代特征》,《上海社会科学院学术季刊》1998年第3期。

[106]费成康:《给家法族规以客观评价》,《政治与法律》1997年第6期。

[107]费成康:《论家法与族规的分野》,《政治与法律》1998年第4期。

[108]洪明:《简析家训在当代社会建设中的道德教育功能》,《天津社会科学》2010年第4期。

[109]李健、金小红:《情感互动仪式链下的流动青少年犯罪问题研究——基于家庭在情感互动中的融入性研究》,《青少年犯罪问题》2013年第4期。

[110]刘广安:《论明清的家法族规》,《中国法学》1988年第1期。

[111]刘铁铭:《曾国藩德育思想及其当代价值研究》,中南大学博士学位论文,2011年。

[112]刘颖、邵龙宝:《中国传统家教运行机制探析》,《广西社会科学》2010年第5期。

[113]陆建猷:《中国传统家学的现代参鉴价值》,《社会科学》2013年第5期。

[114]邱溆、杨丽:《家法族规中的戒与罚:介于法与情的道德规训》,《云南大学学报(社会科学版)》2014年第5期。

[115]任宝菊等:《传统文化与未成年犯教育》,《预防青少年犯罪研究》2014年第1期。

[116]沈宏格:《家法族规与乡村"礼制"社会——以浦江〈郑氏规范〉为例》,《中国地方志》2015年第10期。

[117]苏洁:《宋代家法族规与基层社会治理》,《现代法学》2013年第3期。

[118]孙立平:《后发外生型现代化中的错位现象再研究》,《探索》1991年第4期。

[119]汤致琴:《当代中国家庭道德教育研究》,武汉大学博士学位论文,2013年。

[120]王跃生:《当代中国家庭结构变动分析》,《中国社会科学》2006年第1期。

[121]原美林:《明清家族司法探析》,《法学研究》2012年第3期。

[122]岳庆平:《传统家庭伦理与家庭教育》,《社会学研究》1994年第1期。

[123]张静莉、钱海婷:《中国传统家训的当代论域及其启示》,《求索》2013年第3期。

[124]张娟娟、罗彪:《明清时期家法族规与国家法的冲突》,《法制与社会》2007年第8期。

[125]张琳、周斌:《弘扬传统家训文化 培育当代优秀家风——"中国传统家训文化与优秀家风建设"国际学术研讨会纪要》,《道德与文明》2015年第3期。

[126]郑秀花:《中国传统经典家训词频统计与分析》,《图书情报知识》2015年第3期。

[127]朱明勋:《中国传统家训思想的两重性分析》,《前沿》2011年第10期。

翻译图书文献

[128]埃米尔·涂尔干著、陈光金等译:《道德教育》,世纪出版集团,上海人民出版社2006年版。

[129]查尔斯·霍顿·库利著、包凡一译:《人类本性与社会秩序》,华夏出版社1999年版。

[130]多贺秋五郎著、周芳会编译:《中国宗谱》,中国文史出版社2008年版。

[131]加布里埃尔·塔尔德著、何道宽译:《传播与社会影响》,中国人民大学出版社2005年版。

[132]米德著、霍桂恒译:《心灵、自我与社会》,上海译文出版社1992年版。

外文类文献

[133]Bill Barke and July Shaw. *Marriage and Family*. Allynand Bacon, Inc, 1987.

[134]Emilia Dowling, Elsie Osborne. *The Familiy and The School*. Routhedeg, 1994.

[135]Hui - Chen Wang Liu, *The Traditional Chinese Clan Rules*. New York: J J Augustin Press, 1959

[136]Olga Lang, *Chinese Family and Society*. New Haven: Yale University Press, 1946

[137]Pierre Boudieu and Loic Wacquant: *An Invitation to Reflexive Sociology*, Chicago: The University of Chicago Press, 1997.

[138]Richard Münch. Lanham, *The Ethics of Modernity: Formationg and Transformation in Britain, France, Germany and the United States*. Md. : Rowman&Littlefield, 2000.

[139]Robbins. D, *The work of Pierre Bourdieu: Recognizing Society*, Boulder and San Francisco: Westiview Press, 1991.

[140]Zygmunt Bauman, *Modernity and Ambivalence*, Cambrige: Polity, 1991.

附录一

明清家法族规伦理思想及其现代转化论略

中国传统的家法族规是家族组织为了稳定家族结构、维持家族秩序、约束家族成员所制订的世代相传的行为规范,其发展演变经历了一个漫长的过程。但在明清时期,由于统治者的大力倡导、社会经济的快速发展以及人口激增等因素,家法族规进入到最为鼎盛的发展阶段。明清时期家法族规的内容丰富且复杂,涵盖了家庭生活、宗族事务的方方面面,如子孙教育、婚丧嫁娶、族产管理、先祖祭祀、族谱修撰等。家法族规中所蕴含的伦理思想渗透并体现在家法族规的各项内容之中,对于家庭成员间的关系维系以及宗族的生存与发展,乃至传统社会的和谐稳定均起到了至关重要的作用。

一、明清家法族规伦理思想的显著特征

人作为群体性、社会性的动物,如何建立与社会、与他人之间良好的伦理关系,对于个人的生存发展乃至整个社会的正常运作均具有重要意义。

(一)明清家法族规伦理思想以人伦纲常为核心理念

明清时期家法族规中的伦理思想大都建立在人伦关系基础之上,并以纲常名教为指导,旨在实现其对宗族成员的伦理约束与等级观念的灌输和教化。所谓人伦,狭义指五伦,即父子、君臣、夫妇、长幼、朋友五种人伦关系。孟子曰:"后稷教民稼穑,树艺五谷;五谷熟而民人育。人之有道也,饱食、暖衣、逸居而无教,则近于禽兽。圣人有忧之,使契为司徒,教以人伦:父子有亲,君臣有义,夫妇有别,长幼有序,朋友有信。"(《孟子·滕文公上》)①此所谓亲、义、别、序、信即是人伦之道

① 杨伯峻:《孟子译注》,中华书局1988年版,第125页。

的实践基础，以个人为中心，上对父母，下对子女，平行对兄弟、配偶，向外对邻里、朋友。至于"家运之盛衰，天不能操其权，人不能操其权，而实自操之。父慈、子孝、兄友、弟恭，男正位于外，女正位于内，即贫窭终身，而身型家范，为古今所仰，盛莫盛于此。如身无可型，而家不足范，当兴隆之时，而识者已早窥其必败也。"（孙奇逢：《孝友堂家规》）可见，家族成员只有遵循人伦之道，各守其分、各司其职，才能消除个人在社会生活中的各种摩擦与利益冲突，才能维系人伦关系的正常发展，才能保持家运的隆通，维系家族的延续与发展。

如前所述，明清家法族规的制订及其中所蕴含的伦理思想大多依存于人伦关系而展开。《礼记・郊特牲》曰："男女有别，然后父子亲；父子亲，然后义生；义生，然后礼作；礼作，然后万物安。"因此，按照亲疏类序，夫妇是人伦之始，是人伦的首要基础。在传统社会中，理想的夫妻关系为夫义妇顺。然而，明清家法族规中关于夫妻关系的规定中明显对妻子提出了更多的要求，妻子所应尽的义务也更为详细具体。《郑氏规范》中有关家族内诸妇的要求与义务便达二十一条之多。传统社会中理想的父子关系为父慈子孝，即父之于子应严慈相济，子之于父应敬顺有加。父子关系是家庭伦理的核心内容，而为子者是否能尽孝道便是父子关系的核心问题。绝大部分明清家法族规都有对于孝悌内容的表述，如安徽《寿州龙氏宗规》有言："哀哀父母恩，昊天同罔极……小孝宜用劳，大孝惟竭力。养生送死礼能尽，聊报深恩于万一"①。对于子孙后世的不孝行为，家法族规也规定了严厉的惩罚措施，如《合江东乡李氏族规》规定："凡子孙于父母及祖父母，骂者罪即绞决；殴者斩决；杀者凌迟处死"②。在人伦关系中，父子关系与兄弟关系为天合，其余均为人合。我国古代封建社会是一个讲求血缘关系的宗法社会，因此，人们普遍认为天合重于人合，即父子、兄弟关系要重于夫妻、君臣、朋友关系。除父子关系而外，古人之所以将兄弟关系也看作是重要的人伦关系，是因为他们认为兄弟乃是父母生命的延续，兄弟间的关系可以直接延伸到妯娌关系、子侄关系、奴仆关系。若兄弟不睦，将会影响到整个家族的和谐，因此需要着力维护之。并且，理想的兄弟关系为兄友弟悌，"兄须爱其弟，弟必恭其兄。勿以纤毫利，伤此骨肉情"（方孝孺：《谕俗箴》）。即兄弟之间要互敬互爱，不可因妯娌关系、财产争夺等因素影响

① 《寿州龙氏宗规》卷一，《家规》，光绪十六年。

② 《合江李氏族谱》卷八，《族禁》，光绪二十一年。

兄弟关系，继而影响整个家庭乃至家族的和睦。

(二)明清家法族规伦理思想以修身明德为主旨内容

借修身以明德乃是明清家法族规伦理思想的重要旨归。而所谓修身，则是指个体以社会主流伦理规范来提升自身道德修养、完善自身人格的自觉过程。明清家法族规中的修身思想在继承前代修身思想的基础之上，深受宋明理学思想的影响，不仅在内容上更加丰富、完备，对于修身的具体方法也进行了细致的探讨，以期训教和引导后世子孙的修身行动。众所周知，儒家特别强调修身的重要性，认为修身是齐家、治国、平天下的首要前提，但修身的目的不仅在于“独善其身”，更是为了构建和谐的家庭关系与社会关系，使家庭、社会处于良性的运作状态之中。明清家法族规则很好地继承了儒家传统的修身思想，认为个人通过修身，其低层次的目的是为了让后世子孙能够在竞争日益激烈的社会环境中立足，以维护个人、家庭乃至整个家族的社会地位与切身利益；从更高层次来说，则是期望后世子孙能够通过修身以达到治国平天下的终极目标。

明清家法族规伦理思想的内容丰富且充实，从个体来讲，大多涉及修身明德这一主题。明清家法族规认为，个体立身首要的、根本的内容便是要心存敬意。“敬”是一种对自己认真、对他人尊敬、对德业严谨的态度，是一种心无妄念、行不妄动的状态，是一种恭敬谨慎的品德。清人史搢臣曾言：“人生自幼至老，无论士农工商，智愚贤不肖，刻刻常怀畏惧之心，如明中畏天理，暗地畏鬼神，终身畏父母，读书畏师长，居家畏乡评，做官畏国法，农家畏旱涝，商贾畏亏折，兢兢业业，为了得这一生。”①此处的畏惧之心便是敬畏、恭敬之心，为人处世只有时刻怀有恭敬之心才不会恣意妄为。明清家法族规修身思想的核心内容在于自省。所谓自省，也就是通过自我审视，找出自身的缺点与不足，并加以改正以达到自我完善。古人极力推崇曾子一日三省以进德：“吾日三省吾身，为人谋而不忠乎？与朋友交而不信乎？传不习乎？”(《论语·学而》)自省的修身方法被明清家法族规加以继承，如明代著名文学家、政治家高攀龙便指出：“见过所以求福，反己所以免祸。常见己过，常向吉中行矣。自认为是，人不好再开口矣。非是为横逆之来，姑且自认不是。其实人非圣人，岂能尽善？人来加我，多是自取，但肯反求，道理自见。如

① 陈弘谋：《五种遗规》卷二，《训俗遗规》。

此则吾心愈细密,临事愈精详。一番经历,一番进益,省了几多气力,长了几多见识,小人所以为小人者,只见别人不是而已。"①由此可见,常见己过,人的心思便更加缜密,行事考虑自然更加周详,古人认为,这同样也是君子与小人之间的主要区别之一。

二、明清家法族规伦理思想的主导精神

毫无疑问,中华优秀传统文化是中华民族迈向21世纪最可宝贵的民族精神之根底。明清家法族规伦理思想作为中华传统文化的一部分,又有其一以贯之的主导精神,概括而言,即崇尚整体主义、以和为贵与重视礼法秩序。

(一)崇尚家族利益至上的整体主义

在中西方文化比较这一研究领域,学界业已达成的一个基本共识是:西方是个人本位主义,中国是家族本位主义。鉴于此,笔者认为,明清家法族规伦理思想以崇尚宗法等级秩序的家族本位为基础,它的一个重要的主导精神便是追求家族利益至上的整体主义。这种整体主义使得家族为了谋求切身利益,具有一定的狭隘性和排他性,即旨在排斥个体或他族的利益。按照这种价值取向,明清家法族规伦理思想一味强调:在家庭生活中家族整体利益至上,个人利益必须无条件服从家族利益。诸如父母在,子妇不许有私财、不许分家、无权处置家庭财产等等。家庭成员的一切行为只有与其所处的家族利益相一致,才能确定个体的存在价值,其自身也才能够被族众所认可。

明清家法族规伦理思想以家族整体利益的名义限制甚至取消个人的利益,这就在一定程度上压抑了人的需要以及个性自由。推而广之,在社会生活中,个人的利益、家庭的利益又必须无条件地服从国家的利益,即强调国家利益至上。这本无可厚非,然而,此所谓的国家利益却是"虚幻的集体"(马克思语)之利益,亦即代表的是统治集团的根本利益。明清家法族规伦理思想所推崇的整体主义,实质上就是通过抹杀个体利益以达到家族乃至社会整体和谐的标准,家族成员在此过程中则丧失了个性自由和自我价值。这就是狭隘的整体主义与强调整体利益与个人利益相统一的集体主义的一个重要区别。

---

① 高攀龙:《高子遗书》卷十,《家训》。

(二)积极倡导家族人际关系和谐

明清家法族规伦理思想将维护家族人伦秩序、形成良好的家庭关系作为主要任务和价值取向。为此,它将“贵和”奉为主导精神和赖以行动的思想保证。所谓“家庭之间,以和顺为贵。严急烦细者,肃杀之气,非长养气也。和而有节,顺而不失其贞,其庶乎?”(《左宗棠全集·家书》)人所共知,追求和谐一向是中国传统文化的主导精神和价值追求,它渗透在人与自然、人与人、人与社会之间关系的各个方面。而所谓“贵和”,就是指在人际交往中力争做到和谐相处,使自身能够在群体中保持良好、和谐的人伦关系。在明清家法族规伦理思想中,父子、兄弟、夫妇等在家庭中都有各自的角色期待及与之相应的权利与义务,这样,他们才能自觉安于各自所处的等级地位,有效地减少家庭矛盾和冲突,以达到促进家庭和睦的目的。正所谓“君君臣臣,父父子子,兄兄弟弟,夫妇朋友各得其位,自然和。”(朱熹:《朱子语类》卷二十二)

明清家法族规重视人伦关系,强调家庭伦理关系的和谐有序,并主张个人在具体的人伦关系中应承担相应的伦理责任,这对于形成良好的家庭人伦关系乃至社会关系,进而维持社会的稳定都具有一定的积极意义。然而,这种和谐却是在不平等的人伦关系中寻求和谐,也就是在原本不和谐中力求和谐。实质上,在古代的历史环境中,所谓的社会和谐则是以牺牲广大下层民众的利益为代价的。

(三)高度重视家族礼法秩序

关于“礼”产生的缘由,古人曾多有论述,譬如儒家经典《礼记》有言:“是故圣人作,为礼以教人,使人以有礼知自别于禽兽。”(《礼记·曲礼》)又说:“礼之教化也微,其止邪也未形,使人日徙善远罪而不自知也,是以先王隆之也。”(《礼记·经解》)《淮南子》则进一步指出:“夫礼者,所以别尊卑、异贵贱。”《淮南子·齐俗训》总之,正因为“礼”(广义)有辨别、规定等级区分以及使得等级关系有序化的功用,所以才有其产生和存在的可能与必要,明清家法族规也才会高度重视家族礼法秩序。

传统社会是人们公认的严于礼法的社会,它所极力维护的必然是封建等级秩序,而礼法秩序在其中则承担了协调和规范等级秩序的重任。在这个等级制社会中,业已形成了一套相当完备、周密的礼教观念和礼俗规范。受此影响,明清家法族规要求子女在家族生活中必须严守礼法秩序,诸如孝顺父母之礼、晨省昏定之礼、侍疾之礼,等等。事实上,家族礼法主要包含狭义之礼与法两个方面的内容,并且,二者的功用和效果又是不同的,它们相辅相成,正所谓"礼者禁于将然之前,法者禁于已然之后"(《大戴礼记》)。在明清家法族规中,常常礼法并举,且法的成分居多。古人不仅在治家中提倡礼法秩序,在治国亦即社会政治生活中也同样强调"礼治"与"刑治"抑或"德治"与"法治"的统一,旨在建立符合统治阶级理想的上下各安其位的社会等级秩序。

三、明清家法族规伦理思想的借鉴价值与现代转化

明清家法族规伦理思想是我国古代劳动人民世代积累的关于育人与处世的智慧结晶与经验总结。虽然其部分内容体现了较多的保守思想,不可避免地被打上了历史的烙印,但其中所蕴含的精华部分,是能够超越时空的界限为社会主义精神文明建设服务的。我们只有将这些优秀的伦理思想作为当代伦理文化建设的宝贵资源,并对其进行系统发掘与现代转化,才能构建具有中国特色的社会主义道德价值与规范体系。

(一)明清家法族规伦理思想的价值评判

笔者认为,影响和推动历史发展的主要因素并不在于对历史遗产继承的多少,而在于对其的肯定或否定(即价值评判)是否正确、科学。同样,能否使传统家法族规中的伦理思想经过一番现代转化使之服务于当今社会的社会主义精神文明建设,其重点不仅在于对传统家法族规伦理思想吸收与继承的完备程度,更在于是否能够对其进行客观与科学的评价。毫无疑问,我国的家法族规文化经历了漫长的历史发展过程,其中所蕴含的伦理思想既有精华也有糟粕,既有已经过时需要我们摒弃的东西,也有可资借鉴的宝贵思想资源。

首先,明清家法族规伦理思想的消极因素显然是不容忽视的。总体而言可以概括为两个主要方面:第一,浓厚的等级尊卑思想阻碍了社会前进的脚步。已如前述,中国传统文化中的等级观念,本质上是宗法制度的产物,既表现为政治等级观念,亦表现为伦理等级观念,是传统社会普遍认同并据以行动的价值观念和取向。这种等级尊卑思想外化为家法族规中同传统伦理紧密相连的价值观念之中,使得每个人都必须无条件服从于家长,各安其位而不得逾越。这一浓厚的等级尊卑观念虽然对于维护封建统治的稳定起到了至关重要的作用,但长期以来却禁锢

了人们的思想、束缚了人们的行为，导致我国传统文化中平等、民主意识的缺失与法律意识的淡薄。社会主义制度建立后，虽然封建等级制度失去了其赖以生存的土壤，但等级尊卑思想却仍然植根于人们的心灵之中，影响着中国人的思维方式与价值取向，致使一些人自觉或不自觉地依照传统尊卑观念处世行事，如拜权主义思想、男尊女卑思想、家长专制思想等等均是如此。传统的等级尊卑思想尽管包含了诸如尊老敬老等具有积极内涵的一面，但其消极因素决不可忽视和低估。

第二，过于重视经验教育，而框制了人们的思维模式。传统家法族规的制订者们将前人的思想精华与自身的人生经验加以总结并编写为行为规范，用以教导和约束后世子孙，使其能够在艰难的社会环境中立足，从而维系整个家族的延续与繁荣。制订家法族规的本意是为后世子孙铺就一条通向成功的道路，但却出现了一定程度的矫枉过正，而框制了人们的思维模式。譬如，明清家法族规中对于宗族成员职业的选择便有明确的具有一定倾向性的要求，即以读书仕进为最佳选择(因“万般皆下品”)，耕为上，工商次之。康熙年间的《海城尚氏宗谱》规定：“后世子孙众多，须宜立志读书，或工韬略，各守一业，为农为商，随分安生，不作游荡之徒。”(《海城尚氏宗谱·先王遗训》)同时，明清家法族规还禁止子孙阅读经书以外的任何书籍，禁止族人下棋、打牌、听曲、看戏。譬如《郑氏规范》规定：“子孙不得目观非礼之书，其涉戏谑淫亵之语者，即焚毁之；棋枰、双陆、词曲、虫鸟之类，皆足以蛊心惑志、废家败事，子孙当一切弃绝之。”从而使他们成为思想呆板、视野狭窄的井底之蛙。人们的思维模式被限制在一些条条框框之中，不仅限制了个人的全面发展，而且当时由于人们认识世界能力的不足、创新意识的缺乏，同时也限制了整个社会的发展，使中国社会在数百年间停滞不前，以至于落后于西方诸国，最终导致近代中国屡遭列强的侵犯，饱尝国家积贫积弱之苦。

反观明清家法族规中的伦理思想，尽管存在诸多弊端，但其多数内容仍然是我们应该继承和弘扬的民族文化的精髓。无论是传统的封建社会抑或是当代的法治社会，明清家法族规中的伦理思想在维系家庭发展、维护社会稳定方面，都具有亟待开发的重要价值，其积极内涵与有效的教化方法对于丰富中国当代伦理文化建设的内容同样具有借鉴意义。具体而言，主要体现为如下两个方面：

第一，对于促进当代家庭自身的发展与维护社会的稳定均具有重要价值。古人订立家法族规的主要目的是使后世子孙能够严格遵守这些规范，时刻不忘“修身、齐家”,从而能在维持香火的基础上兴旺发达、光宗耀祖。事实证明,认真制订并遵循这些规范的家庭与宗族,往往能够经受得起承平时岁月的消磨和战乱时烽火的洗劫。如前所述,浦江“义门”郑氏自元代订立家规之日起,便对后世子孙的行为规范进行严格要求,并根据家族的壮大不断对其内容进行增补修订。在结束长达三百余年的累世同居后,郑氏子孙仍然注重“祖宗成法”,各支派经久不衰。反观中国当代家庭,由于社会客观环境的限制,传统的大家庭模式已经消亡,取而代之的则是与社会现状相适应的倒金字塔式的小家庭。重智轻德的教育模式为当代的家庭与社会带来了复杂的问题。因此,借鉴传统家训文化的成功经验,借以约束和规范家庭成员的行为,这对于促进当代家庭自身的发展与维护社会的安定均具有重要意义。

第二,继承和发扬了中华民族的优良传统,其教育内容与方法对于当代伦理文化建设具有借鉴意义。在明清家法族规的伦理思想中,中国传统文化的精华成分占有较大比重,其相当部分源于社会的善良风俗、中华民族的传统信念,如孝顺父母、和睦邻里、与人为善、勤劳简朴、尊师重道、正直廉洁、扶厄济困,禁止赌博、嫖娼、游手好闲等,当今社会应该加以继承并不断发扬光大。对于这类特有文化的传承,能够增强年轻一代的责任感与归属感,使之在当今社会乃至世界范围内的激烈竞争中能保持清醒的头脑,增强自身的是非辨识能力与自主选择能力,从而达到自身人格的完善与社会环境的和谐。

(二)明清家法族规伦理思想的现代转化

明清家法族规伦理思想所包涵和体现的思想观念,大都源于中国传统伦理思想,而其自身并无多少创新。因此,对于明清家法族规中伦理思想的发掘与现代转化,可视为对整个中华民族优秀伦理思想继承与发展的重要组成部分。为了完成历史发掘与现代转化这项艰巨的工作,笔者认为首先应从以下几方面入手:

第一,明清家法族规伦理思想现代转化的价值厘清。传统家法族规中的伦理思想将“修身”作为“齐家、治国、平天下”的基础与前提,将个体德行的完备作为其完成与实现社会责任与社会任务的首要条件。而在当代社会中,市场经济在为人们带来丰足的物质生活条件的同时,也使人们的价值观念发生了较为明显的倾斜——将对经济利益的追求置于对道德信念的追求之上,致使当代社会因道德失范而出现的社会问题层出不穷。因此,笔者以为,中国当代伦理文化建设的首要任务应该是厘清人们的价值观念,不仅要强调在遵守道德规范的基础上追求正当经济利益,还要将这种外在的道德规范内化为自身的道德需求,即自我满足、自我完善的需求。而这正是明清家法族规伦理思想所秉持的价值取向带给当代人的深刻启示。

第二,明清家法族规伦理思想现代转化的内容选择。对于明清家法族规伦理思想的内容,我们既不能一概否定,也不能全盘继承,而应"如同我们对于食物一样,必须经过自己的口腔咀嚼和胃肠运动,送进唾液胃液肠液,把它分解为精华和糟粕两部分,然后排泄其糟粕,吸收其精华,才能对我们的身体有益"①。在明清家法族规伦理思想的内容选择问题上,我们首先是要对在历史中造成恶劣后果的糟粕以及不符合当代伦理文化建设要求的内容予以剔除。譬如,《余姚徐氏宗范》规定:"宗妇不幸少年丧夫,清苦自持,节行凛然,终身无玷者,族长务要会众呈报司府,以闻于朝,旌表其节"②。这种贞烈观念本质上就是对女性的歧视与压迫,是应予以坚决摒弃的。再如,明清家法族规中多有"禁争讼"的规定,将其认定为与人结仇种怨甚至是"有辱门楣"的行为。这种规定在当时社会固然有其存在的合理性,但若置于当代社会却与社会主义法治精神背道而驰,因而应予以剔除。其次,对于在传统伦理文化中发挥过重要作用且至今仍能产生积极影响的传统美德,应给予积极的评价并加以继承,如勤劳简朴、尊师重道、与人为善、诚实守信,禁止赌博、吸毒、嫖娼等。再次,对于明清家法族规伦理思想中的某些积极内容,要予以"扬弃"并提取其合理成分,使之逐步融入当代伦理文化体系中,如孝悌观念、义利观念等。

第三,明清家法族规伦理思想现代转化的方法借鉴。明清家法族规中的许多伦理教化方式和理念,如养正于蒙(教子婴稚)、潜移默化、严慈相济、注重环境(应列入今之所谓"生态伦理"范畴)等,时至今日仍然具有重要的参考价值。并且,明清家法族规中所体现出来的教育方法和价值追求对于发现与解决当代教育、特别是家庭教育中出现的种种问题,进而丰富和完善中国当代伦理文化体系同样具有重要的借鉴意义。诚然,随着社会的快速发展,个体在成长过程中所面临的环境也会愈加复杂,这便要求我们在借鉴诸如言传身教、因材施教等具体的教化方式

① 毛泽东:《毛泽东选集》第2卷,人民出版社2009年版,第194页。

② 《余姚江南徐氏宗谱》卷八,《族谱宗范》,1916年版,第3页。

和教育方法时,就要注重对其进行必要的现代转化,以使之与时俱进,做到不断推陈出新。

综上可见,明清家法族规中的伦理思想可谓金石相杂、瑕瑜互见。然而,经过充分发掘、系统整理与价值评判,笔者以为,明清家法族规伦理思想总体上而言是瑕不掩瑜的,因此才有对其进行一番现代价值转化的可能性与必要性。但是,这种现代转化并非终极目标,我们要坚持批判继承与综合创新的原则,将明清家法族规伦理思想加以去芜存菁、去伪存真,使之最终融入中国当代伦理文化体系中,以更好地为我国的社会主义精神文明建设服务。

(原载《学术交流》2015 年第 2 期)

附录二

培育和弘扬社会主义核心价值观路径探究

——基于优秀传统文化的分析视角

党的十八大报告提出,为实现中华民族伟大复兴的“中国梦”,要“用社会主义核心价值体系引领社会思潮、凝聚社会共识”。并且,在此过程中,还需要“积极培育和践行社会主义核心价值观”。而在对待社会主义核心价值观与中国优秀传统文化的关系问题上,习近平同志强调指出:“中华文明绵延数千年,有其独特的价值体系。中华优秀传统文化已经成为中华民族的基因,根植在中国人内心,潜移默化影响着中国人的思想方式和行为方式。今天,我们提倡和弘扬社会主义核心价值观,必须从中汲取丰富营养,否则就不会有生命力和影响力。”①由此可见,中华优秀传统文化乃是社会主义核心价值观的重要源泉。在培育和践行社会主义核心价值观的过程中,我们要对中华优秀传统文化的地位和作用给予足够的重视。

一、有选择借鉴传统核心价值观教化方式

在中国数千年的文明发展进程中,“仁义礼智信”(即所谓“五常”)五位一体的价值理念,大体涵盖了中国传统文化中最基本的道德规范,被视为中国传统核心价值观的集中体现。同时,经高度凝练的“五常”也是一个完整的价值体系,它代表着中国古代社会重要的道德原则,具有价值导向和道德教化功能。一方面,“五常”是古人思想道德修养中的主要内容,对个体道德规范和传统价值观的形成与发展具有指导和制约作用;另一方面,“五常”所包含的深刻价值意蕴也具有广

---

① 习近平:《把培育和弘扬社会主义核心价值观作为凝魂聚气强基固本的基础工程》,《党建》2014 年第 3 期,第 4 – 6 页。

泛的道德影响力和文化辐射力,引导着中国古代社会的价值取向和教化方向。因此可以说,在中国历史上,“仁义礼智信”乃是中华民族传统核心价值观的根本之所在,它在锤炼民族精神、塑造民族性格以及提升民众的思想道德水平过程中发挥了十分重要的作用。从这一角度来看,对“仁义礼智信”等作全面系统的分析与诠释,也就能基本把握中国传统核心价值观的关键之点。

诚然,尚需说明的是,处于“三纲”统摄之下的“五常”在思想上固然有其不可忽视的弊端,但这一方面的内容并不是本书的研究重点,我们主要关注传统核心价值观教化方式与方法上的有效性。实际上,探寻和借鉴我国古代社会甚或西方社会的核心价值观教化方式,在继承人类共有文化遗产的角度来讲都是可行的。但在古今、中外核心价值观教化方式的比对和选择中,笔者认为,批判地、有选择地借鉴我国古代社会核心价值观的教化方式则更具有现实性、必要性以及一脉相承的文化心理基础。鉴此,本书拟在一定范围内借鉴宋明时期核心价值观的教化方式,试图为培育和弘扬社会主义核心价值观寻求颇具价值的传统资源与参考经验(因其方法途径是大体相通的)。无可否认,古人能够将“仁义礼智信”等教化内容植根于普通民众的日常生活世界之中,并将传统核心价值观“化民成俗”,使个体在潜移默化中认同和践行符合古代社会伦理纲常和道德规范的行为方式,从而取得了“润物细无声”的实际效果,这无疑是值得今人借鉴和深思的。

二、比照传统经验之社会主义核心价值观培育路径探究

在培育和弘扬社会主义核心价值观的过程中,可资借鉴的宋明时期核心价值观的培育、教化路径,大致体现在国家推广、社会普及和家庭教育三个层面。鉴此,我们应该坚持“国家—社会—家庭”三位一体的全覆盖、立体化的培育路径(教化方式)。但相比较而言,三者又各有其侧重点,即大体上国家层面重导向、社会层面重濡染、家庭层面重启蒙。

(一)核心价值观培育之国家推广层面

其一,教育主导。封建朝廷从国家层面大力推行传统核心价值观的教化,其以教育为主导的突出特点为当前我国通过各级各类学校培育和弘扬社会主义核心价值观提供了借鉴经验。宋明时期,国家以兴学校、建书院、广布社学、义塾和村塾为主渠道大力灌输以儒家思想为主体的传统核心价值观。这些“教育机构”

由国家直接设置,并选派专任官员主持和推广教化活动,“以明人伦”(《孟子·滕文公上》)。“官学”是古代社会进行国家教化的主要教育制度,它随着历史发展而不断演变,其制度化和规范化的程度也不断提高。在官学发展的后期,又逐步分成两类,即中央官学和地方官学。在二者之中,地方官学因其遍布全国则更易于拉近核心价值观与寻常百姓间的距离,正所谓“欲化民成俗,其必由学乎”(《礼记·学记》)。此外,分布较广的社学、义塾和村塾等也是当时乡村进行国家教化的主要承担者,是对普通乡民进行教化的主要途径之一。与此相应,在当今社会培育和弘扬社会主义核心价值观的过程中,各级各类学校依然发挥着主渠道作用。青少年是培育和践行社会主义核心价值观的主体之一。国家和教育相关部门应系统地、有针对性地形成一系列培育和弘扬社会主义核心价值观的教育体系——从中央高校到地方性民办教育机构,均可凭借自身特色有计划、有步骤、逐层次地进行社会主义核心价值观教育,最终促使其能够落地生根、开花结果。

其二,政令支持。封建朝廷通过统一的教化纲领与政令的支持,全面引领和持续推进传统核心价值观的教化,这就为当今社会在培育和弘扬社会主义核心价值观的过程中,制定指导性、纲领性和政策性文件提供了借鉴经验。宋明时期,朝廷提出具体的教化纲领;皇帝则以政令形式颁诏教民圣谕,并亲自进行圣谕教化。譬如,朱元璋曾颁布《昭鉴录》、《永鉴录》等圣谕。这种自上而下的教化方式使传统核心价值观在民间能够得以快速传播与普及。同样,在当今社会,培育和弘扬社会主义核心价值观,国家要制定覆盖全国的指导性、纲领性政策文件,并使其得到贯彻落实,从而真正形成深入人心的规范机制。从这个意义上说,国家要充分发挥政策、法规和制度的导向和约束作用,强化基层组织功能,完善监督机制,从而为培育和弘扬社会主义核心价值观提供坚强的政治保障。

其三,表彰奖励。古代社会推崇“道德楷模”的教化方式为当前我国树立和表彰践行社会主义核心价值观的典型和榜样提供了借鉴经验。宋明时期,封建朝廷通过张贴字报等文书形式树立和旌表符合传统价值观的忠臣、义士、孝子、贞女、烈女等“道德楷模”,或通过赐爵封官、树碑建祠、赐以匾额或建筑石坊等形式进行表彰和褒奖,以彰显其名声气节,从而形成强大的社会舆论影响力和感召力。鉴古论今,在当代社会,道德楷模依然是公众效仿和学习的榜样。因此,通过彰显道德楷模身上的人格力量,使其光辉形象和先进事迹深入人心,进而以“榜样的力量”鞭策和引导社会民众树立正确的义利观、荣辱观和是非观等等。尤为重要的是,广大党员、干部更应起到榜样示范作用,并以自身的模范行为和高尚人格感召和带动普通群众践行社会主义核心价值观。

其四,读物普及。宋明时期,广泛流传的伦理读物推动了传统核心价值观的传播和普及,这为当今社会通过通俗读本和大众读物培育与弘扬社会主义核心价值观提供了借鉴经验。自宋以降,各种道德读物和伦理读本,如善书、蒙书和通俗小说在民间广为流传,对当时的传统价值观教育起到了较大作用。随着活字印刷术的发明,尤其是明代中后期民间文化的蓬勃发展,以儒家伦理为主导的传统价值观便通过通俗读物形式得以传播,从而在很大程度上弥补了“官学”等教化的不足。从一定意义上讲,伦理道德读物可以被视为传播核心价值观的有效载体。它以“喜闻乐见”的形式更易于被人们所接受,因而对于形成积极向上的核心价值观能够起到重要作用。因为某种核心价值观只有被大众所普遍接受、理解和掌握并转化为社会群体意识,才能为人们所自觉遵守和奉行。有鉴于此,当前应以受众广泛的大众读物,如《社会主义核心价值观教育通俗读本》等来培育和弘扬社会主义核心价值观,使广大民众对其内涵有较为系统、全面的了解和认知,从而进一步加深、提升普通民众对社会主义核心价值观的理解和认同。

(二)核心价值观培育之社会普及层面

其一,民间力量。诸多国学大家引领的讲学之风及随后宋明理学的广泛普及,为旨在弘扬社会主义核心价值观的马克思主义理论工作者“开坛设讲”提供了借鉴经验。宋明时期,理学大兴,私人讲学蔚然成风。诸多理学家如北宋时期的周敦颐、张载、二程(程颢、程颐),南宋时期的朱熹、陆九渊分别在各地形成自己的学术流派。至明代王阳明心学兴起,私人讲学不仅是知识分子之间的学术交流与探讨,更发展成为面向平民、面向社会开放的宣扬儒家思想的教化活动。一般而言,私人讲学的最大特点就是深入浅出,生动感人,且大量使用口语。譬如,用语录体编撰而成的记述朱熹言论的《朱子语类》,以及记载王阳明语录和论学书信的《传习录》等,都真实地再现了当年他们讲学或论辩时所记录下来的早期白话(始于唐宋时期)。总之,在学派争鸣与互相交流的过程中,使得局限于书斋的知识分子的学术思想通过儒学地域化运动开始向民间推广,并由局部地区扩展到全国,进而被越来越多的平民百姓所知晓。在当代培育和弘扬社会主义核心价值观的过程中,今人应在上述方面虚心向古人学习。马克思主义理论工作者,尤其是一些身处科研院所的专家学者应该走下基层、走上讲台,面向普通民众以通俗化、具体化的讲解方式"开坛设讲",借以对社会主义核心价值观的思想精髓进行宣讲和解读。习近平强调指出:"宣传思想工作创新,重点要抓好理念创新、手段创新、基层工作创新,努力以思想认识新飞跃打开工作新局面,积极探索有利于破解工作难题的新举措新办法,把创新的重心放在基层一线。"笔者以为,这一有关宣传思想工作方面的经验总结也同样适用于社会主义核心价值观的宣传和普及,其手段创新、基层工作创新与理念创新同等重要。

其二,社会规范。宋明时期乡规民约的教化作用为当前我国制定符合社会主义核心价值观的新农村建设之文明公约提供了借鉴经验。在古代社会,乡规民约是民间自愿组织制定的道德公约、互助公约,主要依靠乡里、宗族与家庭的力量来施行社会教化。这些乡约皆以儒家礼教为指导思想,宣扬伦理纲常,皆在劝诱人心向善,广教化而厚风俗。至明代,乡规民约得到了朝廷的重视。明成祖"取蓝田吕氏乡约列于性理成书,颁降天下,使诵行焉"①。王守仁所制订的《南赣乡约》以及陆世仪主撰的《治乡三约》等乡规民约在宋明时期的盛行,使得传统核心价值观的教化在基层乡里得到落实。在当代社会,加强我国广大农村地区的社会主义核心价值观教育,无疑是一个重要的时代课题。在道德教化与行为规范方面,古代社会的乡规民约所起到的教化作用为社会主义核心价值观在新农村的培育和普及提供了经验范本。为此,应该制定符合科学发展观的新农村建设之文明公约,通过地方政府积极倡导这一文明公约,对践行实效突出的单位和村集体给予嘉奖。另外,在城镇社区,也要完善市民文明公约,旨在形成积极向上的社区风貌,并通过社区文化来加强社会主义核心价值观的宣传力度。

其三,大众文化。封建朝廷通过借助民间艺术形式使民众潜移默化地受传统核心价值观的熏陶,这为当前以大众文化来培育和弘扬社会主义核心价值观提供了借鉴经验。自唐宋以来,戏曲、说唱等艺术形式逐渐兴盛。至宋明时期,小说、戏曲、说唱等民间艺术形式得到空前的发展和繁荣,瓦肆勾栏成为当时城市中的主要表演场所。在中国古代社会,由于普通百姓大多没有接受教育的机会,因此,

① 习近平:《胸怀大局把握大势着眼大事,努力把宣传思想工作做得更好》,《人民日报》2013年8月21日。

戏曲等艺术形式就成为他们接受教化和了解历史的重要途径，正所谓"观戏如读书"。借助民间艺术形式使得目不识丁的平民百姓潜移默化地受到传统价值观的熏陶，使其懂得忠臣良将，知晓礼义廉耻等传统伦理道德规范。譬如，王守仁便主张"取忠臣孝子的故事"作为戏曲和唱本，以"使愚俗百姓人人易晓"(《传习录》)；清代的刘继庄则评论道："余观世之小人，未有不好歌唱看戏者"(《广阳杂记》)。正是因为戏曲等艺术形式在民间颇受欢迎，才使其成为传统社会宣扬核心价值观的一个有效载体和教化途径。毋庸置疑，当代社会的娱乐方式已经发生了显著变化。交织互渗的广播、电视、网络等大众传媒成为人们日常娱乐生活的重要载体。高效、便捷的娱乐方式丰富了广大民众的文化生活和精神世界。然而，不可否认的是，一些大众文化的艺术水准不高，甚至流于低俗和媚俗。为此，文化宣传部门、大众传媒平台等应当通过文艺节目、影视作品、公益广告等形式承担起宣传和弘扬社会主义核心价值观的责任，这无疑将有助于营造良好的社会氛围。

其四，交往方式。古代社会所惯用的"鸿雁传书"等交往方式，为当前通过新媒体平台拓展社会主义核心价值观的培育路径提供了借鉴经验。宋明时期，随着中国古代交通运输业的发展，使得国家政令贯彻、执行的效率得以提高。此外，频繁的书信往来也为儒学的传播提供了新的途径，如朱熹等"东南三贤"均以书信形式探讨和交流儒家思想，这大体代表和反映了当时读书人之间的交往方式。总之，因交通运输业发展所带来的交往方式变化，也在一定程度上拓宽了传统核心价值观的教化途径。诚然，当代社会的交往方式不可与古代社会同日而语。特别是进入 21 世纪以来，随着信息技术的迅猛发展，基于此的网络技术在很大程度上改变了人们的生活方式。通过微博、微信等新媒体平台来培育和弘扬社会主义核心价值观无疑是一条重要途径。为此，我们应充分利用新媒体的技术优势，着力搭建社会主义核心价值观网络教育平台，以期实现核心价值观教育数字化。此外，新媒体平台不仅要在宣传社会主义核心价值观的理论研究方面发挥作用，更应该为培育和弘扬社会主义核心价值观提供正确的舆论导向。

(三)核心价值观培育之家庭教育层面

其一，启蒙教育。大量蒙学读物深入浅出地将传统核心价值观渗透于少儿启蒙教育中，这就为当代少年儿童的社会主义核心价值观启蒙教育提供了借鉴经验。中国古代家庭非常重视对子孙的教育，认为特别是对其所进行的启蒙教育乃是“家庭第一关系事”(孙奇逢:《孝友堂家训》),“蒙以养正,圣功也”(许相卿:《许云邨贻谋》)。古代的蒙学读物种类繁多,诸如《三字经》、《百家姓》、《小学》、《童蒙须知》和《增广贤文》等等,这些蒙学读物以通俗易懂的语言将儒家思想娓娓道来,使之朗朗上口便于儿童记忆。其中有侧重于教育蒙童日常行为规范的,也有侧重于灌输儒家道德规范的等诸多方面。不难发现,古代蒙学读物同样具有“化民成俗”的社会功能,也是教化传统核心价值观的重要方式。古人通过蒙学教化,使儿童自幼受到伦理纲常的浸泽与熏陶,在日常生活中注重行为习惯和道德品性的养成,进而使儿童的道德行为内化为主体自身的德行。笔者认为,这一教育方法和传播理念同样适用于当今时代,亦即培育和弘扬社会主义核心价值观应从娃娃抓起。根据这一阶段少年儿童思维发展的阶段性特点,我们不必苛求其对社会主义核心价值观的掌握程度,但要清楚地告知他们什么是“真善美”与“假恶丑”,什么是“值得肯定和赞扬的”与“必须反对和否定的”。① 并且,通过师长的引导和教育,使少年儿童能够大体认同和尝试践行社会主义核心价值观。

其二,家庭规范。宋明时期普遍盛行的家训、家规及其教化作用为当代家庭儿童的“三观”教育提供了经验范本。为了树立良好的家风、家教,使家庭生活和谐有序,中国历朝历代的众多家庭、家族和宗族都撰写和制订了各种家训、家诫、家规、族规等,卷帙浩繁、数不胜数。至宋明时期,大量涌现出的家训、家规(族规)在全国范围内普遍盛行,东南沿海地区尤甚。这便使得朝廷的道德教化主张犹如“旧时王谢堂前燕”,纷纷“飞入寻常百姓家”。(刘禹锡:《乌衣巷》)这一时期众多的家庭(家族、宗族)主要通过家训、家规的形式对其子女进行伦理道德教化,其本质是伦理教育和人格塑造,核心内容是修身、治家、立业,但其中均已渗透了“仁义礼智信”等传统核心价值观的内容。众所周知,人们所接受的最早教育就是家庭教育,瑞士教育家裴斯泰洛齐说:“家庭是培养人品和公民品德的大学校”②。因此,毫无疑问,家庭也是培育社会主义核心价值观的重要场所之一。如果当代家庭均能在“扬弃”的基础上借用传统家训文化中的德育理念,同时赋予家训文化以鲜活的时代内容,则能够提升整个社会的风气,并使个体家庭的门风也能够得以

---

① 王樵:《金坛县保甲乡约记》,《古今图书集成·明伦汇编交谊典》卷二十八,中华书局。

② 习近平:《从小积极培育和践行社会主义核心价值观——在北京市海淀区民族小学主持召开座谈会时的讲话》,《人民教育》2014 年第 12 期,第 6-8 页。

改善和优化。无论是古代抑或现代，良好的家庭教育观念和方法均能对一个家庭的后代产生影响。因此，在家庭生活中，父母要注意对孩子进行潜移默化的影响和熏陶，这其中就包涵要有意识地对子女进行社会主义核心价值观等方面的教育，使之树立爱国意识和正确的世界观、人生观等。

除此而外，宋明时期可资借鉴的核心价值观教化方式还有很多，限于篇幅，兹不赘述。尚需说明的是，其一，上述内容大致可以分为三类：第一类，在某一范围内今人没有做，确实要虚心向古人借鉴经验，譬如家庭教育层面的家庭规范一项；第二类，今人也在做，但是没有古人做得好、做得细，仍须部分借鉴，譬如社会普及层面的社会规范一项；第三类，今人已在做，而且比古人做得还要好，譬如国家推广层面的政令支持一项，之所以还将其作为借鉴内容，主要是考虑它在培育社会主义核心价值观的现实途径中是不可或缺的。换言之，至少可以通过古人的成功经验为我们提供历史佐证或参照，并使得培育途径和举措更加规范化、体系化、覆盖性更强，从这一意义上讲也是一种"借鉴"。其二，在中国传统核心价值观的教化方式中，诸如古代社会的神道设教和谶纬神学等内容，虽然在当时起到一定的道德教化作用，但其所宣扬的轮回转世等带有宗教迷信色彩的说教已不符合当今时代道德价值观的发展要求，故未纳入可资借鉴的教化方式之列。其三，因本书主要探讨的是我国宋明时期的核心价值观教化方式，所以此前的其他教化方式，诸如寓教于乐的古代"乐教"（早在北宋时期即已不复存在）不在本书讨论和研究之列，但其仍可作为培育和弘扬社会主义核心价值观的借鉴经验。

三、问题与挑战

习近平指出："一种价值观要真正发挥作用，必须融入生活，让人们在实践中感知它、领悟它。要注意把我们所提倡的与人们日常生活紧密联系起来，在落细、落小、落实上下功夫。"①因此，我们应借鉴中国传统核心价值观立足于生活世界的教化经验，在培育和弘扬社会主义核心价值观的过程中，不仅要使其结合我国当代社会的建设实际，还要结合广大人民群众的生活实际。唯其如此，才能使社会主义核心价值观成为普通百姓的常识和整个社会的共识。

---

① 习近平：《把培育和弘扬社会主义核心价值观作为凝魂聚气强基固本的基础工程》，《党建》2014 年第 3 期，第 4 – 6 页。

目前,在大量有关培育和弘扬社会主义核心价值观的文献资料中,基本理论研究成果相对成熟与完善。笔者认为,在具体可操作的教化方式和培育途径研究中,汲取和借鉴中国传统核心价值观在古代社会的教化方式应该是一条行之有效的途径,但这一课题仍然面临诸多理论与实践方面的问题与挑战。问题之一,如何检验其借鉴的实效性或这种借鉴何以可能,以及我们能在多大程度上借鉴传统核心价值观的教化方式。更进一步讲,如何根据当今社会发展的实际来对其教化方式进行现代转换。问题之二,在经济全球化的今天,中西方文明不断碰撞与交融,任何一种文明都不可能封闭式发展。当下,面对多元文化的冲击,一部分人信仰缺失,价值观扭曲,不断冲击着国人思想道德的底线。在这种情况之下,如何使传统文化中优秀的价值体系得以保留、继承并使之发扬光大,这无疑是一个亟待解决的时代课题。问题之三,中国传统核心价值观同样具有两面性,传统文化所蕴含的对人性、人道、人生的敬畏与尊重是值得肯定的。然而,我们也要认清传统核心价值观的本质,它是"基于与自然经济社会相适应、与专制政治相协调、以天道神意为核心的一元化价值观念体系"①。"仁义礼智信"是封建社会的核心价值观,实质上是从属于封建社会和封建制度的。然而,在某种程度上,传统核心价值观中的精神内涵既不能仅凭社会形态等来评定其良莠和优劣,更不能因其服务于封建统治者而予以全盘否定,而应关注其核心价值观的实际教化效果及其对于整个社会正常运作(保持社会和谐稳定)所起到的积极作用。

马克思说:"人们自己创造自己的历史,但是他们并不是随心所欲地创造,并不是在他们选定的条件下创造,而是在直接碰到的、既定的、从过去承继下来的条件下创造的。"②笔者以为,传统核心价值观正是为培育和弘扬社会主义核心价值观所提供的那种可以触碰的、既定的宝贵遗产。这就要求我们,在培育和弘扬社会主义核心价值观的进程中,要敢于正视和选择借鉴传统核心价值观在古代社会的教化方式,并对其进行一番现代转换,做到古为今用。习近平指出:"培育和弘扬社会主义核心价值观必须立足中华优秀传统文化。牢固的核心价值观,都有其固有的根本。抛弃传统、丢掉根本,就等于割断了自己的精神命脉。博大精深的

① 戴木才:《继承和弘扬中华民族优秀传统核心价值观(下)》,《唯实》2014 年第 5 期,第 23－26 页。

② 《马克思恩格斯选集》第 1 卷,人民出版社 1995 年版,第 14 页。

中华优秀传统文化是我们在世界文化激荡中站稳脚跟的根基。"①培育和践行社会主义核心价值观是一项"筑魂工程",因此,我们应该首先充分利用好中华文明博大精深的文化血脉与基因,大力培育和弘扬社会主义核心价值观,形成具有中国人独特气质的价值理念与道德规范,营造知荣辱、讲正气、促和谐的社会风尚。唯其如此,才能进一步引领广民众切实践行社会主义核心价值观。

(原载《齐鲁学刊》2015 年第 3 期)

① 习近平:《青年要自觉践行社会主义核心价值观——在北京大学师生座谈会上的讲话》,《中国高等教育》2014 年第 10 期,第 6 页。.

附录三

当代中国文化“走出去”路径探究

——基于唐宋文化对外传播方式的考察

当下,实施中国文化“走出去”战略,积极探索与拓展“走出去”的方式和路径,业已成为近年来该研究领域的焦点问题。唐宋文化在中国文化发展史上具有举足轻重的地位——唐宋时期促成了“儒家文化圈”的第二次大扩张,也成为儒家文明辐射范围最广的时期之一。因此,本文试以唐宋时期中外文化交流为参照系,通过考察、剖析和借鉴唐宋文化对外传播的历史经验,旨在为当代中国的文化“走出去”战略寻求颇具价值的传统资源与参考范本。

一、唐宋文化对外传播的历史文化背景

英国著名哲学家、历史学家 R. G. 柯林伍德(Robin George Collingwood)曾指出,历史并不是“死掉的过去”,而是“活着的过去”。[1] 面对源远流长的中国古代社会发展史,我们不应一味地着眼于历史事件,而要不断探索历史所能给予我们的活的价值。为此,我们认为,唐宋文化对外传播所取得的成功,不是简单历史事件的叠加,而是基于其历史文化背景以及在“宏大叙事”(Grand Narrative)意义上的鲜活的文化创造与复制过程。

唐宋在承续前代生产力发展成果的基础上,经过自身的不断磨合、调整与创新,获得了中国历史上颇为引人注目的长治久安和国祚延绵,并因此而声名鹊起、远扬四海。唐建立之后,通过均田制和租庸调制的配合实行,加之大规模兴修水利,使得经济稳步向前发展,农业生产也在一定程度上得以恢复。在国家大体安

---

① R. G. 柯林伍德:《历史的观念》,商务印书馆 1997 年版,第 317 页。

定和交通便利发达的基础上，手工业和商业亦不断得到发展——在长安、广州等大城市及沿海城市，商人的身影随处可见，其中不乏来自海外的商旅，这些外商成为唐文化传播的重要力量之一。此后，伴随着经济贸易的发展，越来越多的城市由封闭走向开放，市民阶层不断发展壮大，从而为唐文化对外传播提供了一个相对宽松的社会环境。此时，经济日益繁荣的唐朝已经不满足于开发本国市场，而是将目光投向整个亚欧大陆，并进一步开拓了丝绸之路。陆上丝绸之路的延续使得唐朝与阿拉伯地区开始了频繁的贸易往来，唐人将中国先进的物质文化、科技文化等传播至西方世界，唐文化也由此走向欧洲、走遍世界。中西方在丝路上进行物产交换的同时，也在传递和交流着彼此的科学、医学和农业生产技术等，从而使唐文化在传播至许多国家和地区的同时也造福了当地的人民。

同样，在两宋320年间的历史发展中，其物质文明和精神文明均已达到了一个前所未有的高度。宋朝在借鉴和汲取陆上丝绸之路的经验、教训的基础上，开辟了海上丝绸之路。它凭借更为广阔的经济视野，使其思想文化、制度文化等得以传播，并将自身的价值理念逐步融入周边国家和地区人民的生活世界之中。具体而言，在思想文化上，占据宋朝正统思想地位的新儒学，即理学，在以日本、朝鲜和越南为代表的"儒家文化圈"内得到了广泛的传播，使这一思想文化在潜移默化中影响着中国周边的国家和地区；在制度文化上，东亚诸国几乎均受到宋朝制度文化的影响，尽管其律令制度因国情不同会略有差异，但大多仍以宋朝的制度文化为参照范本。当时，璀璨夺目的宋文化无论是农业技术，还是文学、艺术等方面均处于世界领先地位，加之其繁荣的商业和频繁的海外贸易，从而形成一种对外开放的自然态势，也使得宋文化的对外传播成为一个水到渠成的过程。

二、考察唐宋文化对外传播方式，探索当代中国文化"走出去"的主要路径

总体而言，唐宋文化对外传播方式（或主要传播路径）大体可以从文化传播主体、文化传播理念和文化传播手段等角度来进行阐述和分析。相比较而言，上述三个角度所涵盖的条目具体而繁多，尽管彼此之间的内容相互联系，且可能存在交叉互渗的情况，但每个角度仍各有其侧重点，具体体现在以下几方面：

（一）从文化传播主体角度分析

若从这一角度加以分析，笔者认为可以概括为文化传播的"三条主要途径"，

即国家推广、民间交往和个体传播。

1. 国家推广。唐宋时期，由朝廷颁布诸如《元丰市舶法》等贸易规制来“招来外夷”，借以推动海外贸易不断走向制度化、合法化，这为当前我国在推进中国文化“走出去”过程中制定指导性、纲领性政策文件，并使其深入贯彻落实提供了借鉴经验。唐宋时期，我国国力强盛、经济发达、文化繁荣，这就要求统治者开辟更为广阔的海外贸易市场以招徕外商。唐文宗太和八年(834 年)的“疾愈德音”之诏说：“南海蕃舶，本以慕化而来，固在接以恩仁，使其感悦。”“任其来往通流，自为交易。”①这表明了唐朝统治者较为强烈的对外开放愿望和友好的对外开放态度。在前朝的影响之下，宋朝则更加重视海外贸易，不仅仿效唐朝设“蕃坊”，还专门设立“蕃学”，用以解决外商子女的教育问题。除欢迎和优待外商外，唐宋朝廷的犒劳和褒奖措施也十分突出，并充分保护外商的合法权益。有鉴于此，在当今推动中国文化“走出去”的过程中，国家应将文化产业纳入经济发展规划之中，并成立国家文化产业银行，提供国家资助基金，同时设立中华文化国际传播贡献奖等国际性文化奖项，建立海外文化产业基地，重点支持主流媒体在海外设立分支机构，提供体制机制扶持，并为中国文化“走出去”立法，制定指导性、纲领性的政策文件，从而为文化“走出去”战略的实施提供一个良好的政令支持环境。

2. 民间交往。在唐代，大量的留学生和留学僧入唐求学、求法成为当时的一种流行风尚，直接或间接地为唐文化的海外传播做出了巨大贡献，这为当前我国在推进中国文化“走出去”过程中构建面向外国青年的文化交流机制，并不断加强国际学术交流提供了借鉴经验。当时，入唐的留学生都对唐文化怀有仰慕之情，同时自觉肩负起国家间文化交流传播的重任。他们因长期在中国学习和生活，即便回国后也吟唐诗、说唐语。同样，在大批留学僧怀着极大热忱来唐朝请教佛法的同时，他们也学习了诸如天文、数学等其他方面的文化知识，并将其带回本国——留学僧在传播唐文化的同时，也深刻影响着本国的文化发展。在宋代，朱熹及二程等诸位“大儒”的讲学之风盛行，在一定程度上也有助于儒家文化的传播和普及。并且，与原始儒学相对而言，理学作为哲理化、精致化的新儒学，它在潜移默化地影响以日本、朝鲜和越南为代表的东亚各国的同时，也在当地普及开来，

① 董诰等：《全唐文》卷七十五，《太和八年疾愈德音》，中华书局 1983 年版，第 785 页。

甚至长期占据主导地位。鉴古知今,唐宋时期民间交往方式的革新对当代中国文化的对外传播依然具有重要的参考价值,我们应构建面向外国青年的文化交流机制,不断加强和扩大海内外留学生群体之间的学习和交流,从而为当代中国文化“走出去”架设一座金桥。此外,一些颇有见地的国内学者也应走出国门“开坛设讲”,宣讲和解读当代中国文化的精髓,并致力于在国际著名出版社和学术期刊上发表高质量的理论著作和学术论文等等。

3. 个体传播。诸如个体游历、经商、求学及跨国通婚等个体传播行为的不断涌现,使得海外诸国在潜移默化中受到唐宋文化的熏陶,这为当前我国在推进中国文化“走出去”过程中引导海内外华人以个体行为传播中国文化提供了借鉴经验。在历史上,唐宋时期盛行的科举考试制度不仅影响着东亚各国的制度文化,也使我国的读书人群体不断壮大,许多人为了开阔眼界、增长见识而游历他国。随着个体游历的不断涌现,不少读书人开始直接前往他国游学,在学习外国文化的过程中也传播着中国的传统文化。读书人的足迹遍布四海,中华文化也随之传播至海外。此外,民间商人之间进行的私人贸易也使得各种各样的中国物产源源不断地向海外传播出去,在无形中增强了各国人民对于中国乃至中国文化的了解。笔者认为,在当代中国文化“走出去”过程中,个体传播方式依然存在,且行之有效。为此,我们应充分重视和发挥华人广布全球的独特优势,鼓励、支持并引导海内外华人在旅行、经商、留学乃至移民后能够身体力行地传播中国文化,从而使当代中国文化影响和传播至全世界的各个角落。

(二)从文化传播理念角度分析

若从这一角度加以分析,笔者认为,可以概括为文化传播的“五种基本理念”,即文化精神的确立、文化符号的创设、文化制度的保障、文化产品的输出和文化服务的支撑。

1. 文化精神的确立(观念文化层面)。一般认为,文化精神是文化结构中最为深层次的部分,是一种文化的灵魂。在特定的历史时期中华文化的表现形式虽各不相同,但在其一脉相承的文化底蕴中却孕育了共同的文化精神,这种精神既是文化的精髓,更是文化的灵魂。以“贵和”、“重礼”、“尚公”等为基本内涵的中国传统文化主导精神的确立,使得唐宋文化在其传播过程中,依然处于中国文化精神的引领之下。博大精深的唐文化之所以能够成为中国封建文化的高峰,是与当时统治者所推崇的传统文化精神息息相关的。唐宋文化最为显著的特征是文化的包容性,其在以儒学为官方哲学的同时,融合了道、佛等文化精髓。彼时,唐太宗秉承“爱之如一”的民族观念,认为“华夷一家”,推行团结、德化的民族政策,不仅促进了国家、民族间的友好相处,也为唐文化的传播和发展提供了一个友好的人文环境。而在当代社会,文化传播已然进入到一个崭新的时代,与唐宋单纯的实体传播不同,科学技术已成为文化传播的重要手段。在借助于互联网等新媒体平台进行文化传播的过程中,不乏唱衰中国、贬损中国文化的论调充斥其中,极易造成不良的社会影响。因此,在当今时代,能够在对外文化传播过程中坚守中国文化的主导文化精神便显得尤为重要。我们认为,首先,在文化“走出去”的战略构想中,应以“善邻”、“共赢”、“和合”的开放包容的文化精神为指导,通过以点到线再到面,渐次进行对外文化传播;其次,在中国文化“走出去”的进程中,应当时刻坚守中华文化的主导精神,大力弘扬和传播与传统文化精神一脉相承的社会主义核心价值观。

2. 文化符号的创设(符号文化层面)。文化符号是一个国家或民族的独特文化标识的抽象体现,更是其文化内涵的重要载体形式。在我国唐宋时期,相对发达的经济、政治、文化及海外贸易,使孔子、丝绸、瓷器(china)、功夫等逐渐成为中国的代名词,这些文化符号的创设充分地展示了唐宋时期的中国形象。陆路、海上丝绸之路的高度繁荣,为世界呈现了一个具有悠久历史和灿烂文明的东方大国形象,以瓷器、丝绸等为代表的中国符号也深深地镌刻在了世人的脑海中并影响至今。而在当今时代,复杂多样的文化输出,使得世界文化更为多元。不同的国家都在创设自身符合时代潮流的新的文化符号,如日本的单反相机(而非“和服”、“武士道”等)、韩国的美容业(而非“酱汤”、“泡菜”等)等,它们均承载着不同国家、民族独树一帜或独占鳌头的文化内涵。因此,寻求和创设更加多元、更具时代感的中国当代文化符号,便成为感知中国、认识中国以及讲好中国故事的重要途径。

3. 文化制度的保障(制度文化层面)。文化制度是“指一国通过宪法和法律调整以社会意识形态为核心的基本文化关系的规则、原则和政策的总和。”①在唐

① 全国人民代表大会:《中华人民共和国宪法》,法律出版社 1987 年版,第 38 页。

宋时期,虽然没有对于社会意识形态的具体建构,但其多元的文化繁荣的背后依然离不开文化制度的保障。一般而言,唐朝总是给人以兼容并蓄、开放大度的良好印象。然而,它在书籍出版、流通等方面却是严格把关,其管理体系十分严密。这不仅是为了突显儒家经典的崇高地位,也为了避免文字内容出现纰漏。其中,经史书籍必须由官方统一刊发,不允许民间私自传播。至两宋时期,书籍的刊行及传播则更加谨慎,朝廷曾多次颁布禁书令。诚然,朝廷所禁大多为危及封建统治的少数书籍,并不足以影响文化的整体传播和繁盛。唐宋时期,朝廷还通过设立特定的机构来进行典章整理,从而形成了能够代表和展现中国制度文化精髓的诸多典章制度,并得到中国周边一些国家和地区的认可,且被学习和效仿。这为当前我国订立有利于中国文化“走出去”的相关制度并成为文化传播的主导者提供了借鉴经验。同时,笔者认为,在一定周期内,适当地对文化市场进行清理和整顿,这是对文化对外传播本身的一种保护。因为文化产品良莠不齐加之文化市场管理松散,极易使那些危害国家安全和社会稳定的内容扩散出去。有鉴于此,制订相关的文化保护和管理政策,并依法整顿文化市场,不仅有利于净化社会环境,促进文化市场的良性发展,还有利于提高文化对外传播的质量和效果。

4. 文化产品的输出(物态文化层面)。文化产品是指人类创造的一切能够提供给社会的可见产品,既包括物质文化产品亦包括精神文化产品。本文主要指物态文化层面的文化产品,即实际存在的物质文化产品的输出。我们认为,唐宋文化强大的影响力,在很大程度上得益于其对外文化产品输出的力度之大、数量之多和范围之广。在宋代,中国与东南亚诸国之间的远程航线被誉为海上丝绸之路。在封建朝廷的大力支持下,其丰裕的文化产品就是通过这条航线向外输出的,且输出产品种类繁多、用途广泛,远播海外。鉴此,我们认为,当代中国文化要“走出去”,成为全球主流文化话语权的掌控者,必须要坚持两条腿走路。因为仅凭国家推广层面的文化产品输出是远远不够的,还要更多地利用商业渠道和市场化运作来输出文化产品,培育一批具有国际竞争力的外向型文化企业,并且要在文化产品的打造和输出过程中,实现由中国制造到中国智造的转变。

5. 文化服务的支撑(行为文化层面)。一般而言,文化服务是指满足人们文化兴趣和需要的行为,是政府、私人机构和半公共机构为社会文化实践所提供的文化支持,其中也包括各种文化活动等。回顾历史,我们不难发现,唐宋时期的封建朝廷均采取欢迎、优待等一系列“招诱安存”外商的办法和措施，为满足外商的文化兴趣和需要而提供了必要的帮助和支持。唐文宗时期，唐人对外商“常加存问”，热忱欢迎，主动创造外商来华贸易的便利条件，甚至在法律上给予其以特殊优待；宋代则在外商来华时派遣特使进行抚慰、犒劳，建“蕃市”，兴“蕃学”，对因灾而遭受损失的外商予以救助，这一系列措施在很大程度上吸引着众多外商来华，在进行贸易往来的同时也使得文化得到互惠传播。与此相应，在当代中国，政府部门、私人机构和半公共机构在提供各种形式的对外文化支持的同时，也应在国外设立专门的服务机构，以不同的服务形式满足国外民众的文化兴趣和需要。譬如，可以在海外举办“中国电影展”、“中国民族服装展”等，实施“中国图书对外推广计划”，推动“中俄文化年”、“中澳文化年”、中国文化游、中国文化周、欢乐春节行等活动的开展，从而满足国外不同群体对于中国文化的兴趣和需要，减小中国文化对外传播的阻力和增强自身的吸引力。

（三）从文化传播手段角度分析

若从这一角度加以分析，主要可以概括为“三种常用手段或方式”，即对外文化教育、对外文化贸易和跨国人口迁移。

1. 对外文化教育。唐宋时期，封建朝廷在中国周边国家和地区广布学校，向其大量输入儒家思想，并设立孔庙举行“释奠礼”，以使儒学能够落地生根，从而形成了极具影响力的“儒家文化圈”。此外，唐宋时期的教育体系亦较为完善，除却最高学府国子监外，还下辖有六学，足见其文化教育机构相对完备。并且，各地节度使也为周边国家和地区的子弟专门办学，以使儒学能够传播出去。鉴此，当前要推动中国文化“走出去”，应不断加强旨在推介中国文化的海外中国文化研究中心、孔子学院以及汉语教学实验点等的建设，进一步落实“国际青年声乐家汉语歌唱计划”及“全球孔子学院音乐之旅”等活动，鼓励代表国家水平的各类学术团体、艺术机构在相应国际组织中发挥建设性作用，并组织对外翻译优秀学术成果和各类文化精品等。①

2. 对外文化贸易。唐宋时期，特别是宋代，初具规模的海上丝绸之路上贸易往来频繁。通过丝绸之路的互市贸易和朝贡贸易，商人们在丝路沿线经商的同

① 参见李长春：《中共中央关于深化文化体制改革推动社会主义文化大发展大繁荣若干重大问题的决定》，《前线》2011年第11期，第15－22页。

时，也在传播着本土文化，因此，在这一意义上，古丝绸之路俨然成为文化沟通的代名词。与此相应，当今我国提出丝绸之路经济带和21世纪海上丝绸之路“一带一路”建设方略，以切实推动中国文化“走出去”，无疑是续写古丝绸之路辉煌的智慧之选。在“一带一路”的建设过程中，应优先推进政策沟通及道路连通，以使得亚洲各区域率先连接起来，彼此深化互信，达成基本共识。尽管建设丝绸之路的核心任务是开展国际贸易，但在进行国际经贸合作、产业升级的同时，也应充分发挥文化交流的作用。并且，在夯实经济合作的基础上，还应搭建文化沟通的桥梁，提升文化软实力，增强文化认同感。对外文化贸易是衡量一个国家文化水准的标志，也是一个国家文化崛起的集中体现。因此，当代中国要实施文化“走出去”战略，需要主动参与国际文化市场的竞争，要把能够体现中华文化特色的现代文化产品输出出去，同时还要积极培育外向型文化企业，打造科技含量高的名牌产品等等。

3. 跨国人口迁移。人类在创造文化的同时，文化也依附于人类而存在，因此，跨国移民在进行空间流动的同时，文化也会随之而迁移。唐宋时期，除了由战争引起的移民之外，还有一部分平民因经济利益驱使而移居海外。这些古代移民既有大臣使节、饱学之士，又包含大批商人、手工业者等。古代移民人数众多，如安西四镇常驻汉军就达三万余人；至8世纪80年代，仅逗留在长安的两大都护少数民族奏事人竟有四千多人。① 随着中原与西域愈加频繁的人口迁移，在一定程度上促进了中原与西域之间的文化交流，推动着唐宋文化的传播与普及。回望当下，在推动中国文化“走出去”的过程中，应对我国人数众多的海外移民、华侨群体予以高度重视，并启动中国与其他国家间的人文交流机制，将国家推广和民间交往结合起来，发挥其在对外文化交流中的桥梁和纽带作用。大力支持海外侨胞开展中外人文交流，加深海内外中华儿女对祖国的情感牵绊，培育其国家意识。加强海外华人的爱国寻根教育，积极鼓励他们在异国他乡宣传和推广中国文化等等。

---

① 张德阶：《汉唐王朝与西域关系史略》，《吉首大学学报（社会科学版）》1988年第1期，第45－98页。

三、当代中国文化“走出去”面临的问题与挑战

毋庸讳言，当代中国文化的影响力和竞争力与当代中国的综合国力及国际地位不相适应。中国当代文化如欲走出国门，还要敢于直面挑战，解决一些令人棘手的问题。因此，这就预示着实施“走出去”战略不可能一帆风顺，未来之路可谓“路漫漫其修远兮”。尽管如此任重而道远，但是，中国文化要“走出去”却是中华民族复兴实现伟大“中国梦”的必由之路。对此，我们别无选择，只能在战胜艰难险阻中坚定地、义无反顾地走下去。具体而言，当前，当代中国文化“走出去”所遇到的问题与挑战主要体现在以下几个方面：

（一）当代中国文化的对内凝聚力不足，面临着西方文化霸权主义的严峻挑战

自党的十五届五中全会首次明确提出要实施“走出去”战略，至党的十七大报告提出推动社会主义文化大发展大繁荣，再到党的十八大报告进一步指出：“建设优秀传统文化传承体系，弘扬中华优秀传统文化，扩大文化领域对外开放”，“建设社会主义文化强国”。至此，国家对于文化“走出去”战略在整体上已经进行了大量投入，并且已经取得了一定成效。然而，这与我们的预期依然还有不小的差距。究其原因，笔者以为，主要是由于中国文化“走出去”的“队伍”较为分散，在一定程度上没有形成真正的合力和强大的内在凝聚力。面对强势的西方文化霸权主义，短期内还难以找到应对的策略和举措。并且，当前随着西方价值观念的不断渗透乃至涌入，部分国人在接受西方某些观念的同时也会出现忽视中国传统价值观的现象，误以为西方的某些东西更具优越性，以致缺乏乃至丧失民族自信和文化自信。这种情况的出现既不利于维护国家文化安全，也不利于中国文化“走出去”战略的实施和推广。因此，为了大力弘扬社会主义文化主旋律，增强其内部向心力和凝聚力，一方面要进一步夯实国家文化建设的基础，发挥新闻舆论导向作用，壮大主流舆论群体，强化网络思想文化阵地建设；另一方面，还应构建推动中国文化“走出去”的长效机制，选择具有国际水准和市场发展潜力的文化精品，并设立专项经费予以支持，以促使其快速进入国际主流文化市场。

（二）当代中国文化的对外竞争力较弱，面临着国际话语困境的制约

人所共知，文化竞争是一场没有硝烟的战争，其更多地表现在文化市场的竞争

上。在推动中国文化"走出去"的过程中,我们逐渐意识到中国文化和艺术大量走向世界并不意味着文化对外影响力和竞争力的显著增强。实际上,中国文化表面上"走出去"并不难,难的是如何吸引和争夺文化市场,用品质和声誉赢得认可与信赖。迄今为止,依然有很多国外民众对于中国的印象还停留在改革开放之前,甚至不少国外学者对于中国文化的研究也仅仅专注于"文革"时期。并且,已经"走出去"的文化产品也仍以传统文化为主,缺乏原创性、时代性和市场竞争力。在西方人眼中,依旧只有京剧、功夫、舞龙舞狮、唐装旗袍等传统中国文化符号——一个真实的、当代的、快速发展中的新中国形象并没有完全展现在世界面前。

同时,对外文化竞争力不足也导致我国受到国际话语困境的制约。新中国在相继摆脱了"挨打"、"挨饿"的局面后,又在某种程度上陷入了"挨骂"的境地。除却意识形态、政治制度等因素和问题外,国际舆论往往还对我国的和平发展道路和国家发展战略产生些微偏见。部分舆论鼓吹"中国威胁论"、"历史终结论"等西方中心主义话语,甚至认为中国对第三世界国家的援助属于"新殖民主义"等等。这一系列质疑、指责和负面评价,不仅使我国承受着巨大的舆论压力,蒙受一些不白之冤,也给我国造成了严重的经济损失。因此,为了增强中国文化在国际舞台上的竞争力,摆脱国际话语困境的制约,一方面,我们应不断增强中国文化的原创力,打造独具中国特色的精英文化品牌,寻求和争取国际社会的认可与合作,进一步彰显新时期中国的魅力;另一方面,还必须加入国际话语权的争夺,避免落入西方话语陷阱,想方设法为当代中国的建设和发展谋求更多的理解和认同,用传统儒家思想的"和谐"、"仁爱"等观点来贯穿国家发展战略的始终。

(三)当代中国文化"走出去"的质量参差不齐,亟待形成常态化的文化输出机制

值得注意的是,当前,中国文化"走出去"还处于一种非常态中,尤其是在资本运作和管理体制等方面还不够完善,亟待形成常态化的文化输出机制。而且,不可否认,国内有少数文化企业和文化机构出于商业目的,一味追求经济效益而忽视社会责任,将一些低端低俗、假冒伪劣的文化产品输出到国外,破坏了中国文化产品在国际社会上的形象。因此,国家要尽快制定和完善"走出去"的相关文化产品质量标准,使迈出国门的文化产品切实体现中国文化精髓、真正代表中国文化

精神。正如习近平总书记在文艺工作座谈会上的讲话中所指出的,文艺不能在市场经济大潮中迷失方向,不能在为什么人的问题上发生偏差。低俗不是通俗,欲望不代表希望,文艺工作者要以自己的艺术个性进行创新。① 因此,"走出去"的中国文化产品既要在市场上受到欢迎,又要在思想上、艺术上取得成功。在当前经济全球化、文化多元化的背景下,中国要在激烈的国际竞争中立于不败之地,文化"走出去"业已成为不可或缺的影响因素之一。为此,我们要在吸收和借鉴传统文化对外传播方式的基础之上,不断增强中国文化的内在凝聚力和国际话语权,使真正优秀的中国文化迈出国门、走向世界。

习近平总书记在出席纪念孔子诞辰 2565 周年国际学术研讨会讲话中强调:"不忘历史才能开辟未来,善于继承才能善于创新。只有坚持从历史走向未来,从延续民族文化血脉中开拓前进,我们才能做好今天的事业。推进人类各种文明交流交融、互学互鉴,是让世界变得更加美丽、各国人民生活得更加美好的必由之路。"②汲取和借鉴唐宋文化对外传播方式的优长,以期为当代中国文化"走出去"寻求更为通畅、便捷的路径,正是坚持了习近平总书记所提出的"从历史走向未来,从延续民族文化血脉中开拓前进"指导方针的具体体现。国学大师陈寅恪曾说:"一时代之学术,必有其新材料与新问题。取用此材料,以研求问题,则为此时代学术之新潮流。治学之士,得预于此潮流者,谓之预流(借用佛教初果之名)。其未得预者,谓之未入流。此古今学术史之通义,非彼闭门造车之徒,所能同喻者也。"③探究中国当代文化"走出去"的新路径,恰恰是以解决时代新问题为目的的,是符合当今时代发展潮流的明智之举。因此,充分整合传统文化资源,汲取传统文化中所蕴含的智慧和力量,积极探索当代中国文化"走出去"的实施路径,业已成为大势所趋和时代之需。我们坚信:推动中国文化"走出去",让"中国红"融入"世界彩",这必将为"中国梦"的实现勾勒出更加美好的"世界图景"!

(原载《学术论坛》2015 年第 10 期,内容略有调整和增补)

① 马建辉:《坚持正确导向引领文艺发展(学习贯彻习近平在文艺工作座谈会上重要讲话)》,《人民日报》2014 年 10 月 28 日。

② 习近平:《从延续民族文化血脉中开拓前进——在纪念孔子诞辰 2565 周年国际学术研讨会暨国际儒联第五届会员大会开幕会上的讲话》,《孔子研究》2014 年第 5 期,第 4-7 页。

③ 陈寅恪:《金明馆丛稿二编》,上海古籍出版社 1980 年版,第 236 页。

后 记

本书是我所承担的全国教育科学“十二五”规划2012年度教育部重点课题“明清家法族规中的优秀德育思想及其现代转化研究”的结题成果之一。本书的面世,意味着我们的成果在经过三年时间漫长的“文化苦旅”之后终于“出炉”了。她对我个人而言,亦为第六本正式出版的学术著作。

时光荏苒,白驹过隙。从我最初接触中国传统家训文化起,至今已有十年的光景了。记得是在2005年前后,为了撰写博士论文,我开始搜集和研读传统家训资料,并在此基础上完成了博士论文《中国传统家庭伦理的历史阐释与现代转换》其中的两章。此后的十年间,我的研究重心几乎都是围绕着中国传统家训文化而展开的。尽管在北京大学做社会学博士后期间,我也曾“偏向”于家庭社会学。但这一研究经历却使我能够从社会学的研究视角和方法来探讨传统家训问题。总体来说,本课题研究可以看作是对我博士论文中有关传统家庭伦理问题的拓展与深化。

需要说明的是,本书的主体部分是由我和我的博士生刘宇完成的,但由于该课题是多人共同参与的,就此而言,本书也可以看作是我的学术团队成员集体研究的成果。除了我们二人外,课题组成员还包括关恒、崔圣楠、马巍巍、刘晓丹等,他们参与了部分章节的资料整理和撰写工作。在课题成果初稿完成后,由我负责统稿和定稿。

在本书即将付梓之际,我要衷心感谢恩师张锡勤先生多年来对我的指导和帮助！感谢全国教育科学规划办与哈尔滨工程大学中央高校基本科研业务费专项资金对本课题的资助。同时,还要感谢人民日报出版社的袁兆英编辑为本书的出版所付出的辛勤劳动!

杨 威

2016 年 1 月 20 日

于澳大利亚伍伦贡大学(UOW)